文春文庫

犬語の話し方

スタンレー・コレン
木村博江訳

文藝春秋

この本を、私の旧友であり敬愛する学者仲間ピーター・スードフェルト、
彼の夫人フィリス・ジョンソン、そして彼らの愛犬バックショットに捧げる。

犬語の話し方◎目次

はじめに　8
第一章　犬と話ができる人、できない人　11
第二章　進化と犬の言葉　28
第三章　犬は人の言葉を理解する　40
第四章　犬はどこまで言葉を聞きわけるか　63
第五章　おしゃべりな犬、無口な犬　75
第六章　犬の声が語るもの　88
第七章　犬は言葉を学びとる　113
第八章　顔の表情が語るもの　128
第九章　耳の表情が語るもの　146
第十章　目の表情が語るもの　158
第十一章　尻尾の表情が語るもの　172

第十二章　体の表情が語るもの　199
第十三章　ものを指し示す能力　222
第十四章　性的な行動が語るもの　237
第十五章　手話とキーボード　249
第十六章　匂いが語るもの　267
第十七章　犬語と猫語のちがい　288
第十八章　犬語にも方言がある　306
第十九章　犬の言葉は言語と言えるだろうか　318
第二十章　犬と話をする方法　329
最後にひとこと　354
付録
1　図解による犬のさまざまな表情　357
2　犬語小辞典　361
解説　米原万里　383

犬語の話し方

はじめに

人間は能弁に語ることができるが、その内容は大半が空疎であり、いつわりである。動物はかぎられたことしか話せないが、内容はすべて真実であり、役に立つ。大きないつわりより、小さくとも真実なもののほうが好ましい。

——レオナルド・ダ・ヴィンチ『日記帳』(一五〇〇年頃)

言い伝えによると、ソロモン王は自分の印章と真実なる神の名を刻んだ銀の指輪をもっていた。この指輪の力で王は動物の言葉を理解し、動物たちと話すことができた。ソロモン王が死んだとき、指輪は「いくつも扉がある神殿」に隠されたという。若いころ私は、犬たちと話ができる指輪があったらと願ったものだ。

ただの伝説にすぎないが、私は知恵の高いソロモン王なら、たとえ魔法の指輪がなくとも、動物と話ができたにちがいないと思うようになった。ふつうの人ですら、その方法を学ぶことができるのだから。ソロモンの指輪の「魔法」とは、動物たちが意思を伝えあう方法を知ることであり、それは「いくつも扉がある神殿」すなわち科学の中に隠されている。ここで必要とされる知識は、いかなる言語を学ぶ場合とも共通している。犬と話すには、まず第一にその語彙を知る必要がある——つまり、犬の言語の「単語」にあたるものだ。そしてその言語の「文法」も学ばねばならない。つまり、意味をもったメッセージをやりとりするために、単語をつなぎあわせて「文章」を作りあげる方法を学ぶのだ。

この本に書かれているのは、犬の意思伝達能力についてである。犬たちはどのようにおたがいに「話」をし、どのように人間から送られるメッセージを理解しているのか。犬たちが伝えようとしている内容は、人間のどんな言葉に置き換えられるのか。犬のコミュニケーションの方法を理解すれば、犬たちがどのように感じ、何を考え、何をしようとしているかを、これまで以上に知ることができるだろう。そしてまた、犬たちにこちらの意思を伝え、望ましい行動をとらせることも、容易になるだろう。といっても、犬と自然史や倫理学や最新のハリウッド映画などについて話ができるわけではない。だが、犬たちとの会話を、私の二歳と三歳の孫たちとの会話とくらべてみると、話題が非常に似通っていて、しかも内容がはるかに豊かで複雑だと思うことが多い。そして犬の言葉がわかれば、人間と犬とのあいだに生じがちな誤解も避けられるだろう。

この「語学レッスン」の合間には、すばらしい犬たちも登場する。ごくふつうの犬たちがどれほど賢くなれるか、おわかりいただけると思う。そして人類が犬を最初の動物の伴侶として飼い馴らして以来、長い歴史の中で、犬の言語能力に人間がいかに影響をあたえたかも見ることにしよう。

学者仲間の中には、私が犬の意思伝達能力に「言語」という言葉をあてはめることに異議を唱える者もいるだろう。長いあいだ言語能力は人間特有のものと考えられてきた。だが、人間と犬の意思伝達パターンには、多くの共通点がある。心理学者である私は、ラットやサルから得られたデータをもとに、人間の学習能力を類推することにまったく異存はない。大方の研究者もそれは同じだろう。人間の学習能力が、ほかの動物とは完全にちがうと考えるのは、まさに愚かと言うものだ。ところがこと言語や意思伝達能力にかんする問題になると、種のあいだに共通した能力があるという考え方を捨て去り、人間の言語と動物の意思伝達能力とは完全にべつものだと主張する行動学者が多いのには驚かされてしまう。「本来的な」言語が人間特有のものかどうか、それは長い魅力的な歴史を背景にした興味深い問題であり、犬の言語を理解し、話し方を学ぶ過程で明らかになってくるだろう。

ここで私の原稿に目を通し、こまかく指摘してくれた妻のジョーンに感謝したい。そしてやはり役に立つ助言をしてくれた娘のカレンにも礼を言いたい。また、犬の言語について微妙な点を教えてくれた私の犬たち、ウィズ、オーディン、ダンサーにも感謝する。

第一章　犬と話ができる人、できない人

その意見はとても立派で、
言い回しもじつにすぐれており、
感心するほど的を射ていた。
だが、話し手が犬だったため
誰にも認められはしなかった。
――ジャン・ド・ラ・フォンテーヌ（一六二一―一六九五）『農夫と犬と狐』

どんな人もおそらく一度くらいは、ドリトル先生になりたい、あるいはソロモン王の指輪を手に入れたいと願ったのではなかろうか。そうすれば動物たちと話ができるのにと。私にとって、一番話がしたい動物は犬だった。小さいころ私は、夕方になると居間にある大型ラジオの前に、ビーグル犬のスキッピーと一緒に陣取ったものだ。床に坐り込み、椅子の脚に背をもたせかけて、大好きな映画スターが出るラジオの連続番組の開始を待ちかまえた。テーマ音楽が

流れ——英国民謡の『グリーン・スリーヴズ』だったと思う——、彼女の声が聞こえてくる。彼女の吠え声が遠くからしだいに近づいてくる……。

犬の映画スター、ベンジーやベートーヴェン、そしてテレビでおなじみのエディー、ウィシュボーン、リトレスト・ホーボーなどよりもはるか以前に、ラッシーがいた。ラッシーはただの犬ではなかった。彼女は人間の友であり忠実な伴侶だった。主人を守る正義の味方であり、恐れを知らない闘士だった。

犬とその知性にたいする通念を作りあげるのに最大の貢献をしたこの犬は、もともとは一九三八年に「サタデー・イブニング・ポスト」紙に掲載されたエリック・ナイトの短篇小説の主人公だった。物語が大評判をとったため、ナイトはその後一九四〇年にこれを一冊の本にまとめ、ベストセラーとなった。そして一九四三年には、本をもとに『家路』と題する映画が作られ、人びとの感涙を呼んだ。英国を舞台にしたこの色彩豊かな映画の中で、ラッシーの貧しい主人一家は、お金のために大切なコリーを犬好きの富豪（その娘を演じたのは、少女時代のエリザベス・テーラーだった）に売り渡さねばならなくなる。ラッシーはラドリング屋敷の冷酷な犬係の手を逃れ、自分の若いご主人（演ずるはロディー・マクドウォール）のいるわが家を目指し、スコットランドからイングランドまではるばる旅をする。ラッシー役を演じたのは愛らしい雌犬ではなく、パルという名の雄犬だった。じつのところ、その後もラッシー役はすべて雌を装った雄犬が演じた。雄のコリーが使われたのは、雌よりも体が大きく、ものおじしないためだった。しかも避妊手術を受けていない雌犬は、年に二回の発情期を迎えると毛が大量に抜け落ちることが多い。場面ごとにラッシーの毛並みが変わっては、映画を観る人たちには不愉快だろうし、映画のフィルム編集者には悪夢になるだろう。

性別の問題はさておき、ラッシーは犬の思考と行動にかんしての人びとの見方に、たいへん大きな影響をあたえた。それは映画が続々と作られたせいでもあった。ラッシーの冒険を扱った映画は十本にものぼった。その中でラッシーは、ジェームズ・スチュアート、ヘレン・スレイター、ナイジェル・ブルース、エルザ・ランチェスター、フレデリック・フォレスト、ミッキー・ルーニーといったハリウッドの錚々《そうそう》たるスターたちを食ってしまった。そして一九五四年から九一年にかけては（ほとんど中断なく）、テレビの連続ドラマも作られ、舞台設定と配役が六通り入れ替わった。ときにはクロリス・リーチマンやジューン・ロックハートなどおなじみの俳優が、ラッシーの家族として顔を出した。その番組の多くがいまなおテレビで再放映されている。さらに日曜の朝のテレビに、子供むけ連続アニメ（『ラッシーの救助隊員』）まで登場した。

ラッシーが出演したものの中で、最も異例だったのがラジオの連続ドラマだろう。これは一九四七年から五〇年まで続き、私はラッシーの幼いファンのひとりだった。現在であれば、メディアの風潮からして、ラジオの番組制作者はラッシーに人間の声をあたえて、彼女が何を考え何を言いたいのか、聴取者にわからせようとするだろう。年齢不詳のやさしい女性の声で、ラッシーの生まれ故郷を匂わせるように、おそらくスコットランド訛なども入っているかもしれない。だが、昔のラジオ番組は、スクリーン上のラッシーの個性に忠実に作られていた。ラッシーはけっして人間の言葉を話さず、吠えるだけだった。ただし、パルはラジオドラマでもたしかに吠え声をたてたが、クンクン啼いたり、ハアハアいったり、威嚇《いかく》するように唸る声は、すべて人間の声優が受け持った。

この番組のみそは、ラッシーが英語、スペイン語、ドイツ語、フランス語その他いかなる人間の言語も話さなくていい点だった。ラッシーの家族を筆頭に、登場人物の全員が彼女の言いたいことを完璧に理解した。たとえば、こんなぐあいである。

ラッシーが野原に走ってきて、激しく吠えたり鼻を鳴らしたりする。

若いご主人が「どうしたんだ、いったい」と尋ねる。ラッシーが吠え声をあげる。

「ママに何かあったんだね？」と、少年がその声の意味を察する。ラッシーは吠え、クーンクーンと鼻を鳴らす。

「ママが怪我をしたんだ！　あの機械はひとりで使っちゃいけないって、パパが言ってたのに。おまえはウィリアムズ先生を連れてきておくれ。このすぐ先のジョンソンさんの家に入っていくのが、さっき見えたから。ぼくはママを助けにいくよ」

少年は野原を走りぬけて家にもどっていく。ラッシーは吠えたてながら、助けを求めて走る。医者は、もちろんラッシーの吠え声と鼻声ですべてを理解し、少年の家に駆けつける。

そのときどきで、ラッシーの吠え声は悪漢の侵入を教えたり、隠してある物や盗まれた物のありかを知らせたり、誰かが嘘をついている、あるいは本当のことを言っているとご主人に忠告したりした。ラッシーは世界語が話せるようだった。ある回ではひとりの少年が事故で家族をなくし、叔父さんを頼ってフランスからやってきた。哀れなその少年は、ひとことも英語が話せない。だが大丈夫、心配は無用だった。ラッシーは犬の世界語（「犬語」と呼ぶことにしよう）が話せたのだ。少年は、もちろんラッシーの言葉をすぐに理解した。どうやらフランスの犬たちも同じ言葉を使っていたらしい。おかげで、ラッシーは少年に（ワンと吠えたり、クンクン、フンフン、ウッフと啼いたりして）ここの人たちはみんなあなたと友だちになりたがってます、ひとりだけわるい子がいて要注意ですけどね、と伝えることができた。ラッシーは少年の心をなぐさめ、初めての場所になじませ、少年と近所の子供たちとの誤解を解く。そして彼に初めての英語も教える。もちろん、「ラッシー、きみはいい子だね！」という英語だ。

私はラッシーの家族と近所の人たちが、うらやましくてならなかった。みんな犬の言葉がわかると同時に、飼い犬に自分の言葉を正確に理解させるすべを心得ていたのだ。私はスキッピーの長くてすべすべした耳をなでながら、何で自分には語学の才能がないんだろうと考えた。

といっても、スキッピーの伝えようとしていることが、何もわからないわけではなかった。彼が尾を振るときは、嬉しがっている。尾を両脚のあいだに巻き込むときは、みじめな気持がしている。吠えるときは、誰かがやってくるか、何か食べたいか、遊びたいか、興奮しているか……そう、彼はよく吠えた。高らかな声（ビーグル特有の歌うような声）で啼くときは、楽しげに何かを追いかけているのだ。語学の才能がないのはスキッピーではなく、私のほうだった。彼はときには信じられないほど画期的な手段で、自分の望みを私に伝えた。ある日、彼はキッチンにある水の容れ物を鼻でずんずん押してきて、私の靴先に当てた。そうやって自分は喉が渇いているのに、容器に水が入っていないと教えたのだ。だが、たいていの場合は彼の言いたいことがわからず、おたがいに意思が通じないのが私にはとても悲しかった。長年にわたって研究調査をかさねてきたいま、私は友である犬たちの言葉がわかり始めたように思う。

心理学者として、犬の意思伝達能力を理解することが、人間と犬との関係をいかに変えうるかも実感するようになった。

人間の世界では、言語はおたがい同士の関係と、社会にたいする個人の適応を決定づける唯一最大の要素と考えられている。障害をもつ子供とその家族との関係を調べた研究によると、いかに重い障害がある子供でも、その子に言葉が話せて実際的な言語理解能力があれば、家族とのあいだに愛情のある絆《きずな》がはぐくまれる。障害は軽くても、言語能力が欠けている子供の場合は、人間関係や社会適応がかなりむずかしくなり、家族は挫折感を抱き、子供にたいする愛情も薄くなる。同様に、移住者や亡命者が新しい社会にうまく溶け込めるかどうか、その最大の決め手は、新しい国の言語を学びとる速度と上達の度合いにある。同じように、犬の言語にたいする人間の理解度によって、犬がその家族に溶け込んでいる度合いを測ることができる。

主人の顔めがけて放尿する犬が伝えたかったこと

犬の気持ちを読みちがえると、飼い主である人間は困惑するが、犬にとってはそれ以上に命取りにもなりかねない。フィニガンの場合がその例だった。メラニーという女性が経営する犬舎で育てられた、美しいアイリッシュ・セターである。メラニーは思いやりのある良心的なブリーダーで、見た目が美しいだけでなく、温和で陽気でがまん強い犬を数多く育てあげた。それを考えれば、フィニガンを購入した家から電話を受けたときのメラニーの動揺も察しがつく。飼い主はフィニガンの気性が荒すぎると苦情を言った。訪問客やほかの犬たちに跳びかかり、歯をむきだすというのだ。この問題を処理するために、家族は訓練士を呼んだが、彼は犬を扱いかね、攻撃的な行動をやめさせることができなかった。そのあげく、訓練士は犬を安楽死させることを勧めた。家族はそうはしたくなかったが、これ以上フィニガンを飼い続けられないと判断した。メラニーは売った値段で犬を引き取ることにし、自分のもとに送り返してほしいと頼んだ。

メラニーは私に電話をかけてきた。「攻撃的な犬はこれまで扱ったことがないんです」と彼女は言った。「引き取るときに、一緒にいていただけないでしょうか――私ひとりでは押さえきれないかもしれないので」

メラニーの育てた犬が攻撃的になるとはちょっと考えられなかったが、あまり不安そうなので、フィニガンを引き取る手伝いに出かけた。そのときの装備は、ほぼどんな攻撃的な犬にも対処できるものだった。丈夫な引き綱を二、三本、装着のかんたんな首輪、頭絡《とうらく》、口輪、さらには大きな毛布まで用意した。犬が暴れたときその毛布でくるんで押さえつけ、動きを封じる装具をつけるためである。分厚い革手袋も忘れなかった（私は実際に何度かそれで皮膚を守った経験がある）。

フィニガンを乗せたトラックが到着すると、私は褐色のプラスチック製運搬用ケージをのぞきこんだ。聞こえてきたのは、威嚇するような唸り声ではなく、クーンという興奮した声だけだった。それでも用心にしくはないと、ケージの扉をゆっくり開けた。赤毛の犬が嬉しそうに跳び出してきて、あたりを見回し、自分の居場所をたしかめた。そして、明らかに貨物置場の見慣れぬ雰囲気に反応したためだろう、大きな口に並んだ歯をすっかりむきだした。

とっさに笑い出した私に、メラニーはびっくりしたにちがいない。犬の言葉がわからない人は、突然四十二本の真っ白な長い歯を目にすれば、攻撃の表現と受け取りがちだ。だが、犬が歯を見せるとき、その見せ方はさまざまで、このときのフィニガンはじつは服従を表現し、相手の気持ちを和らげようと薄笑いを浮かべていたのだ。その表情が意味するものは「消えうせろ、さもないと嚙みつくぞ」ではなく、「ご安心を。わたしは出しゃばりません。ここではあなたがボスだって、わかってます」だった。

若いセター犬ならではの活発さから、彼は人間やほかの犬たちに跳びついた。だが、それも挨拶のひとつだった。彼は私たちが人間と呼ぶ、二本足の背の高い生き物の鼻面に触れたかったが、それには跳びつくしかなかったのだ。この行為が威嚇と受け取られないように、さらに服従を表わす苦笑いの表情もした。家族や訓練士に「攻撃性」を矯正されればされるほど、彼は服従的になった。そして服従的になればなるほど、彼の「笑い方」は大きくなった。人間が自分の信号を見すごしたのだと考え、必死で状況を改善しようと努めたのだ。もちろん、「笑い方」が大きくなるほど、彼の歯はいっそうむきだされた。

フィニガンの家族は犬が伝えようとしたことを、理解しそこなった。彼らが訓練士の勧めに従っていたら、このハンサムな赤い犬は若くして墓に眠ることになったろう。フィニガンは、現在べつの家族としあわせに暮らしている。メラニーの話では、彼はいまでも少しばかり笑ったり跳びついたりするが、新しいご主人たちにはその意味が伝わっているという。彼らはフィニガンの意図を理解し、安心して彼を愛している。

残念ながら、犬の発する信号が誤解されることは非常に多く、深刻な問題や悪感情につながりやすい。あるときエリノアという女性が、私のところに相談にきた。用件はウィーデルという名の、黄金色のアメリカン・コッカー・スパニエルについてだった。彼女はこう言った。

「夫がもう爆発寸前なんです。ウィーデルは家の中で粗相をするくせがどうしても直らず、いまでは水たまりを作るのがただのいやがらせとしか思えません。スティーヴン（夫）は、この問題がすぐにおさまらないなら、あの子を手放すしかないと言ってます」

子犬が家の中を汚さないようにしつけるまでは、苛立ちがつのりやすいものだ。たいていは二、三週間で問題はなくなるが、それも犬に規則的に食べ物と水をあたえ、排泄のために犬を外に連れ出すべき時間について飼い主が気を配った場合である。ウィーデルはすでに生後七カ月近くで、排泄のしつけに時間がかかりすぎているように思えた。そこで私は、これまでどんなふうに教えてきたのか尋ねた。

「スティーヴンはきれい好きなので、家の中を汚さないようウィーデルに早く覚えさせることがだいじでした。私は子犬の飼い方の本を読んで、そこに書いてあるとおり、外で用を足すことを教えたんです。でもまだときどき失敗がありました。スティーヴンはおまえがウィーデルに甘すぎるせいだ、自分がしつけてやると言いました。彼は床に水たまりを見つけると、ウィーデルをそこまで引きずってゆき、犬の鼻を濡れている場所にこすりつけたんです。そしてあの子を怒鳴りつけ、お尻をぶって外に出しました。

最近スティーヴンが、営業の仕事で四週間近く家を空けました。そのあいだは、ウィーデルはいい子でした。ほんの一、二回粗相しただけで。そのときも私は大して騒ぎたてずに後始末をして、あの子を庭に出しました。後半の二週間は、完璧でした。それが、ほんの二、三日前、スティーヴンが戻ってくると同時に、何もかもだめになりました。犬が何をしたと思います？　スティーヴンが入ってきたとたん、あの子は夫の目の前で床におしっこをしたんです。彼は怒り狂い、あの子に怪我をさせかねない勢いでした。ウィーデルは夫にいやがらせをしているとしか思えません。スティーヴンが部屋に入ってくるたびに、あの子はうずくまって、わざと彼の目の前で水たまりを作ります。それも昨日は最悪でした。スティーヴンが入ってきたのを見て、ウィーデルは仰向けにころがりました。おなかをなでてもらいたいとき、よく犬がやるようにです。スティーヴンがかがみこむと、なんとウィーデルは彼の顔におしっこをひっかけたんです！　今日ご相談にうかがったのも、そのためです」

　これを聞いて私は哀れなウィーデルに同情した。犬は意思の伝達に人間と同じ信号は使わない。この場合も、ウィーデルは自分の言葉を使って、明確なメッセージを伝えていたのだ。あいにくまわりに通訳がいなかったので、ウィーデルの言葉は誤解され、それが面倒を引き起こした。問題は排泄のしつけとは無関係だった。エリノアの話から、私にはウィーデルがすでに排泄の仕方について、ほぼ完全に心得ているのがわかった。問題の鍵はスティーヴンにある。ウィーデルが床の上で放尿したとき、彼は手荒くそれを矯正しようとした。それでウィーデルは彼を非常に怖がるようになった。犬は相手との関係の中で大きな恐怖を体験すると、自分をできるだけ小さくて重要度の低い、脅威をあたえない存在に見せようとする。うずくまったり、腹を見せてころがるのも、その表現である。

　エリノアはウィーデルが夫の顔めがけて放尿した行為を、いやがらせと受け取ったが、それは非常に怯えて服従的な姿勢をとった犬が尿をしたにすぎない。放尿は「支配的な犬」に、子犬の行動を思い出させるための行為だった。子犬は幼いときは尿や糞をきれいにしてもらう必要があり、母犬は子犬を仰向けにころがしてその排泄物をなめてやる。というわけで、ウィーデルが必死で訴えようとしていた本当の内容はこうだった。「あなたはわたしを怖がらせています。でも、見て、わたしは抵抗はしません。わたしは無力な子犬と同じ、弱い存在なんです」ウィーデルの言いたいことがエリノアに伝わると、なすべきことも見えてきた。今後の彼女の役目は、ウィーデルに自信をつけさせることだ。それ以上に大切なのが、彼女の夫に犬を怖がらせることなく、もっとやさしく接してもらうことだろう。

犬たちが発する一般的なメッセージも、多くが誤解されやすい。あるときジョゼフィーンという女性が、自分の犬のことで私に助言を求めた。

「ブルートーが私に甘えすぎるもので、私は困るし、夫は腹を立てます。夫はブルートーを番犬として飼ったので、家族にたいしても甘ったれてほしくないんです」と彼女は電話で訴えた。

ブルートーは大型の黒いロットワイラーで、名前は『ポパイ』の漫画に登場する悪役、ひげ面の大男ブルートーからとられていた。ジョゼフィーンの夫ヴィンセントがそう命名したと聞いて、私はその男性の人となりや犬にたいする期待が、わかるような気がした。ヴィンセントの訓練はきびしく、かなり手荒な方法でブルートーに言うことをきかせた。犬は彼に服従したが、明らかに抵抗を示すこともあった。ジョゼフィーンの話では、ブルートーは彼女の言うことはまったくきかないが、しつこく甘えて愛情を示すという。

私がその家を訪ねたとき、ヴィンセントは留守で、ジョゼフィーンが私を居間に案内した。私は彼女と向き合って椅子に腰かけた。彼女はソファーの端にきちんと坐り、その足元の床にブルートーがいた。ブルートーは体重五十五キロほどで体つきはたくましく、ジョゼフィーンのほうは体重四十五キロほどで、ほっそりと華奢に見えた。話している最中に、ブルートーが前足を彼女の膝にのせた。するとジョゼフィーンはすぐに彼の頭をなでた。しばらくするとブルートーがソファーに跳び乗り、ジョゼフィーンは彼の巨体が入れるように少し体をずらせてすきまを空けた。ブルートーはちらっと私を見たあと、彼女の顔をじっと眺めた。ブルートーが彼女の目をまっすぐに見つめると、ジョゼフィーンは手をのばして彼の頬のあたりを軽くなでた。

続いてブルートーは小柄な彼女にもたれかかった。彼女は犬が重たいので、少し脇にずれた。すると犬のほうも場所を移動し、坐り直すとまたしても彼女にもたれかかった。彼女がふたたび数センチ体をずらせると、それに合わせて犬がすり寄っていく。会話するあいだ何度もそれが繰り返され、やがてジョゼフィーンはソファーのもう一方の端まで行きついてしまった。もうそれ以上移動できなくなった彼女は、怒ったように立ち上がり、犬を指さして言った。

「ほらね、おわかりでしょう。ブルートーは、いつでも前足を使って私の注意を引くんです。かならず私の目をじっと見つめて、私にもたれかかり、どんなに私を愛しているか伝えようとします。ヴィンセントがいないと、私はソファーから押し出されてテレビも見られません。こんなに大きな生き物が甘えてばかりいるので、夫は不愉快でたまらないようです。この犬から依存心をとりのぞいて、もっとしっかり自立できるように訓練できないものでしょうか」

これもまた、犬が発するメッセージを人間が読みちがえた例である。ジョゼフィーンと彼女の夫が考えていたように、ブルートーは「あなたが好きです。あなたが必要です。わたしはあなたの愛情に頼りきっています」と言っていたわけではない。ブルートーは、「わたしはあなたより地位が上だ。群れのリーダー（ヴィンセント）がいないときは、わたしがその役目をする。あなたはわたしに従い、わたしの望みどおりに動け」と伝えていたのだ。

支配を示す信号は、たしかに数々送られていた。犬が前足を人間の膝にのせるのは、人間にたいする支配の表現であることが多い。それは、狼が自分の優位性を伝えるときに、前足や頭をべつの狼の肩にのせるのと同じだ。ブルートーがジョゼフィーンの目をまっすぐに見つめたのは、支配と威嚇を示す昔ながらの行動で、群れのべつのメンバーから服従の反応を引き出すためのものである。ジョゼフィーンは彼の顔の横をなでることで、その支配を受け入れた。つまり、劣位の狼が上位の者の顔をなめる行為と同じだったのだ。そしてブルートーがもたれかかったのは、ジョゼフィーンに身を引かせるためだった。群れのリーダーは縄張り内で思いどおりの場所を占領し、好きな場所で坐ったり眠ったりできる。劣位のメンバーは場所を空けて、その支配を受け入れる。言い換えれば、ブルートーはあらゆる行動をとおして「ボスは自分だ」と伝え、ジョゼフィーンはあらゆる行動をとおして「はい、わたしはあなたの支配を受け入れます」と伝えていたのだ。

ひとたびメッセージが解読できれば、問題はかんたんに解決できる。ジョゼフィーンはブルートーを犬の基礎的な服従訓練クラスに連れてゆき、命令に従うことを覚えさせた。彼女は体力で犬を支配することはできないので、訓練にはドッグ・ビスケットを使った。そして家でブルートーにあたえる食事は、完全に彼女が取り仕切り、かならず「すわれ」や「待て」などのかんたんな命令に従わせてから食べさせた。これは野生の世界で、群れのリーダーがまず最初に食べ、狩りや獲物の配分で采配を振るうのと同じである。ジョゼフィーンは食事やビスケットといった食糧を取り仕切り、それをあたえるにあたってブルートーを自分の命令に従わせた。

つまり、彼女は犬の言葉を使い、「二本足の犬であるわたしは、あなたほど大きくも強くもないが、あなたより上位である」と伝えたのだ。

両手を上げる仕草は服従か威嚇か

私たち人間は、犬の言語の読みとり方を学べるだけでなく、犬の言語で話そうと心がけさえすれば、間違いなく犬たちと意思を通わせることができる。その興味深い一例が、マイケル・フォックス博士から聞いた逸話である。博士は犬と野生の犬族の行動にかんする研究の第一人者として名高い。そのころフォックス博士は、セントルイスのワシントン大学心理学部の教授だった。博士は狼、狐、コヨーテなど野生の犬族の行動パターンと、家犬《いえいぬ》の行動パターンを比較する、すぐれた研究をおこなっていた。この研究によって、その後科学者たちは、すべての犬族に共通した普遍的行動があることを確信するようになった。それが事実なら、私たちは野生の狼の行動から、飼い犬について学ぶことができる。また逆に私たちの足元にうずくまる小さなスパニエル犬を調べて、狼について学ぶことも可能だ。この考え方は現在では広く受け入れられているが、当時はまだ論議を呼んでいた。

私がフォックス博士と初めて顔を合わせたのは、博士の講演のあとだった。私は自己紹介したあと、博士が制作にたずさわったテレビ・ドキュメンタリー『ウルフ・マン』を見た話をした。博士はたちまち身を乗り出したが、話は思いがけない方向に発展した。

「あーそうそう。あの体験で教えられたよ。私は狼と意思を通じあわせて、わが身を危険から守ることはできたけれど、初期の段階で危険を避けられるほど充分には、狼の言葉をわかっていなかったんだ」

ややや英国訛のまじる声音には、愉快そうな響きが感じとれた。「つまりね、私たちは調査区域に新顔の狼を何頭か入れて、その行動を撮影しようと考えた。挨拶のパターンや、おたがいの地位の問題を解決する方法などをフィルムに収めたいと思ったんだ。で、最年長の雄とそのつれあい（どちらも四歳くらいだった）が、調査区域の端のほうで群れの中に入れられた。雌はたまたま発情していて、雄に鼻をこすりつけては服従の合図を送っていた。見慣れない狼たちに囲まれ、つれあいは発情していたから、その雄はかなり緊張しているにちがいなかった。私たちは藪のうしろに隠れていたんだが、その夫婦ものが、ほかの狼から離れて私たちが隠れている茂みのほうにやってきた。二頭が目の前を通りすぎたとき、いい絵が撮れると思った私はそのあとを追った。ところが二頭がふいに方向を変えたもので、私は姿を見られてしまった。自分たちのあとを急ぎ足で追いかけてきて、自分たちを見つめている人間がいる。たいていの場合、そうした行動（まっすぐに走り寄って、目を見つめる）は威嚇を意味するから、私はすぐに足をとめた。それで問題は避けられると考えたんだ。だが、私はまだ目を見開いて二頭をじっと見つめていたにちがいない。それは挑戦と受け取られてしまう。それ以上言葉を交わす必要はなかった。雄は即座に攻撃してきた。

両手首にカメラの紐が巻きついて思うように動けなかったもので、私は両手を上げて助けを呼んだ（あとから考えれば、これは間違いだった。両手を上げたのが、またしても威嚇と読まれたにちがいない。動物が自分を大きく見せようとして、後ろ脚で立つ行動に似ているからね。叫び声も、吠え声や威嚇の声と誤解されただろう）。雄は私の片手、片腕、背中に嚙みつき、雌も一緒になって私の両脚を攻撃した。そのときようやく私は、彼らに攻撃の必要はないと伝える方法を思い出した。私は動きをとめて、自分を小さく見せるようにその場にうずくまった――クーン、フーンと無力で怯えた狼の子のような声をたてながらね。二頭はすぐに攻撃をやめたが、雄は私の顔の正面に回って私の目をのぞきこみ、唸り声をあげた。私は目をそらせて視線を合わせないようにしながら、クンクン啼き続けた。二頭が少し緊張をゆるめたので、私はそっと後じさりしたが、それがまた攻撃を誘ってしまった。だが今回は、その攻撃もただの脅しで、実際に牙を立てることはなかった。つまり、私のメッセージの肝心な部分は、伝わっていたわけだ。

そのころ助っ人が到着し、雄を取り押さえて引きずっていった。雌は私の目をじっと見すえていた。私がまた動いたら、跳びかかる気でいたんだ。私は動かなかった。じっとして、服従を表わすようになかば目を閉じ、クーンと声をあげていた。やがて雌にも首輪がはめられ、連れて行かれた。

さいわいかなり分厚い服を着ていたおかげで、狼に牙を立てられてもそれほど皮膚は傷つかなかった。だが、体当たりされ、振り回されたために痛みと打ち傷がひどく、筋肉と腱にも故障が起きたよ」

フォックス博士は明るく笑って、飲み物をすすった。「仲間のひとりがその一部始終を写真に撮っていてね。なかの一枚は、恐怖にひきつる表情の完璧な見本になっている。ただし、その表情の主は、怯えた狼ではなく、人間の心理学者だけどね」

言ってみれば、学識も知性もきわめて高い人間が、犬族にうっかり間違った信号を発して、自分の言葉が誤解であり、すべてが誤解であり、自分の攻撃を誘ったわけである。さいわい彼には犬の言語の心得があり、すべてが誤解であり、自分には挑戦する気などはなく、それ以上威嚇はしないと伝えることができた。そのおかげで、彼は大怪我をまぬがれたのだった。

多くの点で、人間がどんな犬ともしあわせに暮らせるかどうかは、犬の言語を読みとる私たちの能力にかかっている。「犬語」に通じていれば、犬が伝えようとしていることを理解できると同時に、犬たちに理解できる明確な信号を発することもできるだろう。学習で身につける人間の言葉とちがい、犬の言葉はその遺伝子の中に組み込まれている。犬には人間の多くの言葉を学びとる能力があり、犬が人間と心を通わせやすいのも、そのためだろう。だが、犬たちと言葉を交わす方法に話を進める前に、言葉そのものについて少しばかり知っておくのも、むだではあるまい。

第二章　進化と犬の言葉

犬の言葉をどう読み解くかという話をする前に、まずは根本的に重要な疑問に答えを出しておく必要がある。人間以外に、独自の言語をもつ動物が存在するのか、という疑問だ。動物がたがいに意思を伝えあうという点には、どんな科学者も異論はないだろう。問題は私たちが「言語」と定義するものにありそうだ。言語学者も、動物が意思伝達の一手段として音を使う点は認めるにちがいない。だが彼らは、動物には「言葉」と呼ばれる言語の基本的要素さえないと主張したがる。彼らの分析によると、動物には環境の中の事物に「ボール」や「木」などの「名前をつける」能力も、「愛」や「真実」などの抽象概念を表現する能力もないという。

マサチューセッツ工科大学の高名な言語学者ノーム・チョムスキーは、言語を学べるのは人間だけである、なぜならその学習に必要な脳の構造が人間にのみそなわっているからだと主張した。人間はすばらしい速度で語彙を学びとる。二歳から十七歳のあいだに、平均的な子供は起きているあいだに新しい単語を九十分にひとつずつの割合で習得し、語彙を増やしていく。そして同時に複雑な文法や構文も身につける。しかも驚くべきことに、正規の学校教育や指導を受ける必要もなく、そのすべてを学びとることができるのだ。チョムスキーによると、このすぐれた能力は、すべての人間の脳に言語処理器官が組み込まれていると仮定しなければ、説明がつかないという。この特殊な器官には、あらゆる言語を学習するための青写真が内蔵されている。その青写真にはチョムスキーの言う「普遍的文法」の基本的な構造もふくまれている。そのおかげで子供は驚くべき速さで言語を学ぶことができる——実際に、子供は生まれつき言語の組み立て方がわかっている。それは遺伝子によって、正しい言語の組み立て方とそうでないものとについて、情報があたえられているためだ。

言語が人間だけの能力であるというチョムスキーの説に、私は進化論的な視点から抵抗を覚える。言語はたしかに人間の生存に大いに役立った。私たちは言葉を使って、世界や周辺環境について重要な情報を交換しあえる。そしてまた、過去のできごとや、未来にたいする予測まで、言葉を使って伝えることができる。食物や水がある場所、ライオンが最近うろついていた場所、あるいは山火事の接近などについて、たがいに情報を交換できれば、はるかに生存しやすくなる。言語はまた、集団のメンバー同士の関係を調整して、組織的に狩りをおこなう、赤ん坊の面倒を見る、婚姻関係を結ぶ、個人対個人あるいは個人対集団のもめごとを処理して衝突を避ける、などといった場合にも役に立つ。いかなる動物にとっても、言語をもつことは敵に囲まれた世界で生き抜くための、強力な道具を手にすることを意味しただろう。

ある動物が進化による適応や変容に成功する場合、ほぼ例外なく、まず最初にその単純な形が出現する。人間にテクノロジーの世界を生み出す能力をあたえた、すばらしく機能的な仕組み——私たちの親指も、その例だ。「ほかの指と向かい合わせになれる」親指は、ほかのすべての指の先と合わせることができる。それによって小さなものをつまんだり、道具を作ったり使ったりすることが可能になる。この特別な指はまずサルに短くて太い形をとって現れたが、まだほかの指と向かい合わせにはできなかった。何種類かの霊長類が類人猿へと進化するにつれ、親指は長くなった。類人猿の中には、親指をほかの二本の指とある程度合わせられるものもいる。このように、人間の親指は単純な形がまず先行し、それが進化したあかしである。同様に、鳥類のみごとな飛行能力も、もっと単純な能力から派生したものだった。太古の時代に、空中を滑るように移動する動物（たとえば翼手竜）がいた。この滑空は実際には飛行とは言えず、なんとか体をささえながら空中に浮かぶ程度にすぎなかった。鳥類の飛行能力は宙に浮かんだり空中を横切ったりするこの単純な能力が、進化し複雑化したものである。進化の過程で、どんな場所からも飛び立てる能力と、思いのままに高度を変えられる能力が加わったのだ。

役に立つ重要な能力の大半は、何十億年もの進化の過程を経てきた。人間以外の動物に言語能力はないとするチョムスキー派の人びとは、生物学者が「ホープフルモンスター」と呼ぶ説をとっている。つまり、偶然によって奇跡的な突然変異が起こり、飛躍的に優秀な能力をもつ生物が生まれたという説である。言い換えれば、進化における「神の配剤」というわけだ。

このたぐいの説明を、私はすんなり受けとめられない。進化はさまざまな種が行き交う巨大な高速道路のようなものだ。方向転換にはかなり時間がかかる。というのも、急激に方向を変えると、高速で走っている車（すなわち進化する種）は道路から転落して大破（絶滅）するからだ。生物学的に見ると、この高速道路の流れは、絶え間なく少しずつ変化していく形をとっており、とくに遺伝子の面で、さまざまな種のあいだに多くの共通点が見出される。生化学の研究で最近発見された事実には、驚く人も、困惑する人もいるだろう。遺伝子的には、人間は自分たちが考えるほど特異な存在ではないことがわかったのだ。ＤＮＡの分析によると、分子と遺伝子のレベルでは、人間とチンパンジーは少なくとも九八パーセント同じであることが示された。それほど類似性が高いため、異種交配で混血種を作り出すことも不可能ではないと指摘する学者もいる。もちろん、おそらく道徳や倫理の見地からそのような遺伝上の実験は禁じられるだろう。犬のように外見が人間とはまるでちがう動物でさえ、私たちに非常に近い。どちらも哺乳類であり、犬と人間のＤＮＡ配列コードは、たがいに九〇パーセント以上一致している。

私たちが人間以外の動物と遺伝子的にそれほど近いのであれば、言語能力にかぎって、量的にも質的にも突然飛躍的に進化したというのはいささか信じがたい。進化が人間レベルの言語能力の出現を目指して進んだと考えるほうが、筋がとおっていないだろうか。じっくり観察すれば、人間の言語能力にまでつながる、連続したさまざまな段階が見出せるはずだ。言語能力の初期の段階は明確ではないが、その先駆け的なものは、ほかの動物——たとえば犬——の意思伝達パターンのような形をとって、まず現れたにちがいない。この考え方からすれば、人間の言語よりはるかに単純ではあっても、犬の「言語」がたしかに存在すると推測することができる。

ほかの動物にも言語の単純な形が存在すると考えるほうが理にかなっているのに、なぜチョムスキーのような学者たちは、言語能力の点では人間だけが特別だと主張するのだろうか。じつのところ彼らは、人間を比類のない特異な存在として考えたがった哲学者や、初期の自然学者たちに端を発する長い伝統を受け継いでいるのだ。この論理の流れには、人間の自負心がひそんでいる。人間は抜きん出た存在で、自然はすべて人間の下にあり、神でさえ人間を選んで特別の恵みをあたえたと考えるほうが、自負心は満たされる。

人間は多くの点で動物と明らかにちがっている。たとえば人間は、大きくふくらんだ胸をもち、衣服をまとい、体の一部（耳など）に穴を開け、その穴に装飾品をつけ、髪を染め、体に刺青《いれずみ》を入れ、顔に色を塗り、お金を使い、食べ物を料理する唯一の動物である。だが、そんなこまかなちがいだけでは、人間の自負心は満足しない。理性、道徳心、言語能力といった精神的な領域でこそ、人間はみずからの特異性と優位性を主張したがるものなのだ。

このたぐいの主張で、おそらく最も名高いのがルネ・デカルトの説だろう。彼は人間以外のいかなる動物にも、意識や真の知性や高度な精神機能はないと考えた。人間以外の動物は、毛の生えた非常に精巧な機械にすぎず、スイッチを入れればそれに反応して動き出す機械と同じように、環境からの刺激に反応しているだけだというのだ。教会はデカルトの説を支持した。動物にも思考能力があると認めれば、同時に魂もあると認めざるをえなかったからだ。魂があるとすれば、動物の扱い方について倫理的な問題が生じるだろう。教会は食糧にするために動物を殺し、動物の自由意志を否定し、人間のために使役を強制することがはたして道徳的かといった問題にかかわりたくなかった。デカルトにとって、動物に思考能力や意識があるかどうかを判断する手がかりは、その言語能力だった——すなわち、人間と同じ言葉を意味をもって話すことができる能力である。

とはいえ、人間だけが特別だという考え方を、すべての人がとっていたわけではない。ギリシアの哲学者アリストテレス、神学者の聖トマス・アクィナス、そして進化生物学者のチャールズ・ダーウィンは、いずれも人間と動物のちがいは質（その機能による処理の実際的性質）にではなく、量（自分を表現する精神機能の度合い）にあるという結論にたっした。この説に従えば、高度な進化をとげていない種でも、人間ほど複雑なものではないにせよ、言語をもつと言えるわけである。

もちろん、動物に言語があるか否かは、「言語」の定義のしかたで変わってくる。言語をあらゆる意思伝達システムや信号システムの総称として捉えれば、地球上のすべての生物が言語をもつと言えるだろう。コオロギやキリギリスは、後ろ脚のヤスリのような部分をこすり合わせて音をたて、自分の居場所を教えたり雌を誘ったりする。ホタルは光を出して同じようなメッセージを送る。では、昆虫に言語があると言えるだろうか。動物行動学者のカール・フォン・フリッシュは、そう言えると考え、「ミツバチの言語」を翻訳する研究でノーベル賞を受賞した。

ミツバチは群れの存続を助けるために、みごとなコミュニケーションの方法を進化させた。斥候バチは食物を探しに出かけ、花の蜜や花粉のありかを見つけると戻ってきて知らせる。彼らは情報を伝えるときに、「ダンス」のような独特の動きをする。巣の壁や床の上を、腹の部分をふるわせながら、八の字を描くようにぐるぐる回るのだ。八の字パターンの描き方や動きの速度、パターンが示す方向や大きさなどで、食物がある方角やその量を伝える。彼らはまたその動き方で、食物があるのは数キロメートル先であるなど、距離までも教える。

ミツバチの群れには「家探し」専門の斥候もいて、彼らは食物にかんする情報は持ち帰らない。この斥候バチは新しい巣を作るのにふさわしい場所を探し回る。群れに女王バチが二匹になると、片方はかならず追い出される。その女王は自分と一緒に出ていく忠実な家来を集め、斥候が見つけてきた場所で新たな共同体を作りあげる。この斥候バチの言語は非常に明快で正確なので、そのメッセージを解読した観察者はハチの群れが新しい家に到着する前に、先回りしてその場所に行けるほどである。

これはすばらしい行動であり、科学者の多くはミツバチに複雑な意思伝達システムがあることを認めるだろうが、大方の学者はこれは本来の意味での言語ではなく「信号システム」だと考えるだろう。言語と呼ぶには伝える内容があまりにかぎられていて、システムの構成が単純すぎるためだ。ミツバチの「話す」ことと言えば、「食物はどこにある？」あるいは「新しい家を作る場所は？」くらいしかない。ミツバチが「今日は気分がいい」「きみが好きだ」「この仕事は退屈だなあ」「大きくなったらわたしも女王になりたい」などと話すとはとても思えない。

人間が言葉を話すようになったのは、犬のおかげ？

本来の意味での言語を構成するには、最低限何が必要かというのは難問だが、最終的に避けては通れない問題である。しかし、人間の言語には、他の生物の言語にはない面がいくつかある。言語と混同されがちな話し言葉もその一例だ。たしかに人間にとって、言語を使って考えを表わすとき、最も一般的な形式が話し言葉である。話し言葉を発声するには、喉頭の存在が不可欠だ。喉に指をあてて声を出してみると、空気が喉頭を通過するときの振動が感じられる。

喉頭は空気を肺に送り込む気管の一部として、哺乳類やある種の爬虫類、両生類など陸上の動物にそなわっている。夏の夜、田舎では虫の声があふれかえるが、昆虫に喉頭はない。無脊椎動物（背骨をもたない動物）も同じである。魚類も肺ではなくえらで酸素を取り込んで呼吸するため、喉頭はない。

言葉を話す能力がなぜ人間特有なのかを理解するために、少しばかり生理学的な説明を加えておこう。喉頭にはいくつかの頑丈で弾力性のある軟骨の部分が、筋肉や靱帯《じんたい》でつながっており、それが上部の咽頭から下部の気管にまでのびている。口は食物摂取と呼吸の両方に使われるから、この二つの役割を分ける特別な器官が必要になる。それが喉頭蓋《こうとうがい》で、喉と喉頭のあいだで開いたり閉じたりする蓋のような働きをする。動物が食べ物を飲み込むと、喉頭が押し上げられて喉頭蓋と舌のつけ根を圧迫し、気管はふさがれ、食べ物は胃のほうへと向かう。これで食べ物が気管に入ってむせることもなくなる。

声は空気と声帯との相互関係で生まれる。喉頭の上部にはV字形をした二枚の薄いひだのような膜がある。このひだの張りの強さを、筋肉がコントロールしている。ふつうに呼吸しているときは、声帯筋がゆるみ、空気は音をたてずにすきま（声門裂）から出入りする。筋肉が緊張すると、声帯ひだがふるえ始める。声帯筋の緊張が高いほど、声帯ひだの張りが強くなり、高い声が出る。これはゴム風船の空気を抜くときに似ている。ふくらんだ風船の空気の出入り口を開くと、空気は音をたてずに出ていく。口の部分のゴムを少しのばして口径をせばめると、出ていこうとする空気が音をたてる。その音の高さは、口のふさぎ方（緊張のかけ方）で変わってくる。さらに舌や唇の動きも音の出方に影響をあたえ、音を切ったり、音に形や性格をあたえたりして、さまざまなパターンが作りあげられる。

喉頭について説明したのは、人間と犬ではこの部分にちがいがあり、そのために犬は人間にくらべて出せる音がかぎられていることを、理解していただきたかったからだ。口から気管にいたる気道は、犬の場合わずかに曲がっているだけである。人間の場合は直立姿勢をとるため、気道は九十度曲がっている。そのため喉頭部は長くなり、音を出すための付属器官もそなわるようになった。たとえば、共鳴腔《きょうめいこう》は人間には二つあるが、犬にはひとつしかない。さらに、犬の短くて平たい舌にくらべて、人間には口の中に長くて分厚い舌をもつゆとりがあった。というわけで、犬には人間のように発声用の器官が充分揃っていないため、「エ」「イ」「ユ」など話し言葉に必要な音を思いのままに出すことはできない。

犬と人間のもうひとつのちがいは、犬は匂いで獲物のあとを追うため、走りながら匂いをかぎ分け、呼吸するのに便利なように気道が進化してきた点である。そこで喉頭蓋は、たいていいつも閉じた状態をとるようになった。それでも犬は、動き回りながら吠えたり唸いたりすることができる。人間の場合、話すときはこの蓋のような器官がたいていいつも開いている。

ある種の音を発音できないからといって、あなたの犬に劣等感をあたえてはならない。これは進化の中でも非常に新しい部分なのだ。時代がかなり新しい人間の祖先、たとえばネアンデルタール人なども、同じような難点をもっていたようだ。ネアンデルタール人はおそらく言葉が話せなかったか、話せてもごくわずかだったと推測される。喉頭のようなやわらかい組織は風化しやすいので、原始人の喉頭部の化石は残っていない。だが、心理学者フィリップ・リーバーマンは、現代人の喉頭部をネアンデルタール人の骨格にあてはめようとしても、まったくずれてしまうことを実証した。現代人の喉頭部は、なんとネアンデルタール人の胸にまでたってしまうのだ。これは明らかにそぐわない位置である。というわけで、ネアンデルタール人はおそらく複雑な言葉の発音に必要な、精妙な器官をもっていなかったと結論できる。

言葉の発音にかんして、進化のうえで人間が犬より有利だった点がもうひとつある。人間は直立して歩くので、私たちの両手は自由にものをつかむことができ、狩りのさいには手にした武器が使えた。そのため、獲物を狩るときも、牙をたくわえた強い鼻口部は必要がなくなった。人間の口吻や鼻は短くなり、唇はさまざまな音が出せるように柔軟になった。顔面の柔軟な筋肉も、犬より変化に富んだ声音を出すのに役立った。

じつのところ、進化におけるこれらの点を考えると、人間の話し言葉の発達に犬が力を貸したのではないかという魅力的な推論も導き出される。その前提として、DNA分析にもとづいて発見された新しい事実を指摘しておく必要があるだろう。犬が人間によって家畜化されたのは、これまで推測されていたよりもはるかに以前の、十万年前からだったことが示唆されたのだ。犬の家畜化の起源がそれほど昔にまでさかのぼるなら、犬と人間の共同進化について新たな考え方も可能になる。

この世界で生き延びて私たちの祖先となった原始の人間が、犬と早くから関係を結んだことは定説となっている。犬と関わりをもたず、結局は死に絶えてしまったネアンデルタール人と、私たちの祖先とをくらべてみよう。私たちの祖先が生き延びたのは、犬との協力関係によってネアンデルタール人よりも効果的な狩りが可能だったからではないかと指摘する学者もいる。犬の鋭い感覚組織を味方につければ、獲物探しはずっとたやすくなる。すぐれた嗅覚と、進化した気道をそなえた犬は、走りながらでも匂いを追い続けられる優秀な猟師だった。獲物を見つけることは、狩猟社会ではたしかに最も大切な仕事のひとつである。

ここから重要な推論が始まる。獲物を追うのに犬を手に入れたあと、人間の祖先にはかすかな匂いまでかぎ分ける機能は必要ではなくなったと、学者たちは推測している。そのため私たちの祖先はより柔軟に動く顔の特徴を進化させ、それで複雑な音が出せるようになった。言い換えると、有史前から私たちに代わって匂いをかぐ役目をした犬がいたために、私たちは言葉がしゃべれるようになったというわけだ。

かたやネアンデルタール人のほうは、犬と協約を結ばなかった。そこで嗅覚を鋭くたもつ必要があったため、彼らの顔は柔軟性にとぼしいままになった。そのため発声のコントロールができにくく、意味をもった音を出すことはむずかしかった。私たちの先祖がひとたび意味をもった音が出せるようになると、話し言葉が発達をとげた。すでにご紹介したとおり、言葉には数々の利点がある。言葉によって、集団を組織し知識や情報を交換するなど、生存に有利な数多くのことがらが容易になったのである。

なんと――この説が正しいとすれば、人間が言葉をもてるようになったのは、犬たちとの関係のおかげかもしれないのだ。

犬たちは話し言葉をもたない。だが、かならずしも言語をもっていないとは言いきれまい。耳の聞こえない人たちは、言語として音ではなく手の合図を使う。同様に、犬は柔軟に動く顔や喉頭を自在にコントロールして言葉を話すことはできないが、べつの意思伝達手段を使っているのではなかろうか。そのコミュニケーションの方法は、言語と言えるほど豊かで複雑なものかもしれない。

第三章　犬は人の言葉を理解する

言語の使い方について考えるとき、忘れられがちなことがある。言語能力には、じつはふたつの要素がふくまれているのだ。ひとつは言語を「理解する」能力。これが最も基本であり、ふたつ目はもっと複雑な、言語を「使う」能力である。言語を理解しても、使えないことはありうる。生まれつき耳が聞こえないとか、事故や病気が原因で声が出せなくなった場合がそれにあたる。こうした人たちは自分が耳にする言葉は理解できても、思いどおりの言葉を音にすることはできない。このふたつの能力は「受容言語能力」と「生産言語能力」と呼ばれている。つまり、言語を受けとめる能力と、相手にわかるように言語を生み出す能力である。

言語能力の初期段階では、まず受容言語が発達する。人間の赤ん坊は生後十三カ月のころには、平均百語近くの言葉を理解する。しかし、生産言語はまだなきにひとしい。生後十三カ月の赤ん坊が発する意味のある言葉は、たいてい一、二語で、優秀な赤ん坊でも音にできる「単語」は五つか六つだろう。明らかに赤ん坊は、言葉をしゃべるより前に、言葉を理解する能力を発達させるのだ。

言語を受けとめるほうが、言語を使うよりもたやすいことは、アメリカ航空宇宙局（NASA）でも実証された。多国籍協同宇宙開発が開始されたときのことである。アメリカとロシアの宇宙飛行士は、初めて一緒に宇宙へ飛ぶにあたって、全員母国語を話すよう指示された。というわけでアメリカの宇宙飛行士は英語だけを、ロシアの宇宙飛行士はロシア語だけを話した。どちらの飛行士もたがいに理解しあう必要があったが、相手の言葉を使うことは要求されなかった。そのほうが意思の伝達がずっと容易で正確にできたのだ。受容言語能力のほうが、はるかに短期間に高度なレベルまで到達できるからである。

同じような例を、私は自分でも体験している。私は英語、ロシア語、ドイツ語、スペイン語、フランス語、イタリア語を、字幕なしで映画を観たり、相手の話をかなりよく理解できる程度に身につけている。だが話すとなると、英語は流暢だが、スペイン語はまあまあ、ドイツ語は初級程度、フランス語はようやく通じる程度、ロシア語とイタリア語は二、三歳児のかたこと程度しか話せない。というわけで、人間の赤ん坊と同じように、私の言語能力は受容言語のほうが、生産言語より数倍もまさっている。

犬には、受容言語を身につけるのに必要な音の識別能力がたしかにある。犬は人間が発する言葉の微妙なニュアンスまで聞きわける。動物行動学者のヴィクター・サリスは、その一例をあげている。彼は自分の名前が気に入っていて、飼っている三頭の犬にもサリスと響きの似た名前をつけた。パリス、ハリス、アリスである。混乱が生じそうだが、そうはならなかった。どの犬も自分の名前に正確に反応し、ご主人の風変わりな命名法にも不満はもたなかったようだ。犬たちの受容言語能力を見そこなってはいけない。意思を伝えるのに人間と同じ音が出せなくても、人間の言葉を理解していないわけではない。人間の話し言葉に的確に反応するのは、犬が言葉を理解している証拠である。犬は人間の言葉による指示に従うことも、言葉に応えて的確に賢く行動することもできる。犬と暮らしたことのある人なら、犬がたちまち人間の数々の言葉に反応するようになるのを知っているだろう。ひとつの例として、私の三頭の犬が理解している言葉のミニ辞典をご紹介しよう。これは平均的な犬の受容言語能力を知るうえでの一助になると思うが、けっして彼らが学びとれるものの上限を示すものではない。

私の犬たちが理解する言葉の中には、私個人の暮らし方や犬たちとの関わり方を反映した、きわめて特殊な言葉や言い回しもまじっている。また、三頭すべてがこれらの言葉に反応するわけではなく、犬の年齢と訓練レベルによってちがいがある。また、このリストに収録されているのは、私が犬から特定の反応を引き出すために使う言葉だけで、犬に理解できても、きまった反応は要求されていない言葉ははぶいた。言葉はそれぞれ、犬が理解したときにとる行動とともに記してある。


〈離れろ〉犬は何かをかぎ回ったり、何かに熱中したりしていても、そこから離れる。

〈うしろへ〉車の中でのみ使う。この言葉で犬は車の前の席からうしろの席へ移る。

〈わるい子〉腹を立てたことを表わす。犬は怒られたことがわかり、たいてい恐縮したように縮こまり、ときには部屋を出ていく。

〈そばに〉散歩のときに使う。この言葉で、遅れがちに歩いていた犬が私に追いつく。

〈急いで〉排泄をしつけるときに使う。この言葉を聞くと、犬は私を喜ばせるためにただ形ばかり片脚を上げるだけにしても、排泄の場所を探し始める。

〈こっちへ〉これは多目的の命令で、気ままに動き回っていた犬が、この言葉で私の左側「脚側（ヒール）」に戻ってくる。

〈首輪をはずそう〉これは役に立つ言葉で、犬はこれを聞くと首輪をはずしやすいように首を低くする。

〈首輪をつけよう〉前の言葉と一対をなす。これに応えて、犬は首を上げ、鼻面を上に向けて、首輪をつけやすくする。

〈来い〉犬を呼び戻すときの、基本的な言葉。

〈書斎〉「どこかへ」行かせるための、数多い命令のひとつ。この場合、犬は書斎に行って私を待つ。

〈遊びたい？〉この言葉で犬は楽しいことが始まるのを期待して、ぐるぐる走り回り、吠え、遊びを誘うおじぎをする。

〈伏せ〉犬はその場ですぐに地面に伏せる。

〈下へ〉これを聞くと、犬は近くの階段を降りる。

〈放せ〉これは、有害なものでも口にくわえたがる子犬のときに、犬の安全を守るために教える。この言葉で犬は何であれ、口にくわえているものを放す。

〈失礼〉犬が私の通り道をふさいでいるときに、使うと便利な言葉。これを聞くと犬は立ち上がって、道を開ける。

〈手袋をさがせ〉公式の服従訓練に使われる命令。これに応えて、犬はあらかじめ落としてあった手袋を見つけてとってくる。

〈見つけて〉これも服従訓練に使われる命令。いくつかの品物の中から、私の匂いのついたものを見つけ出す。

〈正面（フロント）〉「来い」よりも、きびしい命令。「来い」と言われた場合は、私のそばにくるだけでいいが、「正面」と言われた場合は、戻ってきて、つぎの指令を受けるまで私の正面にきちんと坐る。

〈放せ〉この命令で、犬はくわえているものを放す。

〈キスして〉これに応えて、犬は私の顔をなめる。

〈お手〉これを聞くと、犬は片方の前足を上げる。爪を切ったり、乾いたタオルで拭いたりするときに役立つ。

〈あっちへ〉この命令は方向を指し示す手の合図と連動させる。この命令をあたえられると、犬は私から離れて、止まれと言われるまで指示された方向に向かう。

〈いい子〉ほめられるときの言葉で、犬はたいてい嬉しそうに尾を振る。私の犬は三頭とも雄なので、「グッド・ボーイ」と言うこともある。

〈つけ（ヒール）〉日常的な命令で、犬は忠実に私の左側を歩く。

〈抱っこ〉おかしな命令だが、私は気に入っている。これを聞くと犬は私の膝に跳び乗って、私が身をかがめなくてもなでられるようにする。

〈中へ〉犬は開いているドアや門をくぐって、私が手で指示する方向に向かう。

〈ジャンプ〉犬に私が指示するものや、障害物を跳び越えさせるときに使う。

〈ハウス〉この言葉に応えて、犬は自分の犬舎に入る。

〈綱をつけよう〉これも犬と暮らしていくうえで便利な言葉。この言葉を聞くと、犬は首を上げ、首輪の留金に引き綱をつけやすくする。「綱をはずそう」も、同じ反応を引き起こす。

〈行こう〉「つけ（ヒール）」の略式の命令で、犬はたんに私のそばを歩く。犬は私の前後を離れずに歩けばよく、私が立ち止まっても坐る必要はない。

〈そら行け〉遊びのときに使う言葉で、犬は私が投げたものを自由に追いかける。

〈だめ（ノー）〉この命令をあたえるときは、つねに大きな鋭い声を出す。目的は犬にすべての動作をやめさせ、じっと動かなくさせることである。新しく子犬がきたときには、動きをとめさせるために、最初の数回はこの言葉とともに大きな鋭い音を聞かせる。カウンターに鍋を打ちつける、壁やテーブルを叩く、木の床を踏み鳴らす、床に本を投げ落とす、などの音は効果がある。この命令は犬に面倒を起こさせないために、きわめて役に立つ。犬が怯えた子供や危険な場所に近づいたときも、「だめ！」と叫んで、接近をやめさせることができる。犬が足をとめたところで、「そばに」の命令で犬を私の脇に呼べば、それ以上何も起こらないように両手で犬を押さえることができる。

〈口を開けて〉犬の歯を磨くときに使う。

〈外へ（アウト）〉使い方のかぎられた命令で、犬を犬舎や車など、狭い場所から外に出すときに使う。

〈玩具をもってきて〉部屋を片づけるのに都合のいい命令で、これを聞くと犬は部屋に散らばった犬の玩具を探して私のところにもってくる。

拶をする。

〈遊びの時間だよ〉これは、訓練や命令された仕事が終わったことを意味する解放の言葉である。この言葉を聞くと、犬はそれまでとっていた姿勢を解いて、ほめてもらいにやってくる。あるいは少しばかり踊るような動きをしたり、部屋をうろついたり、近くの人やほかの犬に挨拶をする。

以前、ほかの犬たちにたいして私は同じ意味で「オーケー」という言葉を使っていた。そのほうが自然に思えたからだ。だが残念ながら、「オーケー」というのは会話の中でひんぱんに使われる言葉で、嬉しそうな感じで言われることが多い。あるときドッグ・ショーで、自分の犬が外観部門でその犬種の第一位に決定した瞬間、飼い主が喜びのあまり「オーケー！」と叫んだ。あいにくそのとき私はとなりのリングで、服従訓練競技の真っ最中だった。以前飼っていたケアーン・テリアのフリントは、私がほかの参加者と一緒に姿を隠しているあいだ、五分間伏せの姿勢を続けるはずだった。だが、待ちに待った解放を告げる言葉がすぐ近くで発せられたのを聞いて、フリントは大喜びで跳びあがり、まだじっと「伏せ」を続けているほかの犬たちのところに行って、自己紹介を始めた。その翌日から私は「オーケー」を解放の言葉として使うのをやめ、「遊びの時間だよ」と言うことにした。この言葉なら日常会話で口にされることは少なく、犬の服従訓練競技会で使われることはほとんどないだろう。

〈静かに〉犬は吠えるのをやめる——少なくともしばらくのあいだは。

〈ゆっくり〉犬は歩調をゆるめて、引き綱がぴんと張らないようにする。

〈ころがれ〉犬に少しばかり「芸」を教えて、子供や孫を喜ばせるのもいいだろう。この言葉で、犬は仰向けに寝ころがり、おなかをさすってもらう。

〈さがせ〉公式の捜索訓練に使われる言葉で、誰かの匂いのついた物をまずかがせる。この言葉に応えて、犬は匂いのあとを追ってその人物を見つける。

〈動かないで〉場所を示す手の合図をともなうことが多い。犬は指示された場所で動かずにいる。坐る、伏せる、立つなどの姿勢をとり、ときどき動くことはあっても活発な動きはしない。

〈背をのばして〉これもまた、よくある滑稽な「芸」のひとつである。この言葉で犬は腰を落として坐り、前脚を上げて、伝統的なちんちんの姿勢をとる。

〈甘えん坊〉これは私が自分のすべての犬に、子犬のときに教える言葉だ。抱いているときに「甘えん坊」と声をかけると、子犬は頭を私の肩にのせてそのまま動かなくなる。

〈ひと声〉これもかんたんな犬の芸当で、犬は返事をするように一回だけ吠える。

〈立て〉この言葉は、そのとき犬が歩いているか、坐っているか伏せているかで、反応がちがってくる。犬が歩いているときは、「立て」の言葉で歩いていた方向に顔を向けて立ち止まる。犬が坐ったり伏せたりしているときは、立ち上がって一、二歩前に踏み出してから、進んでいた方向に顔を向けて立つ。

〈待て（ステイ）〉犬は許しがあるまで、そのままの姿勢でその場で動きをとめる。

〈じっとして〉これは「待て」の変化形あるいは補強として使われる。使うのはもっぱら、ブラシで毛を梳《す》いたり毛玉をとりのぞくなど、犬があまり好きではないグルーミングのときである。「じっとして」の言葉で、犬は毛が引っ張られたりして不愉快であっても、その場をじっと動かない。

〈回れ〉犬は私のうしろ側を回って私の左脚の脇に坐る。

〈とってこい〉犬に物をとってこさせるときの言葉である。

〈目をきれいにしよう〉これを聞くと、犬は私の左手に頭をのせ、目のまわりについたヤニを掃除してもらう。

〈タオルの時間〉犬は部屋（たいていはキッチン）の中央に行き、雨の散歩で濡れた体を拭いてもらう。

〈上がれ〉たいていは手の合図をともなう。手の合図（何かを叩いたり、指し示したりする）に従って、犬はその上に跳び乗る。

〈そのまま（ウエイト）〉「待て」よりもずっとゆるい命令である。この言葉で犬はいましていることを一時やめ、だいたいそのままの位置で、私から目を離さずにつぎの指示を待つ。

〈私をごらん〉これは注意を引くための言葉である。続いて出される命令を待って、犬は私から目を離さないようにする。

〈きみのボールはどこ？〉「何かを探す」ための言葉のひとつ。その物が近くにあり、くわえられるほど小さい場合は、犬はそれを私のところにもってくる。そうでないときは、犬はその物の近くまで行って吠える。

〈クッキーが食べたい？〉犬はこれを聞くと、すぐさまキッチンのカウンターまで走り、ドッグ・ビスケットを待つ。

〈車に乗りたい？〉私が外にいる場合は、これを聞くと犬は車まで走ってゆき、乗せてもらうのを待つ。

〈おなかがすいた？〉「食事の時間だよ」と言うときもある。この言葉で犬はキッチンまで走り、自分の食べ物の容器が置かれる場所に行って、食事を待つ。
〈散歩に行きたい？〉犬は玄関のドアまで行って待つ。

　言葉のリストはこれですべてではない。ここにあげた言葉は、ふだんよく使われるものだけで、訓練された以外の反応を引き起こす言葉はふくまれていない。私が妻との会話の中で「お風呂」という言葉を使うと、犬によって反応がちがう。以前に飼っていたケアーン・テリアのフリントは、それを聞くと隠れる場所を探した。キャバリア・キング・チャールズ・スパニエルはバスルームの前まで行って、逃れられない運命を待つ。そしてフラットコーテッド・レトリーバーは耳をそばだて、その言葉が自分とかかわりがあるかどうか、なりゆきを見守る。
　犬たちは、私が正式に教えてはいない言葉にまで、反応するようになった。たとえば、「訓練」という言葉を聞くと、犬たちは嬉しそうに玄関のあたりをうろつき、訓練用の道具がしまわれている戸棚を眺める。最近では、「仕事部屋」という言葉を犬たちが聞きわけているのがわかったが、それが引き起こす反応は、そのときにいる場所や犬によってちがう。農場にいるときに私が妻のジョーンに「仕事部屋に行ってくるよ」と言うと、犬たちは私の書斎に移動し始める。私が書きものをしているあいだ、近くで寝そべるためだ。だが、町にいるときに私が「仕事部屋に行く」と言うと、自宅の書斎で書きものをする場合もあれば、大学に出かける場合もある。スパニエルは農場にいるときと同じ反応をし、私のデスクの足元にうずくまる。レトリーバーのオーディンは、私の書類かばんを探し出して、その近くにいる。彼は私が自宅の書斎に行くときも、外出するときも、まず書類かばんを手にすることを知っているのだ。

上がって私たちの寝室へ向かい、ベッドのかたわらにある自分のクッションに腰を落ちつける。「そろそろ寝るよ」も、犬に通じている習慣的な言葉だ。これを聞くと、オーディンは階段を上がって私たちの寝室へ向かい、ベッドのかたわらにある自分のクッションに腰を落ちつける。犬たちが確実に反応する日常語はほかにもあるにちがいないが、彼らが正確に受け取った証拠となる行動を、私はまだ確認できていない。

利口な犬が受容言語をみごとに学びとりすぎて、かえって困ったという例も私は知っている。トニーという白いスタンダード・プードルを飼っているリタは、犬がすぐに反応してしまうので、犬の前ではある種の言葉が使えなくなった。日常会話の中で「散歩」という言葉を聞きつけると、とたんにトニーは玄関のドアへと走り、早く行こうと吠えるのだ。同じように「ボール」という言葉を聞くと夢中になって自分の玩具を探し始め、「食べる」を耳にすると、冷蔵庫の前をものほしげにうろつき回った。そんな反応を引き起こす言葉はいくつもあった。閉口したリタと彼女の夫は、単語のかわりにアルファベットの綴りを言うようにした。たとえば、「犬をW・A・L・Kに連れていってくれない？」というぐあいに話したのだ。だが、トニーの受容言語能力はあまりに優秀で、綴り言葉もたちまち学びとり、「散歩」と言われたときと同じように反応するようになってしまった。

犬が言葉を聞きわける能力は、人間の二歳児とほぼ同じ

犬は言葉や言い回しをいくつくらい学びとれるのだろう。この点は大いに議論が分かれている。言葉や音だけにかぎった場合、J・ポール・スコットなどの心理学者は、ふつうの犬が二百語近い人間の言葉を識別するのは珍しくないという。これは人間の二歳児とだいたい同程度

の言語能力である。ジャーマン・シェパードに三百五十語近く言葉を教えたという、ドイツの犬の訓練士から手紙をもらったこともある。「このシェパードは一、二語からなる命令だけではなく、文章も理解します。文章の中から肝心な部分を拾い出し、要求されたことをおこなうのです」と書かれていた。それを裏づける例はほかにもある。

犬は人間の言葉のはしばしを捉えて意味を理解する。歴史をひもとくと、古くは安上がりの動力として多くの犬が飼育された時代にもその例が見出せる。その昔、犬が馬やロバその他の動物のかわりに背中に荷物を背負ったり、橇《そり》や小さな荷車を引くために使われたことはよく知られている。だが、犬が単純な機械を動かす動力として使われていたことは、あまり知られていない。何世紀ものあいだ、大きな屋敷では犬たちの場所はキッチンと決まっていた。その当時、肉はたいていかまどに水平に渡された串（スピット）で焼かれていた。この串は肉がむらなく焼けるように、たえず回転（ターン）させる必要があった。肉の串を回転させる単調な仕事をまかされたのが、体重の重い、胴長で短足の、その名も「ターンスピット」という特別な犬種だった。彼らはハムスターやラットの檻でよく見かける宙吊りになった輪の大型版のような、踏み車の上に乗せられた。犬が一足踏み出すたびに車が回転し、その力で真ん中に刺してある金属の串が回るという仕組みである。屋敷では何頭もターンスピットが飼われ、交代で一日何時間も踏み車の上を歩かされた。バターをかき回したり、穀物を碾《ひ》いたり、井戸から水を汲むときにも使われ、犬力式ミシンで特許がとられたこともあったほどだ。

この犬たちはいつもキッチンに閉じ込められたわけではなく、もっと楽しい仕事もあたえられた。動力として働く必要のないときは、教会に連れて行かれ、ご主人の足を温める暖房器がわりになった。ある日曜日、グロスターの司祭が、バース大聖堂で礼拝をとりおこなっていた。彼は熱をこめてひとことひとことを強調しながら、エゼキエル書の第十章からの一節を引用した。そしてある部分で、会衆に向かってこう声を張りあげた。「そのときエゼキエルは、回る車を見た」ご主人の足元にじっとうずくまっていた犬たちは、きっと自分に関係のある言葉を聞き逃すまいと、耳をそばだてていたのだろう。ターンピットにとっておぞましい仕事を意味する「車」という言葉が聞こえたとたん、彼らは行動を起こした。目撃者の話では、「犬たちは尻尾を股のあいだに巻き込んで、教会から急いで逃げ出した」という。

私たちが犬に名前をつけるのも、彼らが人間の暮らしの中で重要な位置を占めている証拠だ。犬に特定の響きをもつ名前をあたえるのは、その犬を特別な存在と認めればこそである。興味深いのは、犬が自分の名前に反応する点だ。野生の世界では、群れをなす動物は名前を必要としない。どの個体も群れの中での自分の地位を心得、音によるレッテルがなくてもたがいの関係をたもつことができる。犬が名前という受容言語を学ぶのは、人間の世界で暮らす場合にかぎられる。

人間にとって名前はきわめて特別な意味をもっている。聖書によると、神がアダムにあたえた最初の仕事は、生き物にそれぞれ名前をつけることだった。多くの文化圏で、名前にはその人の本質が宿るとみなされ、名前を呼ばれるだけでも魔法のような作用がおよぶと信じられている地域もある。たとえば、いくつかの文化圏では赤ん坊が生まれると、誕生とともに「本当の名前」がつけられるが、この名前はけっして口にはされない。魔力の働きを避けるため、この名前を知っているのは本人と名づけ親にかぎられる。子供はかわりにもうひとつ名前を授かり、日常的にはこちらの名前が使われるのだ。

動物の場合、名前がつけられるのは特別な生き物だけである。農夫は鶏や食肉用の牛にはたいてい名前をつけない。名前をつけることは、個人的な感情をこめて相手を独自な存在と認める行為である。犬を独自な存在と認めない人は、呼ぶときも一般名詞を使う。たとえば「犬が腹をすかせている。食べさせてやれ」といった言い方に、愛情は感じられない。自分の子供について話すときに、「子供が腹をすかせている。食べさせてやれ」と言うようなものだ。愛情があれば、その名前を口にするだろう。ラッシー、サラ、ジョージがおなかをすかせている、といったぐあいに。

イヌイットは、自分たちの犬について、もう少しこみいった考え方をしている。名前をあたえないかぎり、犬は魂が宿らないと考えているのだ。犬に魂をあたえる特別な名前は実在の人間の名前で、死んだ親族の名が使われることが多い。この貴重な名前がつけられるのは、数頭だけにかぎられる。その幸運な犬たちは家の中で飼われ、橇を引く仕事に使われる犬よりもいい食事があたえられ、ペットのように扱われる。イヌイットはそれ以外の使役犬も何らかの方法で区別する必要があるから、こうした犬にはレッテルのようなものがあたえられる。その肉体的特徴に応じて、グレイ、ブラッキー、ロングトゥース（長い牙）、スポテッドテイル（斑点のある尾）、ブルート（野獣）、あるいはその能力や行動に応じて、ランナー、スリーピー、ハッピー、ブレーヴハートなどと呼ばれるのだ。だが、こうしたレッテルは本当の意味での名前ではなく、イヌイットの言い伝えによれば、魂を授ける力はない。

神話や宗教のからむ考え方をべつとしても、犬が生きていくうえで、名前はきわめて重要である。なんといっても、犬は人間の言葉に囲まれて暮らしているのだ。そして犬が理解できる語彙は人間の幼児と同程度で、かなりかぎられている。人間の言葉を理解するにあたって、犬にとって最初の課題は、どの言葉が自分に直接向けられたものかを判断することだ。たとえば、家族に向かって「いらっしゃい（カム）。すわって（シット・ダウン）テレビを一緒に見ましょう」とごくふつうに声をかけた場合、犬は大いに戸惑うかもしれない。というのも、犬たちがよく知っている言葉が三つふくまれているからだ――「来い（カム）」「すわれ（シット）」「伏せ（ダウン）」というごくありふれた命令である。しかも「見る（ウォッチ）」という、注意を引くための言葉もまじっている。家族に向かってこの言葉を言ったとき、犬がそばにいたとしたら。利口な犬であれば、命令を次々に行動に移そうとするかもしれない。まずこちらに来て、坐り、続いて伏せの姿勢をとり、こちらの顔をじっと見つめるのだ。人が口にする数多くの言葉の中から、どれが反応を要求して自分に向けられたもので、どれが自分とは関係のないものかを、犬はどのように判断するのだろう。

人間の言葉が自分に向けられていることを判断する方法のひとつが、私たちが発するボディランゲージだ。私が犬の目をまっすぐに見て注意を引きながら、「来い」「すわれ」「伏せ」と言えば、誤解は生じないだろう。犬はこれらの命令が自分に向けられたもので、反応が求められているとわかるはずだ。だが、このたぐいの明確なボディランゲージが欠けていても、名前が呼ばれれば理解の助けになる。じつのところ、犬の名前はご主人の口からつぎに出てくる音が、その犬と関係があることを伝える合図になる。犬の名前は、「注目！　つぎに聞こえるメッセージはきみあてだ」を意味しているのだ。

そのため、犬に話しかけるときは、明確でなければならない。犬に何かさせたいときは、かならずその名前をまず呼ぶようにする。たとえば「ローヴァー、すわれ」「ローヴァー、来い」「ローヴァー、伏せ」といったぐあいである。だが、「すわれ、ローヴァー、来い、ローヴァー」といった言い方は、犬に話しかけるときの文法としてはよくない。その理由はかんたんである。犬に反応してもらいたい言葉が、犬の注目を引く前に、それまであなたが口にしていたほかの言葉とともに消えてしまうためだ。「すわれ、ローヴァー」と言っても、犬の名前のあとに意味をもった言葉が続かないので、犬はあなたをただ見あげるだけだろう――「はい、聞いてますよ、何をしたらいいんです？」という、誰にもおなじみの顔つきをして。犬があなたを見あげているのは、自分の名前が呼ばれたからで、犬はあなたの要求を待っているのだ。そうしてしばらく目を見交わしたあと、あなたはいらだった調子で命令を繰り返すかもしれない。「すわれと言ったんだ、この馬鹿犬」これで犬は坐るだろうが、愚かなのは人間のほうだ。

血統書つきの犬は、たいていふたつ以上名前をもっている。まず第一にケンネル・クラブに登録された名前である。登録名はすばらしく気取った、意味のないレッテルであることが多い。たとえば「ルマシア・ヴィンドボン・オブ・ターウッド」「フラットキャッスル・シャドー・オン・ワイルド・ウォーター」「ブラッククレース・ムーンライト・ロマンス」「パークバーンズ・レイニーデイ・ウーマン」「ソーラー・オプティックス・フロム・クリークウッド」といった感じである。だが、犬の最も大切な名前は「呼び名」のほうだ。誰も裏庭に向かって「トールブルトン・コラナド・ダンサー、おいで！」と叫んだりはしないだろう。ふつうの人は、日常的にふれあうにあたって犬に短い名前をつけ、実際にはそれが使われるようになる。私は自分の犬たちに、ウィズ、フリント、オーディンなどの名前をつけた。長年の経験から、二音節の名前のほうが呼びやすく、反応も引き出しやすいことがわかった。そこで実際にはウィズはウィザーと、フリントはラテン語風にフリントゥスと呼んだ。私は登録名と呼び名のあいだにわずかながらでも関連をつけたいので、「トールブルトン・コラナド・ダンサー」は「ダンサー」と、「コイズ・アブラカダブラ・アルケミスト」は「マジック」と呼び名をつけた。

なかには自分の犬に、特別な印象をあたえる呼び名をつける人たちもいる。プロスポーツ界では、自分に強面《こわもて》のイメージを作りあげたがる選手が多い。そうした人たちは、ロットワイラー、ブル・マスティフ、ドーベルマン・ピンシャー、グレート・デーンなど、強そうに見える犬を選ぶ傾向が強い。こうした犬はたいてい鋲《びょう》のついた重い革の首輪など、そのイメージを強調するような装具で飾りたてられる。そして、それにふさわしい名前ももっている。一九九五年度のプロフットボール最優秀選手、ハーシェル・ウォーカーの飼っているロットワイラーは、アル・カポネという名前だ。プロスポーツ選手の飼い犬たちの名前には、スラッガー（強打者）ロッキー、ホーク、ゴースト、ジャガー、トゥルーパー（機動隊員）、ロケット、シャカ・ズールーなどもある。フラッフィー（ふわふわちゃん）、ハニー、フィフィーなどのかわいい名前では、ぐあいがわるいのだ。

犬に強そうな名前をつけると、飼い主まで強くたくましく見られるようになるのだろうか。そのあたりはよくわからない。だが、犬にいかめしい名前をつけると、犬にたいする人の見方に影響をあたえるのは事実のようだ。私はそれを実験によってたしかめた。そのとき被験者には、あらかじめこんな説明をした。

「犬の行動を見て、その犬の性格と犬が何をしようとしているかを判断していただきます。これからリッパーという名の犬が登場する短いビデオテープをお見せしますが、犬をよく観察してください。あとでリッパーの行動についてお尋ねしますから」

リッパー（切り裂き魔）はキラー、アサシン（刺客）、ブッチャー（殺戮者《さつりく》）、ギャングスターなどの同じように恐ろしげな名前に変わることも、チャンピオン、ブレーヴハート、ハッピー、ラッキーなどの明るい名前に変わることもあった。ビデオは、ジャーマン・シェパードを主人公にした連続テレビ番組からの、こんな場面だった。男が歩いていると、どこからか犬が彼のほうに向かって走ってくる。男に吠えかかる犬のクローズアップに続いて、犬が男に跳びつき、その肩に前足をかける。男は犬を振り払い、犬は吠えながら画面から姿を消していく。

合計二百九十一名の人が、仮につけられた犬の名前とともに短い説明を受けてから、ビデオを見た。そのあとで彼らに言葉のリストが配られた。そして、いま見たばかりの犬に最もふさわしいと思われる言葉にしるしをつけてもらった。そのリストには、友好的、人なつこい、誠実、陽気、といった好ましい形容詞と、攻撃的、威嚇的、敵意のある、危険な、といった好ましくない形容詞が並んでいた。犬の名前がアサシンやブッチャーなど恐ろしげな場合、犬の行動は敵意をもった、威嚇的なものと捉えられることが多かった。

そしてつぎに、いま見たばかりのテープについてどんな場面だと思うかを書いてもらったところ、犬がスラッシャー（ならず者）など恐ろしげな名前で紹介された場合は、こんな答えが多かった。「犬は近づいてくる男が気に入らなかった。男を撃退するために吠えかかり、跳びつこうとする。男は嚙まれまいとして振り払い、犬は遠ざかる」犬がハッピーなど明るい名前で紹介された場合は、同じ場面にたいして、こんな答えが多かった。「犬は男の姿を見つけて、挨拶をしに走ってきた。遊んでもらうために男に向かって吠え、跳びつこうとする。そして男を家まで案内するために先に走っていく」どちらも、まったく同じビデオテープを見ての答えである。ちがいは、犬の名前だけだった。

こうしたデータから、犬の名前が、その犬にたいする人びとの見方に影響をあたえることは明らかだ。ただし、大型犬の場合のほうが、その効果は強いだろう。ペキニーズやチワワ、マルチーズなどでは、たとえエクスターミネーター、キラー、ビーストといった名前がついていても、あまり人を怖がらせることはあるまい。

犬の名前・人気ベストテン

ほとんどどんな単語でも名前になりえる。辞書から見つけ出した単純な単語、プロミス、スパイス、スカイラーク、ランナーなどは、いずれも感じのいい犬の呼び名になる。地図からもオックスフォード、ニューゲート、コンゴなど、目ぼしい候補が見つかるだろう。何かの専門家であれは、専門的な単語からも拾い出せそうだ。愛犬をヒアセイ（風聞）と名づけた弁護士、グラナイト（みかげ石）と名づけた地質学者、ラダー（舵）と名づけた遊覧船の乗組員もいる。名前のつけ方はいたって自由だ。たとえば、歌手のフランク・シナトラが、女優のマリリン・モンローにマフという名の白いプードルを贈ったことがある。彼は「マフ」は「マフィア」の略だとモンローに教えた。もちろん、シナトラとは何の関係もない例の組織のことだ。

アメリカとイギリスでの犬の名前・人気ベストテンは、この十年ほど変わっていない。人気の高い順にあげると、つぎのとおりである。

	〈雄〉	〈雌〉
1	マックス	プリンセス
2	ロッキー	レディー
3	ラッキー	サンディー
4	デューク	シーバ
5	キング	ジンジャー
6	ラスティー	ブランディー
7	プリンス	サマンサ
8	バディー	デイジー
9	バスター	ミッシー
10	ブラッキー	ミスティー

私にとって意外だったのは、スヌーピー（チャールズ・シュルツの人気漫画『ピーナッツ』に登場する犬）が、上位に上がっていないことだ。ところが、なんと猫の名前としてはベストテンに入っている！

登録名と呼び名のほかに、私の犬たちは全員第三の名前をもっている。それは集合名で、私は「わんちゃん（パピー）」と呼んでいる。どの犬にとっても、これは自分たちの第二の名前で、私が「わんちゃんたち（パピーズ）、おいで」と叫ぶと、たちどころに犬たちが全員集合することになる。雄犬ばかり飼っている私の友人は、集合名に「ジェントルメン」を使い、べつの友人（陸軍戦車隊の元士官）は「トゥループ（隊）」を使っている。犬からすると、集合名は「注目！　つぎに聞こえてくる音は命令だ」という意味をもつ、もうひとつの音になる。

ケンネル・クラブは、犬の登録名の変更を一回しか認めていない。だが、犬のほうはもっと柔軟で、自分の名称が何回変わっても学びとれる。というわけで、愛護協会や犬の保護施設から引き取られた犬は名前がわからない場合が多いが、里親のもとでつけられた新しい名前をすぐに覚える。

つねに同じ家族のもとで暮らしていても、犬の名前が変わることもある。愛称がつけられて、長くその愛称で呼ばれる場合だ。たとえば、私の娘カレンの愛犬は、もともとはカウンテスという名前だったが、その呼び名がテッサになり、テス、テッサ・ベア、T-ベア、ベアなどとも呼ばれている。テッサはどのように呼ばれ方が変わっても、同じように冷静に応えた。それは、私たちが愛する人のことをいつもは「ダーリン」と呼んでいても、ときには「ハニー」あるいは「ディアー」と呼びかけるようなものだ。

テッサ以上に激しく名前が変わった犬たちもいる。ロバート・ルイス・スティーヴンソンの飼っていたスカイ・テリアもその例だ。スティーヴンソンは、『宝島』や『ジーキル博士とハイド氏』などで有名な作家である。彼の犬は最初はウォッグズと呼ばれていたが、それがウォルターに変わり、その後ワッティになり、それがまたウォッギーに変わり、最後にはボーグと呼ばれるようになった。

犬に向かっていつも使っている言葉が、その名前になる（少なくとも当分のあいだは）。私はポーラーという名のシベリアン・ハスキーと、面白い体験をしたことがある。そのとき私はスキーリゾートで開かれた研究会に、特別講演者として招かれていた。宿泊先では、会の進行役を務めるポールとキャビンを分け合った。ポールは自宅が会場から車で往復できる距離にあり、ポーラーを一緒に連れてきていた。彼は私がいつも犬に囲まれ暮らしているのを知っていて、犬たちと離れて旅先にいる私に、ポーラーがなぐさめになるだろうと考えたのだ。

ポーラーとポールのようすを眺めるのは、面白かった。ポールは犬をとても愛してはいたが、騒々しく跳ね回る毛のかたまりを扱いかねてもいた。車のドアが開くと同時に、ポーラーは勢いよく跳び出した。ポールが「ノー！」と叫び、犬はかしこまって彼の脇にもどった。私が犬に挨拶に行くと、ポーラーが私に跳びつき、またもやポールは鋭く「ノー！」と叫んで犬を地面に伏せさせた。その夜、私たちが飲みながらおしゃべりをしているとき、ポーラーはポールに鼻面をこすりつけ、テーブルの上の皿に盛られたクラッカーをねだった。またしても「ノー」の声がかかり、ポーラーはため息をついてうずくまった。その晩遅くに、ポールのいる部屋で騒がしい音がした。ポーラーがポールのベッドにもぐりこもうとしていて、今度もまた「ノー！」のひとことで追い払われたのだ。朝になって、私がまず最初に耳にしたのは、ポールがポーラーに向かって「ノー、まだ早すぎる。ぼくは起きないよ」と言っている言葉だった。しばらくしてから、「ノー、眠らせてくれ。もう少ししたら外に出してやるから」という声も聞こえた。

その日、夕食のときに、どうも犬に言うことをきかせられなくてと、ポールがこぼした。

「ポーラーには、自分の名前もわかっていないんじゃないかと思えるときがあるんだ」と彼は言った。

「ポーラーには自分の名前がわかっているさ」と私は言った。「でも、きみにはわかってないかもしれないね」けげん顔の彼に、私はこう続けた。「今晩キャビンにもどったら、ちょっとした実験をしてみよう」

その晩キャビンに戻った私は、ポールにキッチンで待っているように頼み、私はポーラーを連れてベッドルームにつながるテラスに出た。自分が注意を浴びているようすにご機嫌なポーラーを私がなでているとき、キッチンにいるポールが（私の指示どおり）「ノー！」と叫んだ。ポーラーはすっと立ち上がると、殊勝な面持ちでトットッとご主人のほうに向かった。これまでポーラーが聞いた自分に向かって言われる言葉の中で、最も多かったのが「ノー」だった。そこでポーラーの頭の中では「ノー」が自分の名前になっていたのだ！

というわけで、この章では犬の受容言語能力、すなわち犬が人間の言葉を理解する能力についてお話しした。私が取りあげたのは、ふつうの家庭で暮らす、ふつうの犬の例ばかりである。だが、人間の言葉にたいしてまさに驚異的な理解能力をもつ犬の例も数多く報告されている。それらの話を信じるなら、私の犬たちの能力は小学一年生なみで、その優秀な犬たちは大学生級と言えるだろう。つぎの章ではそんな高度な能力をもつ犬たちの受容言語について、少しばかりご紹介しよう。彼らの力には、驚くべき秘密も隠されている。

第四章　犬はどこまで言葉を聞きわけるか

私がチャールズ・アイゼンマンとその犬たちの演技を見たのは、一九六〇年代だったと思う。「チャック」の愛称で知られるアイゼンマンは、もとはプロ野球の選手だったが、何度か職業を変えたのち、犬の訓練士になった。彼の犬たちは数多くのハリウッド映画に出演したが、最も有名なのが彼のジャーマン・シェパード、ロンドンを主役にした連続テレビドラマ『リトレスト・ホーボー』である。ロンドンの息子たち、リトル・ロンドン、トロ、ソーンが、危険な場面でロンドンの代役を務めたこともある。どの犬もきわめて優秀だと評判をとった。アイゼンマンは、自分の犬たちは数百語の言葉を理解し、八歳児に相当する言語理解力があると言っていた。

私が見たデモンストレーションは、地方テレビ局がお膳立てしたもので、あとで放映するために撮影と録音がおこなわれた。アイゼンマンが四頭の犬を紹介し、だいたいどの犬も、ただ日常的なしつけとして、たとえば「伏せ」と言われたら地面に伏せ、「来い」と言われたらこちらに来るように訓練されただけだと説明した。犬たちは基本的に、聞いた音をたんに行動に結びつけているにすぎない。犬の訓練にあたっては「知的メソッド」とみずから命名した方法を使ったという。この方法のかなめは、人間が話す言葉の基本的要素を犬に考えさせ、学ばせることである。その指導法は、私たちが子供に言葉を教える場合に似ていた。ひとつの単語をひとつの行動や概念と結びつけるのではなく、使われる言葉も設定もさまざまに変えながら犬に同じ問題をあたえたのである。この訓練の成果として、ロンドンが「伏せ」と言われても、「どうぞ床に寝そべってください」あるいは「うつぶせの姿勢をとって」と言われても、同じ反応をすることが披露された。

四頭はたしかに優秀な言語理解力をもっていた。アイゼンマンが自然な会話調で、ごくふつうの言葉を使って話しかけても、犬たちは言われたことをすべて理解した。ドアを開けたり閉めたり、電灯のスイッチを入れたり切ったり、その他何でもやってのけた。いくつか物が並んでいる中から、ご主人が指定した品物を選び出す犬たちの能力に、感心したのを憶えている。だが、私の中にわずかに疑問が湧いたのは、アイゼンマンが犬たちはフランス語で話しかけてもドイツ語で話しかけても、同じように理解すると言ったときだった。その場所がカリフォルニアだったせいだと思うが、会場からだれかが「では、スペイン語は？」と質問した。

アイゼンマンは答えた。「スペイン語を理解するかどうか、私にはわかりません。でも、やってみましょう。スペイン語でかんたんな命令を言ってください」

スペイン語で「セラ・ラ・プエルタ」が「ドアを閉めなさい」の意味だと言われ、彼は犬のほうに向き直って「ロンドン、セラ・ラ・プエルタ！」と声をかけた。犬は立ち上がり、少しばかりためらいがちにではあったが、ドアのほうに歩いていった。そしてご主人を振り返り、なかば開いていたドアを前足で押して完全に閉めた。会場がどよめき、歓声が湧いた。

この場面に私はまったく頭を抱えてしまった。たしかに訓練しだいで、犬はふつうの人が考える以上に多くの言葉を理解できるようになる。また、人間とほぼ同じように、いくつかの言語で命令や言葉を学べることも事実だ。だが、初めての言語で初めての言葉を学び、理解したと確認できるまでには時間がかかる。たとえば、私が「犬」は英語で「ドッグ」、ドイツ語で「フント」、フランス語で「シアン」だと知っていたとしても、スペイン語で「ペロ」と言われて犬のことだとすぐにわかるわけではない。訳してもらわなければ、言葉の意味はわからない。ではなぜ、犬のロンドンが初めて耳にした言葉を理解したのだろう。彼の飼い主がその言語を知らず、それまで彼に教えてもいなかった言葉を。疑問をもつのは科学者の習性である。そしていったん疑問をもつと、信じたいとは思いつつ、すべてを額面どおりには受けとれなくなった。私の心に注意信号が点滅し、状況をいささか懐疑的な目で眺め始めた。

その後も私の疑念はふくらむばかりだった。アイゼンマンは司会者に、犬は色が見分けられないと考えられているが、そうでないことを自分が証明できると言った。

「ロンドン、この部屋で何か赤いものを探してごらん」と彼は声をかけた。

犬は立ち上がると部屋を横切り、司会者のかたわらにあった赤いコーヒーカップに鼻面を押しつけた。青いものをと言われると、ロンドンは青い椅子のところに行き、最後に黄色いものをと頼まれると、壁際に行って鼻面を黄色いカーテンに押しつけた。

観客は大喜びだったが、私は腑に落ちなかった。このときもロンドンの行動はあまりにできすぎだった。犬の目は人間の目とちがい、色の識別能力はかなり劣っている。世界を灰色の濃淡でしか捉えられないのが色弱だとすれば、犬は色弱ではない。特殊な訓練技術を使った科学者の実験によると、犬の目には世界が灰色、緑、赤茶色で見えているようだ。これらの色を見分けるように訓練することは可能であり、犬にある程度色の識別能力があるのも事実だ。だが、この訓練はきわめて困難で時間がかかる。それは色の識別能力が犬にとってほとんど意味をもたない証拠だろう。生物学的に言うと、色の識別能力を必要とするのは、おもに昼間のあいだ活動する雑食動物である。この場合、色の識別能力は食物になりうるものを探し出し、確認するのに役立つ。だが、犬は本来日没から夜明けにかけて活動する動物であり、色の識別能力はそれほど重要ではなく、意識してそれを使うとは思えない。

ここで仮にアイゼンマンが何らかの方法でロンドンに色の重要性を教え、命じられたときはいつでも、かぎられた識別能力を使えるようになったとしよう。この場合も、犬は世界を灰色、緑、赤茶色で見ているから、ロンドンが本来は見分けられないはずの青や黄色を識別した事実は驚異的で——信じがたい。

私はしっかり目を凝らして観察し始めた。アイゼンマンは「演技」を続けた。今度はロンドンに「言葉が書いてあるものを見つけておいで」と言った。犬は話しているご主人の口許をじっと見つめ、スタンドに貼ってあるポスターのところまで行ってそれを指し示した。「何か書くものをもっておいで」と頼まれると、低いコーヒーテーブルの上の鉛筆をくわえてきた。さらには単語の綴りまでわかるところを示して、観客を驚かせた。「g・l・a・s・s・e・sをもってきておくれ」と言われると、ロンドンは司会者に近づき、人びとがくすくす笑うなか、そっと司会者の眼鏡をはずし、ご主人のところにくわえていったのである。

この犬が示した言語理解力は、道理の世界を超えていた。どんな犬も教えれば人間の八歳児なみの理解力がもてるというアイゼンマンの言葉が本当だとしたら、なぜ私たちの身のまわりにこれほどたくさん「成果の上がらない」犬たちがいるのだろう。

命令を目で読みとる犬たち

ロンドンの行動の秘密を解明してくれたのは、カール・ジョン・ウォーデン教授の記録だった。教授は二十世紀初めの、比較進化心理学の最高権威のひとりである。ウォーデン教授はニューヨークのコロンビア大学で教えていたころ、フェローという名のジャーマン・シェパードをテストした。フェローの飼い主はミシガン州デトロイトに住むブリーダー、ジェイコブ・ハーバートだった。ハーバートは自分の犬たちの中から、最も頭がいいと思われるフェローを選び出した。そしてフェローにできるだけたくさん人間の言葉を教えようとした。彼はアイゼンマンと似た方法をとり、私たちが自分の子供に言葉を教えるときのように、犬にたえず話しかけた。ハーバートはフェローには四百語ほどの言葉がわかり、人間の幼児と同じような理解のしかたをしていると考えた。つまり、完全な言語能力があるとは言えなくても、特定の言葉と物や行動とのあいだに、たしかに関連性を見つけていると実感したのだ。

ハーバートは動物の行動にかんする専門家ではなかったが、フェローの言語能力がどの程度なのか正確に知りたいと思った。そこでウォーデン教授に連絡をとり、ニューヨークに出たときに、フェローの能力をテストしてもらうことにした。最初のテストは、ハーバートの泊まっているホテルの部屋でおこなわれた。ウォーデンと学者仲間のL・H・ワーナーは、ウォーデン言うところの「慢性的猜疑心」でテストにのぞんだ。二人は、犬が数多くの言葉にみごとに反応するのに感銘を受けた。ウォーデンは（私がロンドンの演技を見たときと同じように）、犬の飼い主がフェローに何か要求するときにきまった言葉を使わない点に驚いた。しかも、どの命令もごくふつうの声でなされ、まるでハーバートが犬と会話してでもいるかのようだった。

二人の心理学者は、フェローのすばらしい演技には、言葉にたいする理解力以外のものが働いているのではないかと考えた。まず最初に彼らは、それまで飼い主が使った言葉とはまったくべつの言葉を使っても、フェローが命令に応えるかどうか試した。犬はそのテストでは満点をとり、命令に「きまり言葉」はないことが判明した。フェローはそのときどきの言葉に反応しているようだった。飼い主がわざと高い声から低い声、抑揚のない声と話し方を変えてみても、犬の反応は変わらなかった。何か秘密の合図が隠されてないことをたしかめるために、ハーバートはバスルームに入ってドアを閉め、犬に姿が見えないようにしてみた。この場合もフェローの演技は完璧ではなかったが、たいてい正確だった。じつに驚くべきことだった。これは犬にとって初めての状況で、ドアごしに聞こえる言葉は、響きがこもりがちだったからである。

このあと、ハーバートとフェローはコロンビア大学のキャンパスに連れて行かれ、そこでもっと本格的なテストを受けた。今回はハーバートも二人の学者も衝立《ついたて》のうしろに隠れ、小さな穴から犬の行動を観察した。物をとってくるテストを何度かおこなった結果、フェローが日常的な言葉の意味を数多く理解していることが明らかになった。たとえば、鍵、ブラシ、手袋、包み、クッション、水、ミルク、靴、帽子、コート、ステッキ、ボール、郵便物、お金（札）、ドル（硬貨）、女性、男性、少年、少女、子犬などである。べつのテストでは、足、頭、口、手、（人間の）膝など体の部分の名称も理解していることが実証された。驚くべきことに、フェローは「大きい少年」と「小さい少年」のちがいなど、ものの大きさも見分けることができた。

テストを通じて、フェローはたとえ飼い主の姿が見えなくても、五十三種類の命令や言葉や言い回しに的確に反応できることが実証された。それには「すわれ」「ころがれ」「こっちを向いて」「うしろを向いて」（犬はうしろを振り向く）といったかんたんな命令から、「部屋を歩き回りなさい」「外に行って私を待ちなさい」（犬は部屋を出て、ドアの外で待つ）、「あの人は信用できない」（これを聞くと犬は吠え声をあげ、相手を威嚇する）などの、かなりむずかしい命令までふくまれていた。さらには、正確に従うにはかなり複雑な思考が要求される「あの人と一緒に行きなさい」などの命令もあった。また、「やめて」「もういい」「そこまで」「静かに」の、どの言葉を聞いても、犬は何であれそれまで自分がしていた行動をやめた。

フェローの行動はきわめて優秀だったが、その能力には限界があった。ご主人が目の前にいるときは完璧におこなえても、ハーバートが衝立のかげに隠れると理解できない命令もいくつか出てきた。それらの命令を分析してみると、いずれもふたつの要素がふくまれている点で共通していた。そのふたつとは、ものを認識することと、向かうべき方向を知ることである。「ウォーデン教授を探しに行きなさい」と言われると、飼い主が目の前にいるときは正確に反応したが、その姿が見えないと反応できなかった。「窓の外を見に行きなさい」「今度はべつの窓のほうに行きなさい」「椅子（あるいはテーブルその他）のところに行って、跳び乗りなさい」などの命令にも、ご主人が見えないと正しく応えられなかった。

これらの命令では、まず特定の方向に向かうこと、つぎにそこにあるものにたいして行動を起こすことが犬に要求されるため、ウォーデンはハーバートが犬に何か微妙な視覚的合図を送っているのだろうと推測した。見たところハーバートはフェローがどのくらい言語を理解しているか知りたがっている正直な人間だから、その合図はきわめて自然な、無意識の動作にちがいない。そのたぐいの動作で最も一般的なのが、首を動かすことだ。人はたとえば「電話をここにもってきて」と頼むとき、ごく自然に電話が置かれている台のほうに視線を投げるだろう。目に見える範囲にあるものについて話すとき、私たちは反射的にそちらのほうに首を動かしたり、視線を投げたりするものだ。

それを試すために、ウォーデン教授とハーバートは、わざとフェローに誤解が生じるようにしてみた。「ドアのところに行きなさい」と指示しながら、部屋の隅のテーブルを見つめたのだ。フェローはすぐに反応したが、ハーバートの言葉にではなく、彼の視線の方向に従い、テーブルに向かって歩き出した。ハーバートが窓を見ながら「いい子だから、椅子の上に乗ってごらん」と言うと、フェローは迷わずご主人が見ている窓のほうに向かった。続いてハーバートがテーブルを見ながら「椅子の上に頭をのせなさい」と命令すると、フェローは椅子に頭をのせるかわりに、テーブルに跳び乗った。

というわけで、フェローのすばらしい言語理解力の中には、言葉とは関係のない部分もふくまれていることがわかった。たとえば、フェローはまずご主人の声の調子から、自分が何か要求されていることを知る。そしてハーバートの顔が向いている方向を見て、自分が処理すべきものが存在する方向を知る。そのものを見つけたら、すべきことはかぎられていた。ものが小さいときは、それをくわえてもどる。ものが大きくて重かったり、その場所に固定されている場合は、ただそれを見つめるか、鼻面を押しつけてこれだと指し示す。それが家具だったり、中くらいの大きさの固いものだったりする場合は、その上に跳び乗るか、頭をのせればいい。

ではここで、チャールズ・アイゼンマンの命令に従うジャーマン・シェパードのロンドンに話を戻してみよう。その演技は大半が撮影され、編集されたのちテレビで放映された。フェローのみごとな演技の「秘密」を知ったうえで、私はアイゼンマンが命令を出すときのように目を凝らした。「ドアを閉めなさい」とスペイン語で命令するにあたって、アイゼンマンは「セラ・ラ・プエルタ！」と言いながら、たしかにちらっとドアのほうに視線を投げていた。

放映されたフィルムには、私を悩ませた色の識別能力テストの部分も入っていた。あらためて見直すと、アイゼンマンは「ロンドン、この部屋で何か赤いものを探してごらん」と言いながら、司会者の脇のテーブルにある赤いカップのほうを見ていた。ロンドンはその視線の先を目で追っていた。そして冷静な目で見れば、ロンドンは鼻面をその小さなテーブルの端に押しつけているにすぎなかった。実際にはカップを見つめてもいなかったのだ。ご主人の視線の先にある、最もわかりやすいものがテーブルだったので、犬は鼻面をそれにこすりつけたにちがいない。青いものや黄色いものの場合も、それは同じだった。

といっても、アイゼンマンが意図してペテンをおこなったわけではない。同じようなことが、一九〇〇年代の初めにも起きている。ドイツの元数学教授ファン・オステンが愛馬ハンスに歴史、数学、文字の綴りを教えたのだ。馬はその能力を選択式の問題に答える形で示した。たとえば、どの綴りが正しいか答えよという問題では、(1) atc、(2) cta、(3) cat、(4) tca、と書かれたリストが見せられた。馬は正解の番号に相当する数だけひづめで床を叩く(この場合は、もちろん三回叩くわけである)。ファン・オステンはお金のために馬を見せ物にする気はなく、有名な行動学者をふくむ少人数の知り合いだけを招き、彼らに馬を見せてその実力を試してもらった。集まった人たちは誰もが、その馬はまさしく「賢いハンス」の呼び名にふさわしいと納得して帰った。文字の綴りだけでなく、数学、歴史、地理にもくわしいと思われたからだ。ハンスの才能の実態を明らかにしたのは、実験心理学者オスカー・フングストだった。彼は馬が見物人のごくわずかな頭や体の動きを、合図として受け取っていたことを証明した。ひづめで正しい数字を叩き終わったとき、無意識のうちに緊張をゆるめる見物人の動作が、合図になっていたのだ。夕暮れどきになるとハンスの理解能力が低下するという奇妙な現象も、それで説明がついた。暗くなると正解を教える見物人の動作が、馬には見えにくくなったのだ。

アイゼンマンの犬たちの場合も、わかりやすい合図がたしかに存在した。何かについて話しているとき、人は無意識のうちにそのものがあるほうに視線を向ける。ここで取りあげたのは人間の言葉にたいする犬の理解力という問題だが、不都合なことに、視線もまた意思伝達手段のひとつになりうる。犬に必要なのは、示された方向を読みとることと、その方向に存在するものについて、何かをするようにという命令調の声を聞きわけることだけだ。のちに彼は「犬に背中を向けて命令を出すと、結果が思わしくないこともあった」と書いている。自分の視線が重要な意味をもつことにある程度気づいていたようだ。

私たちが犬にどこへ行って何をすべきか命令するときに、どの程度体を動かすだろう。犬は私たちの頭や体のかなり目立った動きに反応するのだろうか、それとも私たちの視線が示す方向を実際に目で追うのだろうか。人間は相手の見ている方向を上手にたどることができるが、犬はどうだろう。ウォーデン教授はフェローでそれを試し、飼い主に目隠しをさせてみた。ハーバートにあらかじめ命令を出すべき方向が伝えられていたときは、ご主人の目を見ることができなくても、フェローは正確に応えた。つまり、フェローはご主人の視線をたどっていたのではなく、頭や体のもっと大きな動きを読みとっていたようだ。

そんなことがらを総合すると、犬は私たちの話し言葉に反応しているように見えても、実際にはちがうのかもしれない。犬が数多くの言葉や音を理解することは事実だが、人間の動きから微妙な合図を読みとる能力のおかげで、それ以上の言語理解力があるように見えるのだ。犬が理解する言葉としては、「とってこい」「こちらへ」「見つけろ」「ジャンプ」「行け」などがあげられるだろう。だが、私たちの話し言葉の中には、犬にとって何の意味ももたないものもある。たとえば私が「あの赤いものをとってこい」と犬に言った場合、犬は「とってこい」という私の言葉で何かを私のところに運ぶのだと察して行動を起こすが、運ぶものは赤いボールだと理解するのは、私の頭や体の動きを通じてなのだ。話し言葉だけに意味があると考えるのは、あまりに人間的な偏見である。犬は「赤いもの」が何かはわからないが、何であれ私の視線の先にあるもの——赤でも、白でも、緑でも——をとってくるだろう。私たちは犬が人間の言葉を耳で聞いて理解すると考えがちだが、犬は人間の動きのほうにそれ以上の注意を払っていると思われる。私たちが気づいていなくても、犬はボディランゲージを読みとる名手だ。のちの章では犬自身が体の動きを通して、複雑なメッセージを伝えられることもご紹介しよう。

これまでのところでは、犬が人間の言葉をいかに巧みに読みとるかについてのみ、お話ししてきた。たしかに犬は、私たちが伝えたいことについて、言葉を通しても、またその他の合図を通しても、その意味をかなりよく理解する。こうして犬の受容言語能力についてざっと見てきたのに続いて、今度は犬の生産言語について考えてみよう。犬はどんな能力を使って、おたがいに意思を通じあわせるのだろうか。

第五章　おしゃべりな犬、無口な犬

犬の言語を理解するには、まず犬の話し方を調べてみるのが、一番だろう。人間にとって、意思を伝えるには「意味をもった音を発すること」（話すこと）がきわめて自然な方法なので、言語すなわち話し言葉と思われがちだ。すでに述べたとおり、肉体的な制約があるため、犬は人間のように複雑な発声はできない。だが、犬にもさまざまな声を出すことは可能であり、その声が意思伝達のために使われている。

音という形をとる言語には、その他の意思伝達手段にくらべてすぐれた点がいくつかある。音を視覚的な信号とくらべてみよう。視覚的なボディランゲージは、犬にとって重要なコミュニケーション手段であり、生き延びるうえで数々の利点がある。視覚的な信号は音をともなわず、しかも遠くから受け取れる。そして信号の発信主がいる場所も、たやすくつきとめられる。この信号は瞬間的に「発する」ことも「消す」ことも可能で、信号となる動きを激しく、速く、大きくすることで、その強さを変えることもできる。犬がすでにその方法を学習しているなら、尾を振ったり、頭を動かしたりなどの単純な視覚的信号で、複雑な情報を伝えることも可能だ。

つまり、視覚的信号はきわめて柔軟で、無限の可能性がある。では、なぜ音による信号が発達したのだろう。

動物にとって、視覚的言語の問題点は、その利点そのものが、使い手にとって不利にも変わりうることである。信号は見られることを前提としているので、送り主の姿が外敵や獲物にも見られてしまう可能性がつねにつきまとう。ボディランゲージをふくむ視覚的信号を使うには、高度に発達した目と、こまかな部分まで感じとれる敏感さが必要である。そして受け手にすぐれた視力があっても、送り手との距離が離れすぎている場合はこまかな部分は伝わりにくい。霧や煙などがあって視界がわるいときも、メッセージは明確に伝わらない。さらに、木や岩、壁などの障害物も、視覚によるコミュニケーションをさまたげる。視覚的信号が、こうした障害物を越えて伝わることはないからだ。視覚的コミュニケーションで信号を読みとるためには、充分な光も必要である。動物が、夕暮れから夜明けまで使えなくなる伝達手段にのみ頼るよう進化することは、まず考えられない。

音による信号なら、視覚と結びつく数々の難点が乗り越えられる。音によるコミュニケーションには、鋭敏な聴覚が必要とされるが、音は遠くからでも聞きとれる。音は霧や闇夜にもさまたげられずに届き、森や岩や壁といった障害物も飛び越えることができる。野生動物に近づくのが、その動物が眠っているときでさえむずかしいのは、そのためだ。こちらがその姿を見つけるずっと以前に、動物に足音を聞かれてしまう。だが、音の信号は隠れた場所からも送れるので、送り手の姿が見られずにすむ。音の出所は、ふたつの鋭い耳でつきとめられるが、わかりにくい場合も方角を誤認する場合もある（優秀な腹話術師がその例だ）。キーッというような音程の高い短い音は、発信元をつきとめにくい。だが、べつの動物、たとえば発信主の母親がそれを聞いた場合は、すでに発信主のいる場所を知っているので、そのメッセージを解読してすぐに駆けつけることができる。

たしかに動物はさまざまな声を出す。こうした声が動物の日常的な行動パターンの一部として進化したのは、特別な機能をもつからこそだろう。動物の声が私たちの「言葉」と同じ働きをし、同じ種の仲間同士に通じる意味をもっていると指摘する学者は多い。その最も説得力のある証拠としてサルがあげられている（おそらく、人びとが四つ足の動物よりサルの行動に関心を向けがちだからだろう）。ひとつの例が、アフリカのヴェルヴェット・モンキーである。ほっそりした優美なサルで、手足が長く、顔の凹凸が少なく、サバンナの近くで暮らすことが多いので、サバンナ・モンキーとも呼ばれている。たいていは地面の上ですごし、果物や木の葉その他の植物をあさって食べる。「ヴェルヴェット」はフランス語のヴェール（緑）からきた呼び名で、これは背中に緑がかったやわらかな被毛が密集しているためだ。腹部は淡い黄色か白で、顔と両手両足は黒い。このサルは、外敵が近づいたことを仲間に警告するための、明確な語彙をもっている。外敵が見えたと警告の声をあげるだけでなく、特殊な「言葉」を使って、群れのメンバーにその外敵が何かまで伝えるのだ。

ペンシルヴェニア大学の心理学者ドロシー・チェニーとロバート・シーファースは、ヴェルヴェット・モンキーの言語にかんする調査をおこなった。そしてこのきれいなサルをねらう外敵は、おもに三種類であることがわかった。ヒョウ、ワシ、ヘビである。ヴェルヴェット・モンキーは、ヒョウの姿を見つけると、大きな叫び声を矢継ぎ早に連続してたてる。ワシを見つけると、ひきつった笑いに似た叫び声をあげる。ヘビに気づくと、高いキャッキャッという声をたてる。ほかのサルたちは、この三種類の声に応じてちがう行動をとる。「ヒョウ」を意味する声が聞こえると、群れのサルは全員ぴたりと動きをとめ、木の上に逃げる。「ワシ」を意味するコッコッという声を聞くと、素早く空を見上げてから低木の茂みの下に急いで身を隠す。「ヘビ」を意味するキャッキャッという声を聞きつけると、全員が後ろ脚で立ち上がり、地面を這い回る敵がいないかと、あたりを見回す。

これらの声が言葉として作用している事実を確認するために、二人の学者はその他の可能性を排除する必要があった。その最大の可能性は、声もそれに応じたサルたちの防衛行動も、意思の伝達ではなく、外敵の姿を認めたときの恐怖反応にすぎないのではないかということだった。それをたしかめるために、チェニーとシーファースは、何種類もの警告の叫び声を録音し、近くに外敵がいないときにそれをサルたちに聞かせた。サルは録音された声を聞いても、やはりそれぞれ的確に反応した。つまりサルたちは声そのものから意味を引き出し、声を言葉として受け取っていたのだ。

ヴェルヴェット・モンキーの言葉が、人間が使う言葉と似ている点は、ほかにもあった。人間の幼児は、言葉を学ぶとき、同じ言葉をいくつか似たようなものにたいして使ってしまうことが多い。幼いヴェルヴェット・モンキーも、同じ間違いをする。子供のヴェルヴェット・モンキーは、木の葉が落ちるのを見てワシの警告を発したり、レイヨウが通りかかったときにヒョウの警告を発したり、垂れ下がるツタを見てヘビの警告を発したりする。成長するに従って、こうした間違いは少なくなる。学習の結果、言語能力が高まるためだろう。子供のサルは、べつのサルが警告の声をたてると母親を見上げることが多い。経験を積んだ年長者のやり方を見て、学ぼうとするかのようだ。また子供のサルは自分が警告の声を発したとき、それが正しかったかどうか、ほかのサルたちのようすを探るような気配も見せる。そんな若いサルたちも、ほかのサルたちの声を聞き、その行動を観察しながら、やがて正しい「ヴェルヴェット語」を身につけていく。

ヴェルヴェット・モンキーの声が、原始的な言語に相当するのであれば、ほかのいかなる言語とも同じように、環境の中に新しく出現した物や状況を表わすために、新語が生まれるはずである。人間の言語は、「電話」「コンピュータ」「レーザー」などが出現し生活必需品となるたびに、新しい用語を作りあげた。では、ヴェルヴェット・モンキーも、新たな外敵が出現したときは新たに警告の声を作り出すのだろうか。ハーヴァード大学の心理学者で人類学者のマーク・ハウザーは、それを実際に観察した。彼はチェニーとシーファースが調査したのと同じ場所を通りかかったとき、近くにヒョウがいることを伝える、ヴェルヴェット・モンキーの声を聞いた。だが、よく聞いてみると、その叫び声がいつもとややちがうのに気づいた。「ヒョウを見たときに発せられる強い矢継ぎ早の警告にくらべて、その声はずっとテンポが遅かった。ちょうどテープレコーダーのバッテリーが切れたときの、再生音のような感じだった」と彼は報告している。その場所に行ってみると、ヴェルヴェットは木の上にいて、近くにいるライオンを警戒していることがわかった。

ヴェルヴェット・モンキーの調査で、それまでライオンが彼らを襲った例はなかった。ライオンはヒョウより走るのが遅いから、襲っても成功率は低い。しかも小型のヴェルヴェット・

モンキーは、ライオンには獲物としてあまり価値がない。ライオンが自分や群れを養うために必要とするのは、もっと大型の獲物だ。だが、おそらくその他の食糧が手に入りにくくなったため、ライオンはそれまでねらわなかった獲物にも手を出すようになったのだろう。そしてヴェルヴェット・モンキーは、外敵の猫族の範疇《はんちゅう》にライオンを加え、ヒョウの警告に使っていた声を少しばかり変えて「新語」を作り出した。人間が新しい概念を取り込むために言語を拡張するのと同じように、ヴェルヴェット・モンキーは環境の変化に応じて新しい条件を取り込み、言語を変化させたのだ。

このような言語の発達はきわめて複雑に思えるが、そんな言語能力は、サルのような複雑な脳をもつ種にかぎられるわけではない。特定の言葉として警告の叫び声をあげる動物は、ほかにも数多くいる。その一例が、巣穴を掘り、群れをなして暮らすベルディングのジリス(地上性のリス)である。日中は視界の開けた岩の上や倒木のまわりですごすため、このリスはタカその他の猛禽類に空から襲われやすく、オオヤマネコやアナグマなどの地上の外敵にも攻撃されやすい。この二種類の外敵は、狩りのしかたがまったくちがう。タカは急降下して襲うが、オオヤマネコは忍び寄る方法をとる。ヴェルヴェット・モンキーと同じように、ジリスは外敵を区別して警告の叫び声をあげる。鋭く高い声は「タカが近づいている」で、耳障りなギッギッという声は「四つ足が忍び寄ってくるぞ」を意味している。そしてヴェルヴェット・モンキーと同じく、ジリスはこの二種類の信号にそれぞれちがう反応をする。「タカ」の警告を聞きつけると、急いで何かの下に隠れ、「四つ足」の警告を耳にすると巣穴へと逃げ帰り、穴から顔を出してようすを探るのだ。

犬の進化の段階は、ジリスとヴェルヴェット・モンキーの中間のどこかに位置しているから、犬族に「意味をもった」発声を期待しても間違いにはなるまい。家犬が出す音として最もおなじみなのが、吠え声である。というわけで、吠え声がどのような進化をたどったのか、ここで少しばかり考えてみたい。のちの章では、さまざまな犬の吠え声の意味を実際に「翻訳」してみることにしよう。

人間の役に立ってきた犬の吠え声

犬と人間がどのようにして協力関係を結ぶようになったのか、その明確な証拠は残っていない。だが、おそらく最初は人間が犬を選んだのではなく、犬が人間を選んだと思われる。犬は人間の野営地に惹きつけられた。それは人間が犬と同じく猟師であり、獲物を食べたあとの骨や皮などの残りかすが、人間の野営地のまわりに散乱していたからだろう。現在の犬の先祖たち（何より食物優先だった）は、人間の生息地の周辺をうろつけば、実際に狩りをしなくても、ときどき食べ物が手に入ることを学んだ。

原始の人びとは、保健や衛生にあまり気を配らなかったが、それでも腐った食べ物はいやな臭いがし、人間にとって不愉快な虫を招き寄せた。そこで、犬たちが野営地の近くをうろついても、彼らが残飯をきれいにしてくれるので、追い払わなかった。この残飯整理の仕事は何万年も続き、いまでも世界の多くの発展途上国ではパリア犬（半野生犬）がその仕事をしている。人類学者が南太平洋の原始的な部族を調べたところ、これらの島々では、犬を飼っている村や集落のほうが一箇所に定住する率が高かった。犬を飼っていない集落では、毎年のように移動がおこなわれる。それは食べ物の腐敗による環境汚染を逃れるためだ。そこから推測すると、人間が公衆衛生の重要性を学ぶずっと以前から、安定した町の建設には犬が欠かせない要素となっていたようだ。

私たちの祖先は、野生の犬が近くにいるとほかにも利点があるのに気づいた。原始の人びとのまわりには、危険があふれていた。大型の動物は人間を生きのいい食糧としてねらった。敵となるべつの人間の群れもいた。村の付近をうろつく犬たちは、その場所を自分の縄張りとみなし、知らない人間や野生の獣が近づくと警告を発するようになった。それを合図に、住人たちは集まって防御の態勢を整えられた。犬たちがいてくれれば人間は夜通し見張る必要がなくなり、おかげでゆっくり休むことができ、暮らしやすくなった。

村を守る犬が個人の家犬に変わるには、さほど時間はかからなかった。人間は、犬が自分の縄張りを侵害されると警告の声をたてることを知った。それをもう一歩押し進めればいいのだ。家を自分の縄張りと考える犬は、家族のために警告を発してくれるだろう。それは家族にとっては、訪問者がやってくる知らせ（ドアのベルがわり）にも、悪意をもった何者かが近づく知らせ（警報装置がわり）にもなる。それが野生の成犬から子犬を持ち帰って、家で育て、家犬として飼い馴らすようになったきっかけのひとつだろう。

原始の人間に飼われた犬が吠えたといっても、その吠え方は現在の犬たちとはちがう。原始時代の犬たちの吠え声は、現存する野生の犬たちの声に近かったと思われる。狼、ジャッカル、狐、コヨーテなどは、めったに吠えることはなく、その声は目立たない。私は狼の巣穴の近くに行ったとき、彼らの一群が吠えるのを聞いたことがある。たしかに吠え声なのだが、驚くほど抑えた啼き方だった。家犬は機関銃のように連続して吠えたてる。だが狼の吠え声はもっと小さく、かすれた「ウッフ」という感じの音だった。連続しては吠えず、たった一回だけ単音節の声をたて、二秒から五秒ほど間をおいて、もう一回吠えるといったぐあいである。三十秒ほどのあいだに、抑えた声を四回聞いた。かたや家犬のほうは三十秒のあいだにもっと大きな声で三十回以上吠えて、よそ者の接近を知らせるだろう。

ある時点で原始時代の「犬の飼い主」は、野営地にいる犬の声の出し方にそれぞれ差があることに気づいたにちがいない。自分の家にとっても村にとっても、大きな声で繰り返し吠える犬のほうが、安全を確保するために好ましいのは当然だった。おそらく人間はそんな犬を作り出すために、原始的な選択交配を始めたのだろう。大きな声で吠える犬が残され、同じように声の大きな犬と交配された。そして吠えない犬は役立たずとして、処分された。家犬と野生の犬族との発声法が大きく異なるようになったのは、そのためだと思われる。

この「操作された進化」説の裏づけとして、犬が吠えるように選択交配された歴史的な事実もある。テリアがその例である。テリアは特殊な狩猟犬で、名称は土や地面を意味するラテン語の「テラ（terra）」に由来している。その名のとおり、テリアは獲物を巣穴や自然にできた地面の溝の中まで追いかけて殺したり、外へ追い立てたりする。初期のテリアはほかの犬種と同じ程度の吠え方をして、自分の家や縄張りによそ者が接近すると警告を発した。だが、犬は野生の類縁と同様、狩りをするときは吠えない。吠えれば逆効果になるからだ。吠え声は獲物に犬の存在とその居場所を教え、逃げやすくさせてしまう。そこでたいていの犬は、狩猟や攻撃のときにまったく声をたてない。

黙って狩りをするのは野生の世界ではいいとしても、獲物が逃げ込んだ穴の中で人間のために狩りをおこなうときは、望ましいとは言えなかった。猟師が狐やアナグマを掘り出し、猟犬を連れ戻すためには、地面の下にいる犬がたてる音を手がかりにせざるをえない。テリアは獲物を追いかけて攻撃するあいだは吠え声をたてなかったので、猟師は犬に鈴のついた特製の首輪をつけた。鈴の音を頼りに、猟師は犬のあとをつけ、獲物を掘り出したのだ。あいにくこれはうまくいかなかった。多くの犬が、穴の中で何かに首輪を引っかけて窒息死した。また、狐とテリアが地下にもぐって姿を消し、最後の死闘を展開しても、猟師に鈴の音が聞きとれず、犬を死なせることもあった。だが、犬の吠え声は聞きとれるから、犬にとっての危険も少なくなる。

そこで吠えるテリアの選択交配が始まった。興奮するとすぐに吠える犬が選び出され、同じように吠えやすいテリアとかけあわされた。十九世紀の終わりごろには、テリア系の大半が興奮して吠える犬になった。体の大きさは問題ではなかった。体重一・八キロほど、肩までの体高は二十三センチほどという小型のヨークシャー・テリアでも、体重五十四キロ、体高七十五センチのグレート・デーン以上に激しく（ただし威嚇力はないが）吠えることができる。これは小さなテリアのほうが勇敢だからでも、怖がりだからでもなく、テリアが吠えるように育種されてきたためである。

犬の吠え声の発達について、最も系統立ったデータを集めたのは、二人の心理学者、ジョン・ポール・スコットとジョン・L・フラーだろう。二人は十五年ほどかけて、メイン州のバーハーバーにあるジャクソン記念研究所で犬の遺伝的性質と行動について調査をおこなった。

彼らが調査した犬種のひとつが、バセンジーだった。バセンジーは美しいアフリカ原産の猟犬で、とがった口吻、ピンと立った耳、背中に巻き上げられた尾をもっている。中型犬で、体重は十キロほど、肩までの体高は四十センチ前後。バセンジーの最も顕著な特徴のひとつが、めったに吠えないことである。吠えるときも、アルプスのヨーデルを思わせるこもった柔らかい声や、低い笑い声のような声をたてる。非常に興奮したときしか吠えず、しかもめったに興奮しないのだ。アフリカの森では知らない人間や動物が接近したときに警告の声をあげるのは機能的でもなく、ましてや危険な行為であるというのが、定説になっている。その地域ではヒョウが犬の肉を好むため、吠える犬はヒョウの注意を引いてしまい、命を落とすことが多いと指摘する自然学者もいる。

スコットとフラーは犬種によっていかなる行動特性があるかを探るために、一連の実験をおこなった。その中で、犬が吠える回数も調査された。実験では囲いに入れた二頭の犬のあいだに、おいしそうな骨が一本置かれた。このような状況にあると、犬は相手を威嚇したり、相手の注意を骨からそらせるために、吠えることが多い。実験の結果、バセンジーの中で吠えた犬は二〇パーセントのみだったのにたいし、コッカー・スパニエルは約六八パーセントが吠えた。吠えたバセンジーは、たいていが一回か二回低い声で狼のように「ウッフ」と言っただけだった。その回数は、最も多く吠えた犬で十分のあいだに二十回ほど。いっぽう、吠えたスパニエルの八二パーセントが、二十回以上だった。十分のあいだに九百七回も吠えたコッカー・スパニエルもいた。一分に九十回以上の割合である！　というわけで、バセンジーはめったに吠えないだけでなく、吠えても一回ごとの間隔が長いことがわかった。

つぎの段階では、寡黙なバセンジーがおしゃべりなコッカー・スパニエルと意図的に交配された。その結果生まれたのは、親のコッカー・スパニエルとほぼ同じくらい吠える犬だった(親の六八パーセントにたいし、子は六〇パーセント)。これは、吠える特性が家犬の遺伝子にそなわっているだけでなく、おそらく優性遺伝子であることを暗示している。つまり、吠える遺伝子と吠えない遺伝子の両方を受け継いだ犬は、吠える犬になる。原始時代に選択交配で吠えやすい家犬を容易に作り出せたのも、そのためだろう。吠える犬を見つけ出したら、それを改良し維持することはかんたんにできる。吠える特徴のほうが、寡黙である特徴より優性なためだ。

吠えることが優性である、というだけで話は終わりではない。バセンジーとコッカー・スパニエルの雑種犬は、純血種のコッカー・スパニエルと同じほど吠えやすかったが、一定の時間内に吠える回数は少なかった。十分のあいだに二十回以上吠えたのは純血種のコッカー・スパニエルでは八二パーセントだったが、バセンジー／コッカーの雑種では四九パーセントにとどまった。この結果から、遺伝傾向に二種類あることがわかる。ひとつは犬の吠えやすさ(すなわち興奮しやすさ)、もうひとつは実際に吠えたときの吠え方のパターンである。

この章では犬の吠え方がどのように進化してきたかについてお話ししたが、吠え声にそれぞれ意味があるかどうか(ヴェルヴェット・モンキーやジリスの外敵を知らせる叫び声と同じように)については、まだ取りあげていない。それを考えるには、まず犬の声に耳を傾けて、さまざまな吠え声や啼き方のちがいを知ることが先決だろう。じつのところ、たいていの人が犬の吠え声の微妙なちがいにあまり注意を払っていないようだ。そのため私たちは、犬が伝えようとしているメッセージの中身を受け取りそこなっている。私たちが犬の声に鈍感である証拠に、犬の基本的な啼き声についてさえ人びとの聞きとり方は一致していない。犬の啼き声を、英国やアメリカなど英語圏の人たちはバウワウ、ウーフウーフ、ガウアウ、スペイン人はハウハウ、オランダ人はワウワウ、フランス人はウワウワ、ロシア人はガフガフ、ヘブライ語圏の人はハフハフ、ドイツ人はヴァウワウ、チェコ人はハッフハッフ、韓国人はミュンミュン、中国人はワンワンと聞きとっている。犬は国によってちがう言葉を話しているのだろうか。いや、たんに私たちが不注意な聞き手なだけ、という可能性のほうが高そうだ。

第六章　犬の声が語るもの

人間の世界では、使われる言葉は一定しておらず、あらゆる民族に共通した言語はない。同じひとつのものを表わすにも、響きの異なるべつの単語が使われる。「ペロ」「シアン」「フント」「ドッグ」……どれも犬を意味する言葉だが、これらの単語のあいだに共通した音のパターンはひとつもない。人間の言語の数が多いことから生じる問題を解消するために、「世界共通語」を作る試みも何度かなされた。最も有名なのがエスペラント語だが、あいにくほとんど効果はなかった。だが、動物がおたがいの意思伝達に使っている音は、はるかに統一がとれている。種によって使う音は異なるが、(鳥たちの声に地域的な「訛」があるのはべつとして)一種類の動物のあいだでは、かなり共通した「世界語」が存在するようだ。

進化によるエスペラント語とも言うべき動物たちの世界語には、意思伝達に使われる数々の共通した音のパターンがある。それを作り出したのは学者や言語の専門家ではなく、進化の働きである。進化によるエスペラント語のおかげで、犬たちはおたがいに声の信号を理解できるだけでなく、べつの種(人間をふくむ)がその信号からかなりの意味を汲みとることもできる。

進化による動物たちのエスペラント語には、理解するための基本的な原則として三つの要素がある。音の高さ、音の長さ、そして音が繰り返される頻度である。

まず、音の高さが意味するものを考えてみよう。唸り声や吠え声その他、音程の低い音（ウーッという犬の声など）は、たいてい威嚇や怒りや攻撃の態勢を表わす。音程の低い音は基本的に、「あっちへいけ」を意味する。音程の高い音は、一般的にその逆の表明であり、「こっちに来ても大丈夫」あるいは質問形で「そっちにいってもいいかい？」を意味している。

ワシントンの国立動物公園でJ・ポープと研究をおこなっている博物学者ユージン・モートンは、五十六種類の鳥類と哺乳類の声を分析し、この「音程の法則」が例外なくあてはまることを発見した。犬が低い声で唸るように、象、ラット、オポッサム、ペリカン、コガラも低い唸り声をたてる。それはすべて「これは気に入らない」「ここから離れろ」あるいは「用心しろ」を意味しているようだ。犬がクーンと鼻声を出すように、サイ、モルモット、マガモ、あるいはウォンバットまで、高い幼げな声を出し、いずれも「わたしに悪意はありません」「わたしは傷ついている」あるいは「わたしはこれがしたい」を意味している。心理学者は、人間の声にも同じ特徴を見出している。怒ったり脅したりするとき、人の声は低くなりがちである。いっぽう、だれかを近くに呼んで仲良くしたいときは、人の声は高くなる傾向がある。

では犬や象やキジ、あるいは人間は、なぜこの音程の法則を理解しているのだろう。その答えは、大きなものは低い音をたてるという単純な事実にある。たとえば、何も入っていない大小二つのグラスをスプーンで叩くと、大きなグラスのほうが低い音をたてる。ハープやピアノの弦は長いほうが低い音を出し、パイプオルガンのパイプも長いほうが低い音を出す。この物理的な現象は、生物にも無生物にも同じようにあてはまる。大きな動物のほうが小さな動物よりも声が低い。といっても、大きな動物がまわりの動物たちに自分の大きさを知らせるために、わざと低い声を出すわけではなく、これは物理的な原則なのだ。しかし、進化は生存を目指すものであり、低い声を出すものは避けたほうがいいと学んだ動物のほうが、致命的な遭遇を避けて生き延びることができた。また同時に、チーチー、クーンといった高い声を聞いたら、逃げ出さなくてもいいことを学んだ動物のほうが生き延びる確率が高かった。その声の主は危険のない小さな生物である可能性が高く、大慌てでそこから逃げ出せば怪我をしたり、大型で危険な動物の注意を引きかねなかったからである。

ここで進化と意思伝達手段の発達とが、その魔法を使い始めた。仮にあなたがある動物で、自分のまわりの動物に信号を送ろうとする場合。あなたはほかの動物があなたの声の高さに注目することを知っているから、意思伝達手段として、それを意図的に使おうと考える。ほかの動物を遠ざけたい、あるいは自分の縄張りから追い出したいときは、唸り声など低い音の信号を送り、自分は大きくて危険な存在だと伝えるだろう。逆に、クーンといった高い音の信号を使えば、自分は近づいても安全な小さな動物だと伝えることもできる。あなたが大型の動物である場合も、ほかの動物が近づいたとき、脅したり害をあたえるつもりはないと伝えたいときは、高い声で啼いて小さくて無害な動物のように装うことも可能だ。

こうした行動は、もちろん見せかけにすぎない。実際に大きさが変わるわけではなく、ただ音による信号の音程が変わるだけだ。では、もはや見た目の大きさに対応しているわけではない音の高低に、なぜ受け手が反応するようになったのだろう。その理由は、音の高低に反応する動物のほうが生存するうえで有利だったからだ。低い声で唸っている動物は、明らかに避けるべき相手である。そんな信号を出す相手がいたら、それが実際に体の大きい動物にせよ、小動物がただ敵意をむきだして攻撃態勢を整えているにせよ、遠ざかったほうがいい。逆に高く幼げな声をあげる動物は、まったくべつである。そんな高い声をあげる相手は、それが実際に小さかろうと、大きな動物がただ親しげな感情を表わしているだけだろうと、威嚇とは正反対の信号だから、避ける必要はない。

進化行動学者は、こうした音の高低による信号が、しだいに「慣習化」されたのだと考えている。音の高低にたいする反応が、体の大きさに対する反応から切り離されるようになったのだ。この慣習化された信号は、現在では非常に便利な言語機能として使われ、群れで暮らす動物たちを不必要な暴力や攻撃からふせいでいる。一頭の狼が群れのリーダーに近寄ったとき、低い唸り声を聞いたら、そのリーダーが怒りや攻撃の気分にあるのがわかる。それを察知して遠ざかれば、牙がむかれておたがいが傷つく前に面倒を避けることができる。あるいは近づいた狼が高い声でクーンと啼いて、自分に威嚇や挑戦の意図はないと伝えれば、リーダーは唸るのをやめ、接近を許すだろう。どちらの場合も、流血は避けられる。これは二頭がともに、慣習化された信号の意味を知っているからだ。この信号が進化したのは、それがもたらす情報が役に立ち、群れの調和を維持するのに有効だったためだ。

ここで重要なのは、唸り声が、べつの個体に行動を変えさせるための信号としてのみ使われる点である。つまり、唸り声は相手に遠ざかれと伝える合図なのだ。攻撃すると決めた犬は唸ったりしない――黙って攻撃に出る。唸り声をあげても相手が退散しないと、犬は唸るのをやめる。これは、敵意が消えたからではない。警告は受け入れられなかった、あとは闘うしかないと考えたからだ。ここで犬は黙って頭をわずかに低くする。めくれあがった唇をふるわせ、ひと声も出さずに、突進し牙を立てる。攻撃を決めた犬は、声の信号は発しない。警察犬の演技を見てもわかるとおり、逃げる犯罪者に扮した人間を攻撃するよう合図が出されると、犬はぶきみに押し黙ったまま走り出し、布を巻いた相手の腕にがっぷり食らいつく。いったん闘いが始まると、唸り声がもどり、相手に闘いをやめて退散しろと伝える。怯えた犬が、傷を負わずにすませるには、逃げるしかないと決めた場合も、やはり声をたてない。相手の脅威からできるだけ遠ざかろうと一目散に逃げ出すとき、犬は沈黙することが多い。たがいに意思を伝達しあう段階は、とっくにすぎているのだ。恐怖を表わすにせよ怒りを表わすにせよ、声が言語として機能しなくなると、犬は黙り込む。声が相手の行動に影響をあたえる信号として通用しなくなった状況で、声を出す必要がどこにあろう。

進化によるエスペラント語のもうひとつの重要な要素は、音の長さである。これは音の高さが伝える意味を、変化させる働きがある。音の高さと長さの組み合わせは、いささか複雑だ。基本的に、短くて高く鋭い音は恐怖や苦痛や欲求と結びつく。犬の高い鼻声を例にとってみよう。それが短い場合は、キャンキャンという声になり、犬が苦痛を体験したか、怯えて命からがら逃げ出そうとしている表われである。長い場合は、クーンという声になり、楽しさ、喜び、あるいは誘いを意味する。一般的に言って、音が長いほど、犬がその信号の意味とそれに続く行動について、はっきり心を決めている可能性が高い。たとえば、支配的な犬が一歩も退かずに自分の地位を断固守り通そうとするときにたてる威嚇の唸り声は、低いだけでなく長く引きのばされる。低い声が短く単発的に出された場合は、恐怖の要素がまじっており、犬が相手の攻撃をうまくかわせるかどうか、不安になっている証拠だ。

進化による犬のエスペラント語の三つめの要素は、音の頻度である。早い速度で何度も繰り返される声は、興奮状態や緊急事態を示している。声の間隔が開いたり、繰り返されない場合は、興奮の度合いが低いか、興味が束の間に消えたことを意味する。犬が窓の外を見ながら、一、二回吠えるときは、何かにちょっとばかり興味を引かれたにすぎない。窓の外を見ながら繰り返し何度も激しく吠えるときは、興奮の度合いが高い証拠だ。犬がこれは重大な問題だ、あるいは危険の可能性がある、と感じている合図である。

吠え声、唸り声、遠吠え、鼻声などなど、さまざまな声で犬が何かを伝えようとするときは、これらの三つの要素が複雑に組み合わされている。

吠え声

ユージン・モートンが動物の声を分析して音程の法則を見出したとき、彼は多くの動物が高音で啼き、低音で唸るだけでなく、吠えることも発見した。リス、サル、そしてサイまでが吠えるようだ。何種かの鳥のチーチーという鳴き声は、吠え声の基本的なパターンと重なりあう。これらの鳥の鳴き声を録音し、テープを遅回しにして再生すると、驚くほど犬の吠え声に似ている。

吠え声はもともとは何者かの接近を知らせる警告の叫びだった。中世の時代に、要塞の入口に誰かが近づくのを衛兵がラッパで知らせたのと同じようなものだ。その警告は、接近してくる者が味方か敵かまでは教えない。ただ身がまえたほうがいいと、仲間に伝えるだけだ。そこで犬はご主人が家の外の階段を上がってきても、泥棒の侵入を察知しても、同じように大きな声で吠える。

吠え声はまた、衛兵の詰問と同じ役割もはたす。「とまれ、おまえはだれだ」と衛兵は声をかけて相手の素性をたしかめ、仲間のために情報を集める。衛兵の場合と同様、来訪者の素性がいったん確認されると、犬の行動は変わってくる。相手が親しい人であれば、犬は吠えるのをやめ、鼻声をあげ、尾を振って歓迎の挨拶をする。また、来訪者を敵と感じた場合は、吠えるのをやめ、唸り声をたてて威嚇を始める。

吠え声を調べてみると、音程が高くなったり低くなったり変化することがわかる。つまり、耳障りな唸り声となめらかな鼻声の両方が組み合わされているのだ。ふだんの吠え声の音程は中間的なので、それを高めの音や低めの音に移行して、さまざまな意味を伝えるのもさほどむずかしくない。ここで、基本的な吠え声のパターンとその意味とをご紹介しよう。

〈連続して三、四回中音で吠え、あいだに休みをおく〉これはかなりあいまいな警戒の声である。何かがいるようだがまだ正体がわからない、あるいはまだ遠すぎて敵かどうか確認できないことを意味する。群れの仲間に集まったほうがよさそうだと知らせる合図だ。「厄介なことが起きそうな気がする。侵入者が近づいてきたようだ。リーダーが見回ったほうがよさそうだ」といった意味になる。

〈たて続けに何度も中音で吠える〉これは基本的な警告の吠え声である。「群れを集めろ！用心しろ！　だれかが縄張りに侵入してきた！」を意味する。激しい吠え声であり、犬が興奮し来訪者（あるいは厄介ごと）の接近を感じとっている証拠である。

〈吠え続けているが、速度が遅く音程も低い場合〉音程が低く速度が遅くなるのは、問題が切迫しているのを感じとった証拠である。「侵入者（あるいは危険）は近いぞ。相手は味方じゃなさそうだ。みんな身がまえろ！」を意味している。

吠え声は、警告というもとの機能よりはるかに幅広い働きをする。さまざまな音色を加えて、もっと微妙な意味まで伝える信号になったのだ。たとえば、つぎのようなものがある。

〈長く続く吠え声で、あいだに長めの休みをおいてはまた吠え続ける〉吠え声は、「ウォッフ――休み――ウォッフ――休み――ウォッフ」といった感じである。「だれかいないかな。ぼくはひとりだ、仲間がほしい」の意味だ。閉じ込められたり、長いあいだひとりにされたときなどに、この声をたてることが多い。犬は社会的な動物なので、群れと切り離されていると非常にストレスを感じる。そのストレスの度合いが高いと、吠え声の音程はいつもの中音よりも高くなり、キャンといった感じの声が吠え声にまじり始める。たいていの場合、高い声はほかの犬を呼び寄せる。というわけで、このような悲しげな声は「まだここにいるよ。ぼくを忘れたの？　お願いだから、返事をして」という意味になる。

〈高音ないし中音で一、二回鋭く短く吠える〉これは最も典型的な挨拶の声で、来訪者が好ましい相手だとわかると、警告の吠え声がこちらに変わる。ドアを入るときにこの声で迎えられる人も多いだろう。意味は「やあ、こんにちは！」で、これに続いて犬は典型的な挨拶の姿勢をとる。

〈中低音で一回だけ鋭く短く吠える〉母犬が子犬をしつけるときに、この声がよく聞かれる。

眠りを妨げられたり、ブラッシングで毛を引っ張られたときなどにも、犬は同じ声をあげる。低めの声はつねに迷惑な気持ちや威嚇に結びつくから、これは「やめて！」あるいは「あっちに行け！」などの意味に解釈される。

犬の声の微妙なニュアンスのちがいで、その意味するところもかなり変わってくる。それは、声の抑揚によって意味が変わる人間の言葉と似ている。たとえば「用意はできた」という言葉も、語尾を下げるかわりに、「用意はできた？」と語尾を上げれば質問の意味になる。声の抑揚で言葉の意味はがらりと変わるのだ。人はだれかの言葉に同意を表わすときに「ほんと」と相づちを打つ。だが、「ほんと？」と皮肉っぽい調子で口にすれば、「あなたの言葉は信じられない」というメッセージを伝えることになる。

犬も同じような抑揚の変化を使い分け、音の長さや高さを変えて、吠え声にちがう意味をもたせる。そうした抑揚の変化は、とくに一回だけの短い吠え声に聞きとることができる。それが犬のコミュニケーションにどんな役割をするか、例をあげてみよう。

〈中高音で一回だけ鋭く短く吠える〉これは驚きを表わしている。不意をつかれたときも、この声をあげる。「これって、何？」あるいはたんに「え？」という意味である。

この同じ吠え方が、あいだに少し間隔をおきながら二、三度繰り返される場合は、「おーい、これを見ろよ！」という意味で、見慣れないものについて近くの仲間に警告を発しているのだ。少音程はそれほど高くも低くもないから、この吠え方は好奇心や興味にかられたものである。少なくとも当面のあいだは、恐怖や護身のための威嚇を表わすものではない。

似たような吠え方で、それほど短くも鋭くもないが、明確に発音される場合は、その意味は

「こっちに来て!」である。前例よりもっと強い主張があり、夕食時が近づいたとき、自分の皿のそばでこの吠え方をして食べ物を催促する犬が多い。

音程が穏やかな中音にまで下がり、短いが鋭くはない吠え方をする場合は、「すごい!」あるいは「うん、いいぞ!」といった間投詞のたぐいになる。私は以前ジャンプが大好きなケアーン・テリアを飼っていて、その犬はハイジャンプを命じられると、この一回だけ吠える喜びの声をあげた。あいにく競技会では、犬は黙って作業をおこなうという規定があり、この犬が一回吠えるたびに、私は減点された。だが、私はこのしあわせな吠え声をやめさせなかった。それを聞くと犬が喜んでいるのがわかり、私も嬉しくなったからだ。犬が作業を楽しんでいることのほうが、得点よりも私にはずっとだいじだった。飼い主が犬の食器や散歩用の引き綱を手にとっても、犬はこの吠え声をあげるだろう。

犬の吠え声の中には、特殊な行動と結びつくものもある。家犬と野生の犬族とのちがいのひとつは、家犬が成長しても子犬のような特徴を数々残すのにたいし、野生の犬はおとなになるとその特徴をうしなうことである。子犬的な行動の楽しい例が遊びたがることで、どんな家犬もこの特徴をたっぷりそなえている。そして家犬はほかの犬を遊びに誘う声や、遊んでいる最中に楽しさを表わす声を発達させた。

〈口ごもるように中音で吠える〉ふつうの犬の吠え声を「ウォン」と文字で書き表わすとすれば、これは「ゥゥゥゥ・ウォン」といった吠え方である。「遊ぼう!」の意味で、遊びに誘うときに使われる。ふつうはこの声にともなって、誘いの姿勢がとられる。犬は頭を低くして両肘を地面につけるようにし、腰を高く上げ、尾をピンと上に向ける。この声をあげてから勢いよく右へ左へと跳び、また「ウゥウゥ・ウォン」と吠えてもう一度遊びに誘う姿勢をとる。

〈尻上がりの吠え声〉この声を言葉で表わすのはむずかしいが、一度聞けば間違いなくわかる。連続して吠えるのがふつうで、毎回中音から始まって急に高くなる。「ワン・キャン」といった感じだが、それほど高く耳ざわりな音にはならない。これも遊びに結びつく声である。ただし遊びに誘うときではなく、遊んでいる最中、とくにくんずほぐれつ遊んでいるときに発せられる。興奮を表わし、「面白いぞ！」の意味である。飼い主にボールやフリスビーを投げてもらいたくて、うずうずしているときにもこの声が出る。

唸り声

唸り声は大型で危険な捕食動物、虎、ライオン、熊などが出すものと考えられがちだが、実際にはそれ以外にもたくさんの動物が唸り声をあげる。おとなしいコウライキジ、オポッサム、あるいはウサギまでが唸るのだ。唸り声の目的はほかの動物を遠ざけること。唸り声は独立した「言葉」として発せられる場合も、威嚇の度合いを強くした吠え声として使われる場合もある。

〈胸から出てくるような弱い低音の唸り声〉これは自信のある支配的な動物の典型的な唸り声で、「気をつけろ！」「あっちへ行け！」の意味をもつ。これは明らかな威嚇として使われ、この声を聞くと相手は身を引き、威嚇した犬に場所をあける。従わない場合は、攻撃が開始される。この声をたてている犬が、体をこわばらせたまま突然唸るのをやめたら、要注意である。「話し合い」は成立しなかった、あとは勝負するしかないと犬が判断した可能性が高い。攻撃はたいてい沈黙とともに始まることを、お忘れなく。

〈それほど低くない小さな唸り声で、喉からではなく口から声が出ている場合〉唸り声というより威嚇の声に近い印象を与える。たしかにこの声とともに唇がめくれあがる。「あっちへ行け！」「離れろ！」を伝える唸り声と同じ意味をもつ。ただし声はやや高めで、あまり自信のない犬の、出来れば闘いは避けたいが、挑戦されたら受けて立つ、という意思表示である。

〈低い唸り声に吠え声が続く場合〉明らかな唸り声が、吠え声に変わる。「ガルルル・ワッフ」といった感じで吠え声につながるから、もちろん音程はやや高めになる。すでにお話ししたとおり、高い声は支配性や攻撃性とはあまり結びつかない。そこでこの声は「頭にきた、相手になってやる。でも助けがほしいなあ」を意味する。それでも、これは相手に近づくなと伝える明確な警告信号である。この犬はこの時点では仲間の助太刀を求めているが、相手から挑まれれば、自分ひとりでも攻撃行動に出るだろう。

〈中高音の唸り声に吠え声が続く場合〉音程が高いのは、犬にあまり自信がない証拠である。「心配だ（あるいは怖い）、でも自分の身は守ってみせる」と言っているのだ。自信はないものの威嚇はほんもので、相手から挑まれたら応戦する可能性が高い。

〈高くなったり低くなったりする唸り声〉中低音から中高音まで、音程が変化する。音程のちがう何種類かの短い唸り声に区切られ、音程が上がるにつれて吠え声に似たものが加わることもある。これは「怖いなあ。そっちがかかってきたら、闘うかもしれないし、逃げるかもしれない」という意味で、非常に自信のない犬の強がりの声である。音程が変化し、ときどき声がとぎれるのは、とどまって闘うべきか、命からがら逃げ出すべきかという葛藤を表わしている。

〈騒がしい中音や高音の唸り声で、歯は見せていない場合〉犬をよく知らないと、この声を音からだけで判断するのはいささかむずかしいだろう。威嚇の唸り声に似ているが、低いガルルという声ではない。声を読みとる最良の方法は、全体的なようすからその内容を判断することだ。この場合、唸り声は聞こえても歯は見えておらず、唇も攻撃的にめくれあがっていない。実際には「面白い遊びだなあ！」「楽しいなあ」を意味している。ふつうは遊びの中で発せられ、口ごもったゥゥゥ・ワッフという声の合間にこれがはさまることも多い。綱引きで遊ぶ、ほかの犬がくわえた棒切れを追いかける、あるいは攻撃の真似ごとをするときなどの、強い集中を表わしている。特定の犬と深くつきあっていれば、わざわざ分析などしなくても、この唸り声の意味はすぐにわかる。愛犬であれば、この声をたてても「これは遊びだ。威嚇しているわけではない」と判断できるにちがいない。

遠吠えや獲物を追うときの声

家犬は狼などの野生の犬族よりもよく吠えるが、遠吠えは少ない。狼の場合、遠吠えにはいくつかの働きがある。そのひとつが、狩りのために群れを集めることだ。狼の狩りは夕暮れどきや明け方におこなわれるので、当然ながら遠吠えもその時刻が多い。遠吠えを聞くと、茂みの中にちらばって夜のあいだは眠り、昼間は隠れていた仲間が集まってくる。だが家犬はご主人から食べ物をもらえるから、群れを呼び集めて狩りに出かける必要はない。

遠吠えのもうひとつの目的は、群れの存在をたしかめることだ。遠吠えを聞きつけると、群れのメンバーは一緒になってその歌に加わる。ひとりきりで閉じ込められたり、家族や群れから引き離された家犬が、遠吠えをするのもそのためだ。淋しさを訴えるこの遠吠えは、群れの遠吠えと同じで、ほかの犬たちを呼び寄せるための声である。

だが、遠吠えにもいろいろな種類がある。

〈高啼きのまじる遠吠え〉「キャンキャンキャン・ウォーン」といった感じの吠え方で、最後の声がかなり長く尾を引く。「ぼくは淋しい」「ひとりぼっちだ！」「だれかいない？」などの意味をもつ。夜のあいだ家族から引き離されて地下室やガレージに閉じ込められた犬が、この声をたてることが多い。

〈遠吠え〉前ぶれもなく始まり、尾を引く声が連続する典型的な遠吠えである。最初は高めの声で、それがしだいに中音になり、最後のほうで低くなる場合もある。人間の耳には高啼きのまじる遠吠えよりも、朗々とした感じに聞こえ、「悲痛な声」と言われたりする。「わたしはここにいる」「これはわたしの縄張りだ！」を意味している。強い犬は自分の存在を示すためだけに遠吠えすることも多い。また、ほかの犬からの〝高啼きのまじる遠吠え〟にたいする返事として、「きみの声が聞こえたぜ！」という意味で発せられる場合もある。

ほかの犬が合唱に加わることもある。遠吠えをきっかけに、にぎやかなお祭りが始まるのだ――犬も狼も、嬉しげに自分の存在を示し、犬族の即席ジャム・セッションといった感じで、同類たちと仲間意識をたしかめあう。この合唱はかなり長く続き、その一帯にいる犬たちが次々に参加する。こうした野外コンサートでは、犬族の音楽的な感受性が発揮される。録音された狼の声を聞くと、最初に遠吠えした狼は、ほかの仲間が合唱に加わるとその音程を変えている。合唱の中ではどの狼もほかの仲間と同じ音程を避けたがっているようだ。私は、人間が犬の遠吠えに応えて合唱に参加しないのは、群れのメンバーとして怠慢のような気もする。だが、妻からはとめられている。近所の人に私の遠吠えが聞かれたら、何と思われるかわからないからだ。

音楽の演奏にあわせて遠吠えする犬もいる。管楽器、それもとくにクラリネットやサクソフォンやフルートなどの木管楽器に反応することが多いようだ。ヴァイオリンの長くのばした音や、人間の音を長くのばした歌声が、遠吠えを誘うこともある。犬にはそれが遠吠えのように聞こえ、返事をしなくてはと思うのだろう。

〈吠え声のまじる遠吠え〉これはもっと悲しい声である。二、三回吠えたあと遠吠えで終わるというパターンが、何度も繰り返される。かなり淋しい思いをしている犬、たとえば一日じゅう庭に締め出され、人間その他の仲間とふれあえない犬が、よその人間や犬の姿を見かけたときなどに、この声をあげる。吠え声は、侵入にたいして群れの仲間を呼び集めるためで、遠吠えはだれかに応えてもらいたいためだ。というわけで、この声は「ひとりぼっちで心配だ。なぜだれも助けにきてくれないんだろう」という意味になる。

遠吠えはひとりきりになるのを避けるために、群れを集める目的がある。犬が遠吠えをするときは家族のだれかが死ぬ、あるいは何か悪いことが起きるという迷信が生まれた理由も、それで説明がつきそうだ。この迷信には、犬には何か神秘的な力があり、未来が見ぬけると信じられた背景がある。災いと結びつくものは、不吉な存在とみなされがちだが、犬は信頼されていたから、死に先立つ遠吠えも、人間の忠実な友が家族に危険を知らせているのだと考えられた。

超自然的な説はさておき、この現象にはもうひとつ、単純な説明がつけられる。家で誰かが病気の場合。病人の看護が必要なため、ふだんは家の中にいる犬がいささか邪魔者になり、犬が騒ぐと病人にさわると思われがちだ。そのため、犬が当分のあいだ外に締め出される場合もある。いつも家族に囲まれ、病人と同じ部屋で眠っていたかもしれない犬が、ひとりぼっちになるのだ。その淋しさから、犬が遠吠えを始めるのは自然なことだ。家にはすでに病人がいるから、その家で人が死ぬ確率はいつもより高くなっている。そして、あとになると家人はこんなふうに思い出す。「お祖父さんの犬はそれまで一度も遠吠えなどしなかったのに、お祖父さんが死んだ夜にかぎって、悲しそうに遠吠えをしたわ。死ぬのがわかっていたのね」しかし、実際のところ、犬がそれまで遠吠えをしなかったのは、外に締め出されて家族と切り離されたことなどなかったからだ。その晩はお祖父さんの容体がわるいので、家族は犬を外に出したほうがいいと考えた。そんな偶然がかさなって、迷信が生まれたのだろう。もちろん、『X－ファイル』や『トワイライト・ゾーン』のためには、もっと神秘的な説明を残しておいたほうがよさそうだが。

〈太くて長い唸り声〉遠吠えとはまったくちがう、獲物を追うときに猟犬がたてる声である。初めて耳にすると遠吠えに似た印象を受けるが、こちらのほうがずっと調子がいい。この唸り声は音程がさまざまに変化し、遠吠えのようにひとつの音を長くのばすことはない。私には遠吠えとヨーデルがまじりあったような声に聞こえる。かなり興奮した声で、楽しげな勢いがある。

猟犬がたてるこの唸り声は、獲物の匂いを見つけたことを表わしている。遠吠えと同じように「近くに集まれ」の意味をもっているが、それは自分が淋しいからではなく、狩りで協力態勢をとるためだ。最初に匂いをかぎつけるのは、群れの中でも数頭だけなので、この声はほかのメンバーにとっては、「ついてこい！　匂いを見つけたぞ」という意味になる。匂いが強くなり、獲物が近いことがわかると、唸り声から歌うような調子は消え、短く何度も連続して発せられるようになる。「つかまえよう！」あるいは「さあ、揃ってかかろう！」の意味に変わるのだ。

高啼き

犬がたてる高い声は、文字ではキュンキュンとかクーンなどと表現される。音程の高さで意味が異なり、キュンキュンという声は、聞いた者を声の主のもとに呼び寄せ、クーンの場合は、声の主の恐怖や服従心を表わしている。これらは子犬の声でもあり、何かを懇願したり、相手をなだめたりするときに使われるのもそのためだろう。自分に敵意のないことや、依頼心や要求を表わしている。

行動科学者は、こうした高い声が非常に特殊であることを発見した。狼、熊、猫、ワニ、鶏、アヒルなど、陸生の脊椎動物の子供があげる声はほとんどが似通っており、ふたつの重要な特徴がある。ひとつは非常に耳につきやすく、環境の中のほかの音と区別がつきやすいこと。もうひとつは、音の発信元がつきとめにくいこと。どちらの特徴も、母親と幼い子供のコミュニケーションにとってきわめて重要である。母親は救いを求める子供の声を、すぐに聞きとれないといけない。と同時に、その声で子供たちの隠れている場所が外敵にさとられてはならない。

だが、場所がつきとめにくい声であっても、母親にはさしつかえない。母親には子供たちの居場所がわかっているからだ。

子犬の場合、言語的な意味はきわめて単純だ。キュンキュン、クーンという声が大きく、繰り返しが激しいほど、訴える感情が強い。キュンキュン啼く声は、欲望を伝える手段である。おなかがすいた、一緒にいてくれる相手がほしい、遊びたい、などと訴えるのだ。尿意をもよおしたときなど、肉体的な欲求が引き金になる場合もある。反応がないと声はより強く激しくなり、やがてだれも応えてくれないという事実を受けとめる。

「ほしい」あるいは「したい」と訴える鼻声は、尻上がりに高くなる。黒板の上でチョークがたてるキーッという音に似た、聞き手を聴覚的にも心理的にも不快にする高い声をあげることもある。最高に欲求度が高まって啼き方が激しくなると、鼻声と吠え声と高啼きが一緒になったような声になる。この声はかなり耳ざわりで無視するのはむずかしく、それを聞きながら眠り続けることはとてもできないから、注意を引く手段としてはきわめて有効である。

この声を、興奮したときの高啼きとくらべてみよう。興奮した高啼きは、規則的に間があき、素早く繰り返される。この高啼きは最後に音程が下がるか、音程は変わらずにすっと消えるので、何かを訴える高い声のように聞き手に不快感をあたえない。さらに、この声は特殊なボディランゲージもともなう。犬はご主人を見上げて、踊るようにくるくる回り、散歩に行きたい場合はご主人の顔とドアとを交互に見くらべ、食べ物がほしい場合はご主人の顔と食器棚や自分の食器とを交互に見くらべる。レトリーバーのオーディンは、まず私を見つめてこの声をたて、つぎにフリスビーがしまってある戸棚に視線を移し、そしてまた私に視線を戻す。「ねえ、あのフリスビーをもって遊びに行きましょう」と言っているのが、手にとるようにわかる。

成犬もまた、特別な状況では子犬のような声をたてる。「子犬語」を使うのは、脅威となる力の強い犬の前で、自分を小さな子犬のように見せるためだ。幼げなようすを作って、「わたしは小さくて弱い存在です、あなたの敵ではありません」と告げているのだ。これは必死で助けを求める声としても使われる。

〈弱々しい鼻声〉これは犬がたてる最も悲痛な声のひとつである。「痛いよう！」「怖いよう」の意味をもつ。動物病院でこの声を聞いた人は多いだろう。どこかが痛かったり、知らない場所で怖くて怯えている場合などに、犬はこの啼き方をする。このとき犬は近くにいる相手と目が合わないように視線をそらせ、服従の姿勢を示すことが多い。成犬がたてるこの声は、寒さや空腹や淋しさを訴える子犬の啼き声と驚くほどよく似ている。捕食動物の成犬が頼りなげな子犬の声をたてるのだから、その犬が肉体的・精神的に受けている苦痛の大きさがわかろうというものだ。

〈ヨーデル風の低い声〉この声は「ヨーウ・オーウ・オーウ・オーウ」といったふうに聞こえる。キュンキュン、クーンなどの鼻声よりも明らかに低いが、それでも中高音の音域である。期待を表わし、嬉しさや興奮がこみあげたときの声だ。「嬉しい！」あるいは「行こう！」の意味で、大好きなことが始まりそうなときに犬はこの啼き方をする。多くの犬にとって、これは先ほどお話しした興奮の高啼きとだいたい同じ意味をもっている。なぜかはわからないが、べつの啼き方で同じ感情を表わす犬もいる。私はその声を「あくび風の遠吠え」と呼んでいる。つまり、遠吠えの一種（典型的な遠吠えよりもやや音程は高い）と、あくびの音が一緒になったようなもので、かすれたような「オゥゥゥゥゥ・アー・オゥゥゥゥ」という声である。いいことが起きそうだという同じ期待感を表わすのに、犬によってヨーデル風の低い声を選ぶもの、あくび風の遠吠えを選ぶもの、興奮した高啼きを選ぶものと分かれる理由は私にはわからない。

キャンキャンという高啼きはふつうの吠え声とちがって音程が高く、キュンキュンという鼻声と吠え声の要素がまじりあっており、いささか耳ざわりに感じる人は多い。それはこの声に恐れや苦痛の要素が聞きとれるためだろう。

〈キャンと一回だけの高啼き、あるいは非常に短い高音の吠え声〉これは、人間で言えば「あ痛っ！」（あるいは「くそっ！」）に相当し、突然痛い思いをしたときの反応である。そんなとき母犬は、きょうだいに悲鳴をあげさせる子犬を叱りつける。子犬同士が遊んでいる最中に一頭が強く嚙まれすぎてキャンという声をあげると、たいてい遊びはそこで終わる。子犬はそのように仲間との遊びを通して、嚙み方をかげんする方法を学んでいくのだ。

〈連続する高啼き〉これは非常に明確な信号で、「痛い！」あるいは「怖い！」を意味し、深刻な恐怖や苦痛を表わしている。闘いや、激しい威嚇や、恐ろしい相手から走って逃げる犬は、繰り返しキャンキャン啼き続ける。こうした場合、相手の犬はたいていそのあとを追ったりしない。このたぐいの高啼きは、明らかに敗者の信号である。この声を聞くと、攻撃行動はとまる。高啼きで敗北宣言をおこなう犬を、それ以上攻撃しても意味はないからだ。

悲鳴

これは、人間の子供が激しい苦痛や恐怖を体験したときにあげる悲鳴のような、長く尾を引くキャイーンという声である。何秒か声が続いて、また繰り返される。犬が極度の苦痛に襲われ、命の危険を感じているときの声だ。この声を聞けば、たいへんなことが起こったことは間違いなくわかるが、声の主が何の動物かは判別しがたい。私はこれまでにこの声を数回しか耳にしていない。人間の子供が事故に遭ったのだと思い、工事中の場所を突っ切って駆けつけたこともある。この声が伝えるものはあまりに悲痛で、私は聞かずにすむことを願っている。

統率のとれた野生の犬族の群れや、家に一頭以上犬がいて深い絆で結ばれている場合は、悲鳴を聞くとほかの犬が声の主のそばに集まる。だが、悲鳴をあげている犬を助けにくるわけではない。仲間に悲鳴をあげさせた外敵がまだうろついていないか、その敵が近くでほかの仲間にも危険をもたらしはしまいかと、警戒しながら調べにくるのだ。

こうした悲鳴は仲間にたいしては助けを求める叫び声になるが、よそ者の犬の前であげると命とりになりかねない。命の危険を感じた動物の叫び声は、よそ者の犬の捕食本能を呼び覚ますからだ。そうなるとよそ者は、悲鳴をあげる犬を攻撃する。これは攻撃者が邪悪だからではない。犬が本来は猟師であることを、忘れてはならない。肉食の捕食動物にとって、悲鳴は傷ついた動物がたてる声だ。それは傷ついて弱っている獲物を意味するので、かんたんに手に入る肉を確保するために、即座に激しい攻撃がおこなわれる。悲鳴を聞いただけでは、それが犬かどうかとっさに判断がつきにくいことも、攻撃につながる要因かもしれない。

私はドッグ・ショーの会場の外で、一度それを目撃したことがある。ひとりの男性が引き綱をつけたマリノワ（短毛種のベルジアン・シープドッグで、外見はジャーマン・シェパードに似ている）を連れて、会場の建物に向かって歩いていた。近くの駐車場に一台のヴァンが停車し、運転していた人が後部ドアを開けた。飼い主がとめる間もなく、中から白いきれいなサモエドが跳び出した。運のわるいことに、犬が跳び降りたのは割れたガラス瓶の上だった。鋭いガラスの破片がサモエドの前足につき刺さり、犬は悲鳴をあげ始めた。そのとたん、それまでいたって穏やかで、ほかの犬が通りかかっても攻撃の気配などいっさい見せなかったマリノワが、突然前に跳び出し、引き綱をぐいと引いて飼い主の手を振り切った。二頭が引き離されたとき、すでにサモエドはガラスの破片で怪我をしたうえに、マリノワに何箇所も噛まれて血を流していた。見ず知らずの動物がたてた悲鳴が、捕食動物としての犬の攻撃本能を呼び覚ましてしまったのだ。

この悲鳴を聞いたら警戒が必要なことを、人間は知っておいたほうがいい。犬が争いに巻き込まれた重要な信号でもあるからだ。一般的に言って、二頭の犬が闘っているとき、人間は手出しをしないほうがいい。犬には社会的な順位、縄張りや何かの所有権について決着をつけるときの「掟」や「儀式」がある。闘いはたいていこの掟に従っておこなわれ、耳を噛むなどして軽傷を負わせることはあるが、流血沙汰になることはめったにない。犬が牙をむきだし、闘いの唸り声（連続した大きな唸り声で、合間に人間が「ヘイ！」と叫ぶような声がときどき入る）があがっているときは、ふつうの喧嘩である。そのまま放っておけば、暴力にまで発展せず、すぐにおさまることが多い。たいていはどちらかの犬があとずさりして、服従の姿勢を示す。この時点で喧嘩はおしまいである。めったに起こらないが、ときには血統のわるい犬が、相手の服従の姿勢を目にしてもそれを無視して喧嘩をやめない場合がある。すると闘いが続行され、相手は悲鳴をあげ始める。こうした場合は、人間が喧嘩をやめさせる必要がある。さもないと、弱いほうの犬が重傷を負い、命まで落としかねないからだ。

犬の喧嘩をやめさせるのは、容易ではない。ずかずかと割って入って犬を引き離そうとしてはいけない。これをすると、両方の犬から攻撃される危険性がある。英国の女王エリザベス二世は、飼い犬のコーギー同士の喧嘩に割って入り、身をもってそれを思い知らされた。おかげで女王は手に何針も縫う怪我を負ったのだ。王室の犬の訓練士は、その後女王に対策を伝授した。手近にある銀の皿を床に落として、大きな音をたてる方法である。大きな音のほうに気をとられているうちに、犬は落ちつきをとりもどす。喧嘩している犬たちにバケツやホースで水をかけるのも、効き目がある。毛布やコートを一頭ずつにかける（同じ一枚の毛布に二頭を入れてはいけない）、あるいは攻撃的なほうの犬だけにかける、という方法でも喧嘩をやめさせることができるし、これなら人間も傷つくことがない（ただし、コートや毛布はいささか傷んでしまうが）。人間が叫んだり怒鳴ったりしてもむだである。それは犬には吠え声や唸り声に聞こえ、どちらかに加勢しているように受けとられるからだ。

その他の声

犬はほかにもさまざまな声を出す。とりたてて言葉や信号としての意図をもたない声もある。だが、それもまた意識しない信号として、犬の考えを読みとる手段になる。その代表的な例が、

「ハアハア」という喉声である。

〈息をハアハアさせる〉犬は基本的な肉体的欲求から、口を大きくあけ、舌をだらりと垂らして息をハアハアさせる。そうやって体温を調節しているのだ。舌や口内の水分が蒸発すると、体温が下がる。人間の場合は汗がその役割をはたし、皮膚から水分が蒸発すると、体温が下がる。だが、犬は人間や馬とちがって皮膚に汗をかかない。犬が汗をかく唯一の場所は足の裏で、高温にさらされたり、ストレスを感じた犬が、床に濡れた足跡を残すのはそのためである。

人間はストレスや不安や興奮を感じると体温が上がる。そのため緊張すると汗をかく。同じことが犬にも言える。運動しているわけでも、気温が高いわけでもないのに、犬が息を激しくハアハアさせていたら、それは緊張し興奮している証拠だ（その原因はいいことの場合も、わるいことの場合もある）。けっして意図的な伝達手段ではないが、意味としては「いつでも大丈夫！」「行こう！」あるいは（とくに床に濡れた足跡が残るようなら）「いやだ、もうたくさんだ」と解釈できる。

〈ため息〉これは単純な感情表現で、状況を注意深く観察すれば、その意味はわかる。ため息をつくとき、犬はたいてい両前足に頭をのせて腹ばいになっている。そのときの状況と顔の表情によって、意味は二つにわかれる。目をなかば閉じていれば、ため息は満足の表われで、「気分がいい。ここでゆっくりしよう」の意味である。犬は充分に食べたあとや、家に帰ってきた愛する飼い主のそばで寝そべるときなどに、このため息をつく。

ほかの啼き声と同じように、ため息もそれにともなう顔の表情や行動で意味はちがってくる。寝そべった犬が目を大きく開けてため息をつくときは、逆の意味になる。期待していたことが実現しなかったときの失望を表わし、「しかたないなあ」を意味している。人間たちの食事中にテーブルのあたりをうろつき、おこぼれを期待していた犬がよくこれをやる。食事が終わってしまい、もう食べ物が残っていないことがはっきりすると、犬は目を大きく開けてフーッとため息をつく。わが家のオーディンは、戸棚からフリスビーを出して遊びに連れていってとねだっても、私が反応を示さず、机に向かって仕事を始めると、この失望のため息をつく。私の娘カレンの犬ビショップがつくため息は、特別版だ。静かにしなさい、どきなさいなど、自分があまりしたくないことを頼まれると、彼は鼻を鳴らしながらため息をつく。私たちはこれを、彼流の「はいはい、わかりました」と解釈している。

第七章　犬は言葉を学びとる

どんな動物も、「あらかじめ組み込まれた」能力や素質によって、種独特の言語や意思伝達行動を理解し、学習し、身につけることができる。なかでも人間の言語は、（現在わかっているかぎりでは）おそらく最も精緻なものであり、人間はこの遺伝的な能力を最高に発達した形でそなえていると思われる。子供の言語能力の発達には、この先天的能力と、その子が育つ環境の中の言語とが魔法のように組み合わさっている。具体的に言えば、平均的なハイスクールの卒業生が習得している単語は、およそ八万語である。生後一歳のころから言葉を学び始めるとすると、平均して一年に約五千語（一日十三語）学びとることになる。驚異的なのは言葉を学びとるその速さだけでなく、大半の言葉が正規の教育を経ずに身につけられる点だ。そのため学校がない場所で暮らす子供でも、その土地の言葉を流暢に話すことができる。子供は自分のまわりにいる人の言葉を真似る。生後十カ月で、まだ喃語《なんご》しかしゃべれないときから、すでにその発音は身近な環境で話されている言葉に似通っている。つまり、英語が話されている場所で育つ赤ん坊は、英語でバブバブと言い、中国語が話されている場所で育つ赤ん坊は、中国語でバブバブと言うのだ。

言葉や意思を伝える行動を、まわりからどのように子供が吸収するか、それを示す驚くべき一例がある。一九二〇年十月に、キリスト教の宣教師J・A・L・シン牧師が、インドのベンガル地方に布教活動に出かけたときのことだった。彼はそのあたりの村々で異教徒たちを集めて説教をおこない、村人たちも合間に狩りができるかぎりは、喜んで耳を傾けた。ゴダムリの村で、牧師は不思議な噂を聞いた。マヌーシュバーガ、つまり人の形をした妖怪が数年前から何度か目撃されているというのだ。妖怪の姿は、古い蟻塚を巣穴にしている狼の群れと一緒に見かけられることが多かった。シン牧師が蟻塚の近くに建てた見張り小屋からようすをうかがうと、夕暮れどきに一頭の狼が塚から出てきた。シン牧師は狼と呼んでいるが、彼の日記には狼ではなくその地方に多いジャッカルの一種ではないかとも記されている。いずれにせよ、その「狼」に数頭の仲間が従い、そのあとから奇怪な動物が出てきた。体つきは人間のようだが、手のひらと足の裏を地面につけ、四つんばいで歩いていた。頭は「大きな毬《まり》のようで、それが肩と胸のあたりまでおおいかぶさって」いた。その毬の下にはたしかに人間によく似た顔が見えた（この毬のようなものは、のび放題の髪だったことがのちにわかった）。それに続いて、姿形のよく似たもっと小さな動物が出てきた。シン牧師は塚を掘り起こそうと提案したが、村人たちは反対した。「妖怪」を怒らせて、村にたたりや呪いがふりかかることを恐れたのだ。そこで牧師はこの噂を知らないべつの村に応援を頼み、何人か人手を集めた。

十月十七日の朝、塚が掘り起こされた。掘り始めたとたんに二頭の狼が跳び出し、密林に逃げていった。三頭めは、塚を守るかのようにその場を離れなかった。シン牧師は、その雌狼を殺すのは胸が痛んだと語っている。不思議な二頭の生き物を守る彼女の行為は気高いものに見えたからである（ただし、雌狼がその生き物を巣穴に運んできたのは、もともとは自分の子供たちの食糧にするためだったと思われる）。巣穴の中には二頭の子狼がいて、そのかたわらに二頭の奇妙な生き物がうずくまっていた。それは人間の子供だった。年上の女の子は八歳くらいで、カマラと名づけられた。年下の女の子は二歳くらいで、アマラと名づけられた。アマラはその年のうちに死んでしまった。カマラは十八歳まで生き延びた。

ここで興味深いのは、この子供たちの行動である。二人は四つんばいで歩くのに加えて、ほかにも狼に似た行動をした。あたえられたものは何でも匂いをかぎ、犬のように床に置いた皿からものを食べ、水を飲んだ。生の肉が好きで、食べている最中にだれかが近寄ると唸り声をあげ、手で払いのけようとした。怯えたときは、あとずさりして低く唸り、歯を見せた。環境に慣れてくると、カマラはときどき犬同士が遊ぶときのように、口に玩具をくわえて走った。犬式の追いかけっこに誘っているようだった。

シン牧師は、少女は二人とも口がきけないと報告したが、それは人間の言葉が話せないという意味だった。唸り声の例でわかるとおり、二人は声をたてることはできたのだ。そしてひとりぽっちで怯えた子犬がたてるような、高い鼻声も出した。また、興奮すると、遊びたいときの子犬に似た、かん高いキャンキャンという声もあげた。だが、何といっても驚くべきは、遠吠えをしたことだった。しゃがれた低い声からしだいに長く尾を引く哀調をおびた声になり、狼やジャッカルや犬の遠吠えとそっくりだった。救出されたあとしばらくのあいだ、少女たちは夜になると動き回ることが多かった。その徘徊の合間に二人は立ち止まって遠吠えをおこない、その時刻もだいたい午後の十時、夜中の一時、三時と決まっていた。その発声行動は、まさに狼の声だけを聞いて育った子供ならではのものだった。ふつうの子供が家で交わされる話し言葉の響きを真似るように、カマラとアマラは犬族の家で「話し言葉」の発音を学びとったのだ。

犬はほかの犬の言葉を真似る

人間は環境の中で聞きとる音を本能的に真似て言葉を学ぶことができるが、大半の動物は声を真似る遺伝的な素質をもっていない。仮に人間と同じ言葉を発音する肉体的条件が揃っていたとしても、聞いた言葉を自発的に真似る本能が欠けているのだ。ただし、人間の子供とまったく同じように育てられた動物は、めったにいない。その珍しい一例が、雌のチンパンジー、グアである。グアは、一九三一年の春に、生後七カ月半で母親から引き離され、ウィンスロップ・ケロッグ教授と夫人のルイーズの手に預けられた。ケロッグ夫妻はチンパンジーがふつうの家庭で人間の子供と同じように育てられた場合、言語もふくめ、人間の能力をどの程度身につけられるか実験しようと考えた。これはそれほど突飛な発想ではなかった。チンパンジーと人間のDNAのちがいは、わずか二パーセント以下である。それほど遺伝子が共通しているなら、チンパンジーをふつうの人間の環境で人間の子供と同じように育てれば、言語をふくむ人間の特徴や能力を身につけるかもしれない。

グアは、ケロッグ夫妻の生後九カ月半になる息子ドナルドの妹のように扱われた。ドナルドと同じように、おむつをされ、お風呂に入れられ、ベビーパウダーをつけられた。食事のときは、赤ちゃん用の高い椅子に腰かけて、スプーンで食べさせられた。ドナルドと同じように話しかけられ、九カ月のあいだグアはケロッグ夫妻のもとで人間の子供としてすごした。

運動能力の発達の面では、グアのほうがドナルドよりずっと早かった。歩くことも走ることも、ドナルドより早く上手になった。いっぽうグアが目立って遅れをとったのが、言語能力だった。グアにとりたてて言葉を教える試みはなされなかった。言語を学ぶ能力があるなら、人間の子供のように身近な言葉を真似るだろうと期待されたからである。

グアは身振りや手振りで意思を伝える方法は身につけた。たとえば、テーブルの上にオレンジジュースのグラスがあると、その近くに行ってテーブルの端にキスするように唇をつけ、飲みたいと表現した。また、自分がほしいものを指さしたり、自分が面白いと感じたものを指さしてほかの人の注意をうながしたりした。

グアはたしかに声をたてたが、言葉になることはなく、典型的な野生のチンパンジーの声だった。その声の種類は、ケロッグ家で暮らしたあいだ変わることはなかった。たいていの場合、声の意味は明確だった。怪我をしたときの苦痛の叫び声、驚いたときの叫び声、怒ったときの声、興奮したときの金切り声、満足したときの低く唸るような声などである。最も興味深いのが、そのうちの二種類がべつの意味でも使われるようになった点だろう。ひとつは食べ物にたいする吠え声。これはチンパンジーが群れのメンバーに食べ物が見つかったことを伝える声だ。もうひとつは「ウーウー」という、問題発生を伝えたり、中程度の恐怖や不安を表わす声である。食べ物にたいする吠え声は、「イエス」と同じ意味をもつようになり、「リンゴがほしい？」とか「外に出たい？」と尋ねると、この声で答えた。「ウーウー」という声は、「ノー」

の意味をもち、「お風呂に入る？」という質問や、眠たいかどうかを尋ねる「バイバイする？」という質問にたいする返事として使われた。グアは人間の言葉は学習しなかったが、自分のチンパンジー語を応用して、人間たちに反応し、意思を伝えるようになったのだ。

グアは英語を話せなくても、理解することはできた。そして九カ月のあいだに、七十以上の単語や言い回しを学びとり、正しく反応するようになった。ただしグアは言われた言葉全体ではなく、その中のキーワードに反応していたようだ。たとえば、彼女は「オレンジがほしい？」と聞かれても、「オレンジ？」とだけ言われても、同じ食べ物にたいする吠え声をたてた。私たちは言葉の抑揚（語尾を上げる）によって、言われたことが質問かどうか判断する。だが、グアにとっては、抑揚はあまり重要ではなかった。「オレンジ」と抑揚をつけずに言っても、語尾を下げても、反応は同じだったのだ。

グアが理解できない言葉もあり、とくに初めての組み合わせで単語がならべられると、わからなくなった。たとえば、「ママにキスして」の意味を学習したあと、「ドナルドにキスして」と言われた場合。人間の子供なら、そばでドナルドがキスしてもらおうと頬をつきだすので、すぐに意味が理解できる。だが、グアはまったく初めての言葉として受け取り、混乱してしまった。

ケロッグ夫妻のグアとの体験は、動物には人間の言葉の響きを自発的に真似るのがむずかしいことを教えている。だが、面白いことに、人間は自分のまわりにある音を自然に真似るという事実も同時にわかったのだ。グアは英語の響きを真似ることはできなかったが、ドナルドはグアの叫び声や吠え声や金切り声をあっという間に学びとった。しかもそれにたいするグアの反応から、ドナルドが声を正確に使い分けていることがわかった。というわけで、人間は狼のように遠吠えすることも、チンパンジーのように叫ぶこともできるが、動物には人間の言葉の響きを真似ることはできないようである。

ここまでのところでは、人間以外の動物が異種の「言語」を模倣するときの限界についてお話ししてきた。だが、動物が人間の話し言葉の抑揚を真似て、人間そっくりに発音する数少ない例もたしかにある。オウムが「言葉を話す」能力は、その一例だ。犬が自発的に人間の言葉を真似た例も、私は実際に知っている。それはブリティッシュコロンビア大学の心理学者ジャネット・ウァーカーが飼っている、スタンダード・プードルのブランディだ。ブランディは昼間のあいだ留守番をしている。毎晩家族は家に帰るたびに、待っていた犬に明るく歌うような声で「ハロー」と声をかけた。しばらくすると、犬はそれを真似た二音節の「アーロー」という発音を覚えた。そして家族が戻ってくると、自発的にそう言って迎えるようになった。ただし、これを発音するのは家族にたいしてだけで、よその人にはけっして言わない。ブランディは、自分の犬語の中に英語もひとつ加えたようだ。

ふつうの犬は人間の言葉を真似ることはできない（あるいはしない）が、たいていの犬族が別種の犬の声を真似ることができる。野生の犬族が家犬の声を模倣した興味深い例が、一九七〇年代初めにカナダのユーコン準州で見られた。同地では狼の行動・生態調査のため、何頭かの狼に標識がつけられ、観察がおこなわれた。このときひとつの群れ（四頭の成獣と二頭の子供）が選び出され、識別用の標識がつけられた。獣医師が同時に健康状態の検査もおこない、おとなの狼のうち三頭に呼吸器の疾患が発見された。医師はその病気が伝染性であり、そのまま森に戻すと近くにいるほかの狼に病気が広がり、べつの動物にまで影響がおよぶ可能性があると考えた。その疾患は体を衰弱させるため、発病した狼が合併症を起こして死んだ場合、残った二頭の子供と一頭の成獣も、たとえ感染をまぬがれたとしても、生き延びられないのではないかと思われた。だが、解決法はかんたんだった。狼を何週間か隔離すれば、抗生物質で病気を治すことができる。そこで、何も知らない六頭の狼は近くの施設に連れて行かれ、橇犬が飼われている犬舎ととなりあわせの囲いに入れられた。

すでにお話ししたとおり、幼い狼がひどく興奮したときはべつとして、狼はふつうは吠えない。だが、となりの犬舎にいる犬たちは、当然ながら警告や挨拶の吠え声をあげた。狼の群れが、突然家犬の吠え声であふれ返る環境で暮らすことになったのである。ひと月ほどたつと、狼たちの行動に変化が現れた。最後の週には、研究者が狼の囲いに近づくと、二頭の子供と一頭のおとなの狼が走り寄ってきて、吠え始めるようになった。その声は、ふつうの犬の声よりもしゃがれていたが、吠え方は警告を発するときの家犬と同じだった。三回ほど激しく吠えて一瞬あいだをおき、また吠え始めるというパターンである。狼が近くにいる犬の声を真似たことは明らかだった。

家犬は意思伝達手段を発達させるには、いささか不利な条件を背負っている。声やボディランゲージによる基本的な犬の信号を学びとるには、母親やきょうだいたちと最低八週間すごすことが必要である。犬のコミュニケーションの大半はたしかに遺伝的なものだが、完全に習得するにはほかの犬たちの手本が欠かせない。ほかの犬と一緒にいる環境から切り離されて人間の家族の中に置かれると、その後は「独学で」意思伝達能力を発達させねばならない。犬は人間の言葉は真似ない。だが、ほかの犬と接触すれば、耳にした犬の声を自分も出し、語彙を増やすことができるのだ。

私は犬がほかの犬の吠え方を真似る場面を、よく目にした。カレンとジョゼフのモス夫妻が飼っているゴードン・セターも、その例だった。この犬種はたいていうるさく吠えたりしないのだが、とくにシーラは静かだった。モス夫妻の長女は数年前に親元を離れていたが、進学と同時にべつの町に引っ越すことになった。寮生活になるため、エアデール・テリアのアーガスは連れて行けない。そこでカレンとジョゼフが、娘がもどってくるまでその犬の「里親」を引き受けた。アーガスは典型的なテリアだった。客が来ると吠え、客が帰ろうとすると吠え、自分の声を聞くのが楽しいといわんばかりに吠えた。何週間かたつと、シーラの行動が変わり始めた。アーガスがドアのところで吠えるとシーラも吠え、ときにはアーガスが家のまわりでわけもなくただ面白がって吠えると、シーラもよく響く声で一緒になって吠えた。やがてアーガスは本来のご主人のもとに戻ったが、その後もシーラは友だちのテリアから教わったとおり吠え続けた。

わが家のオーディンには「おねがいの吠え方」ができ、しばらく庭に出たあと家に入りたいときにこれを使う。一回だけ吠えたあと、三十秒から二分ほどの長い間をおいてまた吠えるのだ。オーディンがまだ生後六、七カ月だったころ、この吠え方をしたとき私は彼をほめてすぐ家に入れてやった。これはその目的のために学習した吠え方であると同時に、ほかの吠え声といささかおもむきがちがっている――やや人工的に作ったような声で、最後がしわがれた感じになるのだ。ダンサーが生後八週間でわが家にやってきたとき、私は排泄をしつけるために、彼をオーディンと一緒に外に出した。すると一週間たらずで、ダンサーも同じ吠え方をし始めた。子犬なので声はずっと高かったが、パターンは同じだった。やはり最後がしわがれた感じの、人工的な声だったのだ。生後十二週間になると、ダンサーはひとりで外に出されてもこの吠え方をするようになった。オーディンの声を真似ることを学び、その声がどんな役に立つかも学びとったのだ。成犬は子犬に、犬語の方言をいくつか教えるものだ。

同じ家で暮らす犬同士がたがいに声を真似しあい、共通した犬の方言を発達させることもある。そのひとつの例が、興奮したときの声だ。犬が興奮したときの声に三種類あることは、すでにお話しした。高啼きと、ヨーデル風の低い声（ヨーウ・オーウ・オーウ・オーウ）、そしてあくび風の遠吠え（息のまじるオゥゥゥゥゥ・アー・オゥゥゥゥ）である。いずれの場合も、犬はあなたをまっすぐに見つめて声をあげ、嬉しさを表わすように勢いよく跳び回る。何かを期待し興奮したときにどの声を使うか、犬はそれぞれに決めているようだが、犬種によって分かれるわけではない。だが、おかしなことに、一緒に暮らしている犬同士は同じ声を使うようになる。私の知り合いで、フラットコーテッド・レトリーバーを四頭飼っている家では、どの犬も「ヨーデル風の低い声」を使う。また犬種の異なる三頭の犬（ペキニーズ、イングリッシュ・スプリンガー・スパニエル、フラットコーテッド・レトリーバー）を飼っている家では、どの犬も「あくび風の遠吠え」を使っている。私は一頭以上犬を飼っている十六人に、非公式な調査をおこなったことがある。対象となる犬は、どれも子供のときから同じ家で育っていた。そのうち十二人が、犬種に関係なく飼い犬が同じ興奮の声をあげると報告した。この結果には、犬がたがいの声のパターンを真似ることがはっきり示されている。

吠えさせる訓練

犬は犬の声だけを真似るようなので、人間が飼い犬を吠えさせるように訓練するのはかなりむずかしい。もちろん、楽しい芸当として、犬に吠えさせる命令の「ワン」を教える人は多い。だが、このときに犬が出す声は、自然に吠えるときとは質的にちがってくる。感情がこもらず、声を出しきっていない印象をあたえる。警察犬や防衛犬が、訓練されて誰かが隠れている場所を教えるときにあげる吠え声にも、同じことが言える。ある防衛犬の飼い主は、犬がたてる発見の吠え声はどこか「つくりもの」に聞こえるという。「勢いのいいほんものの吠え声とはちがうんです。でも、犬の声をよく知らない人には区別がつかないでしょうね。ただもう、犬に吠えられるのはうんざりという感じで」

なかには、ある条件にたいして特別な声をたてるように訓練される犬もいる。その声はふつうの吠え声から、唸り声、遊びのときの低い声、あるいはもっと複雑なヨーデル風の声や話し声風の啼き方までさまざまだ。犬に吠えさせる訓練をするときは、こちらが吠え声をあげて犬に真似させようとしてもうまくいかない。あなたが望んだときに犬が吠えたら、命令の言葉を聞かせ、犬をほめてやる。当然ながら、問題は犬がまず最初に自発的にその声をあげないかぎり、ほめてやれないことだ。

ここでアンの話をしよう。彼女はひとり暮らしで、とても人なつこいチョコレート色のラブラドール・レトリーバー、シーザーを命令したら吠えるようにさせたいと考えた。問題は、シーザーが近所の人たちには嬉しそうに挨拶しても、知らない人にはけっして吠えないことだった。アンは近隣の治安が心配で、心細い思いをしていた。命令に応じてシーザーが吠えるようになったら、不審な人物が家に来たときや、怪しい相手に通りで出くわしたときに撃退できるだろう。彼女は吠えてくれる「防衛犬」がいたら、ずっと安心して暮らせると考えた。

アンが私のところに相談に来たとき、私たちはまず命令として使う言葉を決めた。犬が「ワン」という命令する声を聞いたら、続いて「ワン」と吠え声を発する、というのではあまり迫力がない。そこで私たちは吠えさせるための言葉として、「守れ!」を使うことにした。不審な人物が近づいてきたとき、「守れ!」の命令で犬が吠え始めたら、相手はアンが攻撃用に訓練した犬を飼っていると思い、退散するにちがいない。吠えるのをやめさせる命令には、「見張れ!」を使うことにした。これなら、犬が吠えるのをやめても、まだ警戒態勢を続けているような印象をあたえるだろう。もちろんシーザーにとっては、「守れ!」はほかの犬にとっての「ワン」と変わりなく、「見張れ!」は「静かに」と同じ意味なのだが。

命令の言葉を決めるのはかんたんだったが、実際にシーザーに吠えさせるとなると、そうはいかなかった。命令に応じて吠えさせるための第一段階は、犬が自発的に吠える状況を見つけることである。犬が実際に吠えたら、命令の言葉を言い、犬をほめてやる。ふつうは犬に引き綱をつけ、誰かにドアを叩くかベルを押してもらって、これを教える。音が聞こえたら、飼い主は大きな声で「守れ!」と言う。そして犬が吠えたら、ごほうびをあたえるのだ。残念ながら、誰が戸口にやってきても、シーザーは吠えなかった。

そこで私たちは吠えさせるために、危機感を強めることにした。誰かが戸口に来たとき、アンに怖がるふりをしてもらったのだ。彼女は怯えたようにそわそわ歩き回り、腕を振って、

「シーザー、守れ！」と叫んだ。そこで吠えたら、彼はほめられ、ごほうびをもらえるはずだった。だが、やはりシーザーは吠えなかった。

　そこで私たちは作戦を変更した。犬は人間の言葉を真似ないが、先にご紹介したとおり、ほかの犬の声はたしかに真似る。人間が犬の声を出して、犬にうまく吠えさせられる場合もある。私の経験から言えば、成功率が高いのは、ハアハアいう喉声に続いて、抑えた唸り声に似せたウーッという声を出すことだ。犬は人間のこの声を真似ることはないが、その声に興奮して「群れを集めろ」の警告の吠え声を自発的にあげることが多い。そこでアンは、誰かが戸口に来たとき、「シーザー、守れ！　ハーッ、ハーッ、ハーッ、ウーッ、ウーッ、ウーッ」と言った。シーザーはたしかにかなり興奮したが、それでもひと声もあげなかった。

　最後に私たちは、ゲームのような形でもっと挑発的な方法をとってみた。アンが引き綱をつけたシーザーと外出するという設定である。そこへモップを手にした私が近づく。私は叫び声をあげながらまわりを走り回り、シーザーの目の前でモップを振り回し、アンが「シーザー、守れ！」と叫んだ。そこでその日初めてシーザーが吠えた。ただし、引き綱が引っ張られるほどうしろに下がったから、怯えて吠えたのは明らかだった。彼が吠えると、アンは即座に「いい子！　よく守ってくれたわ！」とほめた。つぎのときにもシーザーが自信をもって反応するように、私はすぐさまうしろに退却した。しばらく間をおいて私はもう一度接近し、シーザーの顔の前でモップを振り、アンが「守れ！」と号令をかけた。シーザーはやはりうしろに下がったが、今度は二回続けて吠えた。アンがそれをほめ、私はまたしても退却した。

　さらに二度これを繰り返すと、シーザーは自分が吠えると「くせもの」が逃げていくのをさとったようだった。私がうしろに下がると、「くせもの」をつかまえようと引き綱が前に引っ張られるようになった。そして前に進みながら、彼はモップに大きな声で吠えかかった。ラブラドールは利口な犬である。激しく吠えてそれがほめられたことから、自分の吠え声がくせものを退散させ、アンを喜ばせるのを理解したのだ。彼が「守れ！」の号令に確実に応えられるようになったので、私たちはつぎの段階に進んだ。シーザーが何度も激しく吠えたあと、アンは彼の鼻面をなでて穏やかに「見張れ！」と言った。そして吠えるのをやめると、アンがほめた。

二、三日後に私たちはもう一度この訓練をし、今回は私が傘を手にシーザーに近づいた。彼に向かって私が傘を開くと、アンが「守れ！」と叫んだ。そしてシーザーが吠えたところで、私は傘を閉じてうしろに下がり、犬に自信をつけさせた。私が遠ざかったのを見てアンが「見張れ」と命令し、シーザーが静かになると、ごほうびがあたえられた。そのあと、べつの人にコートを頭からかぶって接近してもらった。すでにシーザーは「守れ！」が「吠えろ」の意味だと学びとっていた。それから先、モップも傘もコートもなしに人が近づくという設定に変えて訓練するのは、かんたんだった。一週間が終わるころ、シーザーはアンの家の戸口に誰か来たとき、命令に応じて吠えるようになった。知らない人から見ると、シーザーの吠え声と前に身を乗り出す動作は迫力があった。都会で女性がひとり暮らしをする場合は、物騒なことも多い。シーザーの吠え声はアンに安心感をあたえた。もちろん、激しく吠えかかるシーザーを前にした不審人物は、自分がにっこり笑って「よく守れたね、なんてよく吠えられたんだろうね、シーザー！」とほめれば、騒がしい威嚇がぴたりとやみ、尾を振りながら近づいてくるとは、知るよしもない。

人間の言葉の響きを模倣する本能的な能力はなくとも、犬は意味のある声をさまざまに出し、ほかの犬からも学びとる。しかし、犬が「話をする」手段は、声だけではない。声を使わずに意思を伝える方法はほかにも数多くあり、それもまた犬のコミュニケーションに重要な役目をはたしている。

第八章　顔の表情が語るもの

人間は顔の表情で多くのことを伝える。顔が語る内容は、激しい感情からごく微妙な気持ちの変化まで幅が広い。「顔の表情」からあまりに多くのことが読みとれるため、賭博師、交渉人、ニュースキャスター、事業家などは、顔の表情をコントロールする修業をつむほどだ。

人間は顔で嘘をつくことができる。なかには顔の表情から嘘が見抜けるよう特別な訓練を受けた人たち（諜報部員、専門の警察官、犯罪心理学者など）もいるが、ふつうの人は作られた顔の嘘にだまされてしまう。これは、人間に「二つの顔」がそなわっているためだ。つまり、人間の顔の筋肉は二種類の神経系によって動かされているのだ。片方は随意筋で、もう片方は不随意筋である。随意運動をつかさどる神経系に損傷を受けた人は、顔の表情は動かせるが、いつわりの表情はできず、顔に浮かぶのはありのままの感情である。随意にコントロールして嘘の表情を作ることができないのだ。また、その逆のケースもある。不随意運動をつかさどる神経系に損傷を受けた人は、自分の意志で動かさないかぎり、顔の表情は変わらない。

人が顔で嘘がつけるのは、不随意筋がおもに顔の上部に、随意筋が顔の下部に集まっているためだ（おそらく食べたり話したりする動きには意志が働いており、口のあたりに意識的なコントロールが必要なためだろう）。たしかに人は相手の顔から感情を読みとろうとするとき、顔の下半分に注目することが多い。だが、表情の嘘を見抜く訓練を受けた人や生まれつきその能力がある人は、目をふくめた顔全体を読む。いつわりの笑顔（意識して作られた場合も、ただ感情が欠けている場合もある）は、顔の下部の筋肉のみを使うため、唇の形が変わるだけである。ほんものの笑顔は顔の上部の筋肉も動くので、「頬が上がる」感じになる。筋肉が頬を引っ張りあげるので、目が細くなる。かたや嘘の笑顔では目の端がわずかに上がるだけだ。

口のまわりにある不随意筋が作り出す表情も、嘘がつきにくい。たとえば、悲しいときは顎の筋肉を動かさなくても唇の端が下がる。調査によると、これが意識的にできる人は、一〇パーセント以下である。そして怒りを感じると、唇は自然に固く結ばれる。唇がしっかり上下に閉じられるのではなく、内側に巻き込まれて薄くなったように見えるのだ。これは意識しなくても、口のあたりに厳しい表情をもたらす。

こうした無意識の口の動きをとめることはできない。嘘つきの達人はそれを知っているので、恐れ、怒り、罪の意識などをごまかすために、べつの強い感情でその信号を隠そうとする。作り笑いをするのは、よくある手である。逆にいきりたつという方法もある。ナチスの戦犯アドルフ・アイヒマンは、イスラエルの法廷で尋問されたとき、この戦術を使ったと報告されている。アイヒマンが激昂して「ちがう、それはちがう、ハウプトマン閣下！」あるいは「一度も、一度もしたおぼえはない！」と叫ぶのは、かならず自分の言葉が嘘だと自覚していて、それが顔に出るのを恐れるときだったという。

犬の顔の表情、とくに顔の下部と口のまわりの表情は、人間のそれと共通したところが多いが、変化の幅は狭い。犬には口の表情をコントロールする随意筋がそなわっていないか、あっても使わないかのどちらかだ。といっても犬に嘘がつけないわけではない。犬は口や顔の表情では嘘をつかないというだけの話だ。もうひとつ、犬の顔の表情で制約を受ける原因は、口吻の構造が人間の口とちがう点だ。使う目的がかぎられているため、作り出される表情にもかぎりがある。

人間以外のすべての脊椎動物には、口吻がある。ライオン、熊、鳥、ワニ、犬は、いずれも口の部分が突き出ている。この口吻は生存のために欠かせないものだった。この部分でこれらの動物は獲物をとらえ、嚙みつき、しゃぶる。またほかの動物たちも口で食物をとらえる。牛は草を食《は》み、虎は獲物に食らいついて引き裂く。人間はその目的のために口吻を必要としない。というのも、人間や霊長類は手を使って食物を口に運ぶことができるからだ。

口吻は強力な武器の役目をはたす。口吻が長いと、たくさんの歯をもつことができる。歯は、当然ながら、犬をふくむ肉食動物の基本的な道具である。口吻は大きく開いて歯をむきだすのに都合がいいと同時に、口を閉じると罠の役目にもなる。蝶番《ちょうつがい》のうしろには強い筋肉がついていて、嚙むときに巨大な力が働く。平均的な犬の嚙む力は、二・五センチ平方につき四百五キロ。小型の犬でも、二・五センチ平方につき三百十五キロ。ラブラドール・レトリーバーは、羽を散らすことも皮膚を傷つけることもなく、鳥をそっとくわえてご主人のもとに運ぶことができるが、嚙む力は二・五センチ平方につき四百五十キロである。顎の発達した大型犬、マスティフやロットワイラーなどは、二・五センチ平方につき九百キロの力で嚙むことができ、攻撃されたら恐ろしい相手である。

犬にとって、強く嚙みつくための筋肉を発達させることは重要だったが、唇の筋肉組織はそれほど重要ではなかった。獲物を倒し、嚙みつき、食べるときに唇は大きな役目をしないからだ。犬は水を飲むときに舌ですくいあげるので、人間のように唇を動かして吸ったり唇を容れ物のような形にする必要はない。たしかに子犬は乳を吸う（生後六週間くらいまで）。だが、子犬の口吻はずっと短くて小さいため、口を小さく開けて吸い口のように使うことができる。唇の動きが少ないので、犬が作り出せる口の表情はかぎられているが、それでもさまざまな意思を柔軟に伝えることができる。じつのところ、口は犬にとってきわめて重要な感情表現の手段であり、声だけがそれを伝えるわけではない。

口の形

口の形が伝えるものは、動作によるコミュニケーションの基本パターンと同じで、その信号は数々の重要なことがらにかかわっている。怒り、支配性、攻撃性、恐れ、注目、興味、安心などの情報を伝えるのだ。では、具体的にそれが表わすものを見てみよう。

〈口がゆるんで軽く開き、舌がわずかにのぞいたり、下の歯より少し外に垂れたりしている〉これは犬が満足して落ちついている状態を表わす。人間の笑顔と同じで、昔からおなじみの表情である。古代エジプトの子供の玩具には動物の顔がついたものが多く、最も典型的なのが「笑っている動物」だった。そしてわずかに開けた口のあいだから舌を出しているのが、犬の笑った顔だった。この犬の表情は、「しあわせで、のんびりした気分だ」「万事順調」「近くに怖いものも、嫌なこともない」という意味である。

〈口を閉じ、歯も舌も出していない〉口を閉じるだけで、表情の意味が変わる。口を閉じているときの犬は、ある方向をじっと見つめ、耳も頭もやや前に傾けている。これは注目や興味を表わしている。笑顔は消えている。犬は状況を調べ、自分の目にしているものの意味を探り、自分がとるべき行動を判断しようとしている。犬はここではもはや受身ではないが、不安になったり嫌がったりはしていない。というわけで、この表情は、「面白そうだな」とか「あそこにあるのは何だ?」といった意味にとれる。

唇がめくれあがって歯がのぞき、歯ぐきまで見えるのは警告の信号である。犬の場合、口の表情における原則は単純だ。歯や歯ぐきがのぞけばのぞくほど、その犬は攻撃の意思が強い。この便利な信号が発達したのは、武器(歯)を見せて、警告をまじめに受け取らないとひどい目に遭うことを相手に理解させるためだった。この信号によって、相手にはあとずさりして退散するか、服従の動作をとるかの猶予があたえられる。そのように闘いを避けることが、当の動物の命を救うだけでなく、群れの生存、ひいては種の存続にもつながった。実際に闘えば傷を負って死ぬ場合もあり、群れは弱体化し、子供が育てられなくなるだろう。たとえ生き延びたとしても、傷が癒えるまでその動物は狩りをしたり群れを守ったり、子供に食べ物をあたえることはできない。

〈唇がめくれあがって歯の一部がのぞくが、口はまだ閉じぎみである〉不快感や威嚇を示す最初の信号である。犬は恐れてはおらず、不愉快の種となるものを黙って見つめるか、低いガルルという唸り声を出す。これは相手の犬に、それ以上近づいたりなれなれしくするなと伝えているのだ。ただの要求ではなく、間違いなく威嚇や脅しの最初の合図である。人間の言葉に直せば、「あっちへいけ！　うるさいぞ！」「消えろ！　目ざわりだ！」と言っているのだ。

〈唇がめくれあがって歯がほとんどむきだし、鼻の上にしわがより、口が半分開いている〉この信号は「そっちがしかけてきたら、攻撃と受けとめて嚙みついてやるぞ」の意味である。この表情は犬の意思と感情だけを伝え、威嚇の動機までは伝えない。その威嚇は上位にある強い犬の社会的優位性を表わす場合もあれば、つぎにご紹介するように、不安を表わす場合もある。どちらの場合も、この表情をしている犬に接近しすぎると、激しい攻撃を引き出しかねない。近づくのをやめてじっと立ち止まるか、あとずさりするほうが利口である。

〈唇がめくれあがって歯をすべてむきだすだけでなく、前歯の上の歯ぐきまで見え、鼻の上にはっきりしわが寄る〉これは最後通牒で、攻撃がいつ始まってもおかしくない状態を表わしている。「引っ込め、さもないと覚悟しろ！」この最高の威嚇表情は、犬が猛攻撃に出る態勢を整えた合図である。

このような表情をした犬に遭遇したら、怖いと思っても背中を見せて走ってはいけない。どんな犬にも遺伝による追跡反応が組み込まれているので、走り去るものを見ると本能的にあとを追い、嚙みつこうとする。その威嚇がたとえ強い犬の怒りからではなく、弱い犬の恐怖心から発したものであっても、興奮の度合いが激しいため、走ったり急に動いたりすると、追跡と攻撃の反応を引き起こしてしまう。では、どうすればいいのか。それはあとでお話しすることにしよう。

恐れか、怒りか

これまでのところでは、犬が口の表情で伝える威嚇の度合いについてだけお話しした。それを誘発する原因となると、問題はべつである。威嚇は社会的優位性を確立するためという場合もある。怒りや不快感が原因することもあれば、恐怖が引き金になる場合もある。信号の裏にある感情を読みとることは重要である。それによって、犬がそのあとどんな行動をとるか予測がつくからだ。怯えている犬の行動は、自信がある支配的な犬がとる行動とはちがってくる。自分に自信のある犬が、挑戦されて怒ったり不愉快に感じたりしたときは、相手が退散すれば威嚇をやめる。そして落ちついた穏やかな態度をとりもどす。かたや怯えた犬は、長いあいだ恐怖心が去らないことが多い。自信がゆらいでしまったため、近くで何か思いがけないことが起こると、すぐにまた攻撃的な態度にもどる。あるいは緊迫した対決が終わったとたんに、大慌てで走り去ることもある。

威嚇の激しさは、歯や歯ぐきが見える度合いで測ることができるが、その表情の誘因が怒りや優位性の誇示なのか、それとも恐怖なのかは、唇のめくれぐあいと、口の開け方で判断できる。図の8－1をごらんいただきたい。一番上は、相手を威嚇しながらも、まだようすを探り、なりゆきを見ている犬の表情である。左側は優位性の誇示や怒りが原因する威嚇の表情、右側は恐怖にもとづく威嚇の表情を示している。下にゆくに従って、感情（怒り、あるいは恐怖）は激しさをまし、攻撃に出る可能性も高まっている。

口の形をよく見ると、左と右でかなりちがうことがわかる。怒りが原因する威嚇の場合、口

図8－1　攻撃的な威嚇（中間的）

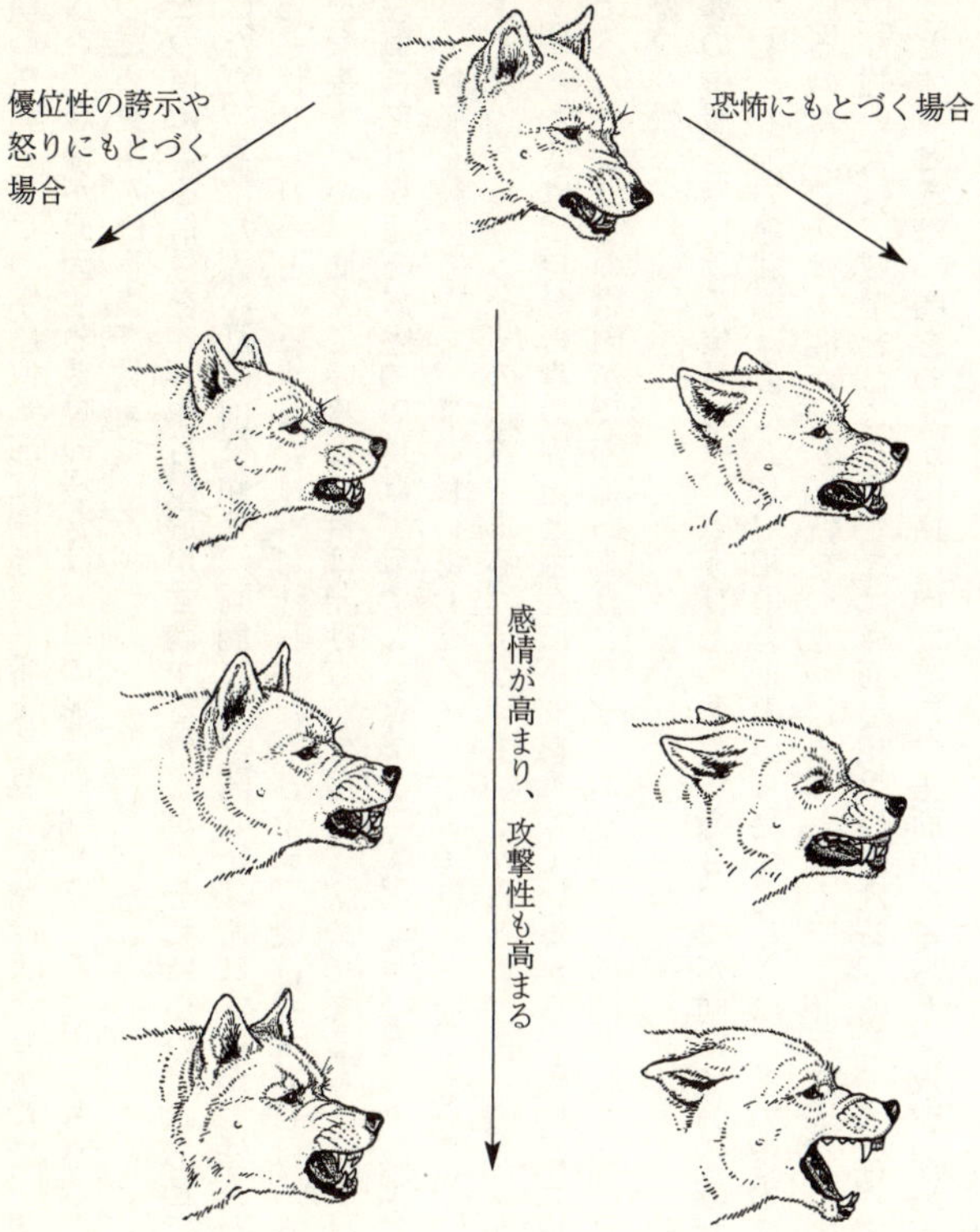

一番上の表情は、油断なくようすをみる威嚇の合図。左側は優位な犬が発する威嚇、右側は恐怖にもとづく威嚇。下にゆくほど実際に攻撃に出る可能性が高い。

は横から見るとCの字に似た形に開き、一番よく見える歯は大きな犬歯で、奥歯はほとんど見えない。恐怖が原因する威嚇の場合は、口の形は口端がうしろに引っ張られたように長くのび、そのため奥歯のほうまで見えている。

この口による信号を、耳や目の形が強調するのだが、それについてはあとで述べよう。ここではただ、優位な犬の耳は前に傾き、両側にやや開きかげんになるが、怯えた弱い犬の耳はうしろに伏せられるという点にだけ、ご注目いただきたい。優位な犬の目は大きく見開かれ、相手を凝視するが、怯えている犬の目は開け方が少なく、細めである。

左側の怒りによる威嚇の表情は、(激しさをましながら)こう言っているのだ。「それ以上うるさく挑戦を続けるなら、痛い目にあわせるぞ」右側の怯えた犬の表情は、「怖いなあ、でもいざとなったら闘うぞ」の意味である。怖がっているからといって、嚙みつかないわけではない。怯えた犬は、自分の身の安全と生存に不安をもっているから、優位の犬以上に自分を防御しようとする。その原因が恐怖であろうと怒りであろうと、感情が激しいほど、攻撃に出る確率は高くなる。

〈顔の位置〉口による信号には、もうひとつ要素がある。口が向いている方向である。犬にとって唯一の強力な武器は歯であり、相手を正面から見すえる犬は、その相手に武器をつきつけているのだ。これは人間が誰かに銃をつきつけるのと同じで、相手の恐怖心と防衛反応を誘う。優位な強い犬は、威嚇をおこなうときは鼻面を相手に向ける。そして劣位の犬の恐怖心を鎮めようとするときは、顔をわずかに横に向けて口を正面からそらし、攻撃の意志はないことを示す。

劣位の犬が優位の相手に接近する場合、劣位の犬は頭を下げ、ときどき鼻面を素早く相手の方向に向ける。あるいは優位の犬に正面から見すえられると、顔をそらし、口が相手の方向に向かないようにする。口を相手の方向からそらせるのは、「わたしは武器をしまいました。あなたに武器は向けません。気持ちを鎮めてください。争いませんから」の意味である。

〈あくび〉犬が出す信号の中で、最も誤解されやすいもののひとつである。犬があくびをすると、たいていの人は疲れているか退屈しているのだと考え、そのまま見すごしてしまう。だが、それは誤りだ。

生理学的には、犬のあくびは人間のそれと同じである。あくびは脳に酸素を多く送り込んで目を覚まさせる働きをする。だから犬も人間と同じように、疲れるとあくびをする。だが、犬のあくびには、そのほかに数々の意味がある。ストレスを感じた犬はよくあくびをする。服従訓練のクラスで、私は犬がご主人から叱られたり、手荒に矯正されたりすると、たちまちあくびをするのをよく目にした。すわれ、待て（ステイ）、伏せ、などの訓練で犬が二、三歩踏み出したときに、そこで犬が立ち止まるのか、いきなり走り出すのか判断がつかないことが多い。そのため慣れない訓練士は、犬に向かって「ステーーイ！」などと、最後の審判さながらの脅すような厳しい口調で号令をかける。犬がその場を動いたら命にかかわりかねない勢いである。初級クラスでは、離れて立つご主人の前で「すわって待て」の姿勢をとらされた犬たちが、よくあくびをする。飼い主がもっと穏やかな声で号令をかけるようになると、犬はたいていあくびをしなくなる。というわけで、あくびは「緊張して不安だ」「落ちつかない気分だ」という意味に解釈できるだろう。

あくびで最も興味深いのは、それが相手の気持ちを鎮めるためにも使われる点だ。あくびには恐怖、支配性、攻撃性の要素はない。威嚇と正反対のものである。相手から攻撃的な威嚇の信号で脅された犬が、あくびで反応する場合もある。人間はそれを見て自信のある犬が平然としている、あるいは退屈しているなどと受けとるが、実際には和解のメッセージなのだ。といっても、あくびは服従の合図ではない。威嚇している犬は、相手のあくびを見るとすぐに攻撃的な態度をやめる。つぎにどんな行動をとるべきか迷うようなそぶりを見せ、やがてためらいがちに挨拶や接近行動を始める。

それとはべつに、優位の犬があくびで相手の気持ちを鎮めることもある。たとえば優位の犬が、食べ物などを必死で守っている劣位の犬に近づいた場合。その優位の犬があくびをしたら、それは穏やかな無関心の合図である。それによって相手を安心させる効果があるようだ。

犬は人間のあくびも読みとる。あるとき私は、人の性格と犬にたいする好みというテーマで討論するテレビ番組にゲストとして参加した。何人かの人が犬を連れてきていて、自分と愛犬との関係と、その犬を選んだ理由について質問を受けることになっていた。私が案内されたステージには、犬を連れた人たちがすでに待機していた。ライトが煌々と照らされ、知らない人たちが慌ただしく動き回る中で、犬たちはかなり神経をとがらせていた。私の席は、司会者と大型のロットワイラーを連れた女性のあいだだった。私が坐ると、ロットワイラーは低い喉声で唸り、唇をめくりあげて歯を見せ、私をじっと見すえた。彼はすでにこの慣れない場所を不愉快に感じており、よそ者が無遠慮にも自分のすぐ近くに坐ったことで、ついにがまんしきれなくなったのだろう。彼は私に引き下がって場所をあけるようにと命令していた。あいにくそれは無理な話だった。しかも、あと一、二分で本番というときだったから、初対面の犬に私がよくやる挨拶の儀式を実行する時間もなかった。ほかに手はなかったので、私は顔をそらして犬と視線を合わせるのを避け、はっきり見えるように大きくあくびをした。犬は私を見つめ、目をしばたたき始めた。私もまばたきをし、犬は静かに床に寝そべって頭を私の靴の上にのせた。威嚇はおさまった。

そのとき以来、攻撃のかまえを見せる犬を前にしたときは、私はときどきあくびを使い、ほかの人にも勧めるようになった。たいていの場合、あくびをしたあと親しげな挨拶をすれば、犬は敵意を引っ込め、攻撃的な態度をやわらげる。人前であくびをすると、人間同士のあいだでは意味のない（あるいは行儀のわるい）行為と受けとられる。だが、犬同士のあいだでは、あくびは会話の一部であり、和解の手段なのだ。

〈なめる〉これは、あくび以上に人びとに誤解されやすい行動だ。犬が手をなめるのを見て、人はどう解釈するだろう。母親なら子供たちに「ほら、ラッシーがキスをしているわ」と言いそうだ。あいにく、これはあたっていないことが多い。なめる行為は、そのときどきでさまざまに意味がちがう。たんなる愛情表現だけではないのだ。なめる行為の意味は、なめ方とその場の状況に応じて判断する必要がある。

なめる行為は多くの点でキスとはちがう。行動の表われ方にも大きなちがいがある。キスをするとき、人間もチンパンジーなど人間以外の霊長類も、おたがいに唇を合わせる。犬は唇を合わせることはなく、なめる。口づけはふつうは顔や手におこなわれる。かたや犬は顔もなめるが、手、足、膝その他自分の舌がとどく場所ならどこでもなめる。

人間や霊長類ではキスは挨拶の一部である。シルヴィアおばさんや、義理の妹にキスをするのは、ロマンチックな愛情表現ではなく、たんなる挨拶のしるしで、握手とそれほど変わらない。同じことがチンパンジーのあいだでもおこなわれる。親しい犬同士も、挨拶のときにおたがいの顔をなめあう。だが、犬がなめる場所は顔にかぎらない。挨拶のときに、犬はたがいに皮膜が湿っている匂いの強い場所をかぎ回る――口のまわり、鼻、肛門、尿性器などである。このかぎ回ってたしかめる挨拶に、なめる行為も加わるのだ。

人間は性的行為としても口づけをおこなう。性行為のときには、顔や手以外の場所にも熱い口づけがされる。チンパンジーも同じように、性行為として顔、唇、手、生殖器にキスをする。犬にとっても、なめることは性行為の一部でもある。犬は性交のときに、おたがいの体を調べ、関心のある部分を挨拶のときよりも熱心になめあう。

この点では人間のキスと犬のなめる行為は共通しているが、犬の場合、なめる行為には重要な社会的意味もある。なめることは、犬の社会的順位、意志、気持ちなどについての情報を伝え、あくびと同様、おもに相手の気持ちを鎮める行動なのだ。そうした和解を求める行動のすべてに共通しているのは、子犬がとる行動に似ている点だ。子犬的な行動は、人間で言えば「白旗」を振るようなものである。おとなは自分と同種の子供を守り育てるものであり、子供への攻撃は避けようとする。そこで、劣位の犬や弱い犬、怯えた犬は、攻撃を避けるために子供のような姿勢や行動をとる。その行動は相手の気持ちをやわらげ、実際の攻撃はたいてい回避される。この和解を求める行動には、なめる行為がふくまれることが多い。ここで、こうした行動の本来的な意味を知るために、犬の子供時代について少し考えてみよう。

犬は誕生するとすぐに母親になめてもらう。子犬が産道から出てくると、母犬はその体をなめてきれいにする。それが子犬の呼吸をうながす働きもする。数日のあいだ、母犬は子犬の肛門のあたりをなめて刺激し、排尿や排便をうながす。それは子供にたいする母親の愛情表現とも言えそうだ。だが、母犬は舌を使って子供の体をきれいにしているのであり、キスをしているわけではない。人間の母親も子供を愛しているからこそ、赤ん坊の体を洗い、おむつを替えてきれいにする。だが、おむつを替えるのは、キスと同じだとはだれも言わないだろう。母犬は舌を使って子犬の尿や便を上手に掃除する。それはたんに前足が器用ではなく、おむつやお風呂などとても使えないからだ。

子犬は成長するに従って、自分やきょうだいの体をなめ始める。こうしておたがいになめあう行為には、社会的な意味がある。この行動で子犬の体が清潔に保たれると同時に、子犬同士のあいだの絆が深まる。おたがいに満足感が得られるのだ。子犬は自分の舌がとどかない耳や背中や顔をなめてもらい、相手にも同じようにお返しをする。そのように仲間同士できれいにしあう行動には思いやりが働くため、相手をなめる行動は意思を伝える手段にもなる。なめる行為が実用的で便利な行動から儀式的な行動へと変化し、善意と親しみを意味するようになるのだ。子犬は相手をなめて「ほら、ぼくは友だちだよ」と言っているわけだ。そしておとなになると、友好のメッセージにほかの意味も加わってくる。劣位の犬が相手をなめるのは「わたしに敵意はありません」、あるいは「どうかわたしを受け入れて、やさしくしてください」という意思表示である。

なめる行為は、子犬が乳ばなれをする時期に、ちがう意味をもち始める。野生の世界では、狩りからもどる母親の狼は、すでに獲物を腹の中に入れている。母親が巣穴に帰ると、子供たちが大喜びで迎える。微笑ましい光景と思うかもしれない。何時間かぶりでもどった母親を子供が、嬉しくて母親にキスをしているのだと。だが、子狼が母狼の顔をなめる目的は、ほっとした子供が、もっと現実的である。野生の犬族は食べたものを吐きもどす能力を発達させており、子供に顔や唇をなめられると、母親は反射的に胃にある食物を吐き出す。獲物を巣穴に運ぶには、引きずってくるよりも、胃の中に収めて運ぶほうがずっと効率がいい。しかも、なかば消化したものは、幼い子供の食べ物としては理想的である。

面白いことに、私たちの身近にいる犬は、狼やジャッカルにくらべて吐きもどしをおこなう力は弱く、子犬からの刺激に反応して食べたものを吐き出すことは、子犬が栄養不足のとき以外めったにない。吐きもどしをするのは、狼などの野生の犬族に外見が近い、顔のとがった犬が多い。

子犬時代にまでさかのぼってなめる行為の意味を理解すると、べつの意味も読みとれてくる。おとなの犬が顔をなめるのは、優位の犬にたいする敬意や服従を表わす行為である。犬は相手をなめるとき、体を低く小さくして相手を見上げるようになり、子供じみた印象がさらに強まる。顔をなめられる側の犬は、見下ろすようにしてそれを受け入れ、お返しに相手をなめることはない。

犬があなたの顔をなめようとしたときは、犬が伝えたがっていることを見極める必要がある。たんに空腹で食べ物をねだっている場合もある。顔をなめられても、人は食べたものを吐き出

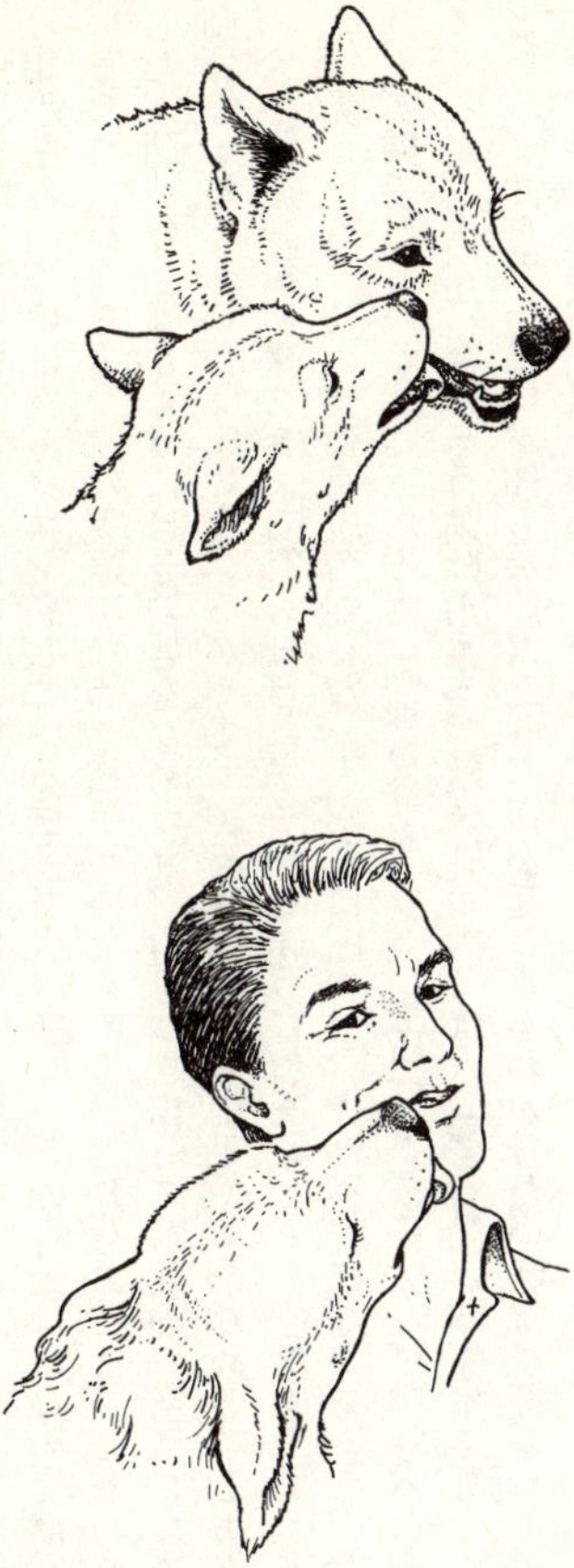

図8－2　なめる行為は「キス」とはちがい、相手の気持ちを鎮め、服従や敬意を表わす合図だが、たんに食べ物をねだっている場合もある。

しはしないだろうが、よしよしと言ってドッグ・ビスケットなどをあたえるかもしれない。服従と和睦を伝えている場合もある――子犬が伝える善意の成犬版である。基本的に犬は「ほら、わたしは子犬と同じで、あなたのような強いおとなを頼りにしているんです。あなたが受け入れて助けてくれることが、わたしには必要なんです」と言っているのだ。あなたを群れの優位の犬とみなして敬意を払い、服従を示しているわけである。

相手をなめるのはストレスを感じている怯えた犬が多く、この行動はきわめて儀式化されているので、不安をもつ犬は実際になめる相手がいなくても、これをおこなうことがある。緊張した人間が唇を嚙むように自分の唇をなめたり、舌をつき出して瞬間的に空気をなめるような動作をする。あるいは床に寝ころがって、神経質に自分の前足や体をなめることもある。

犬の服従訓練初級クラスの第一日目に、そんなふうに唇をなめたり空気をなめたりする犬をよく見かける。初めての場所で知らない犬たちに囲まれ、犬は不安になっているのだ（ハンドラーが緊張しているせいもある）。訓練が進み、その場所にも状況にもほかの犬たちにも慣れてくると、すぐになめる行動は消える。獣医師の話では、同じ行動が診療室でもよく見られるという。知らない場所、知らない人たち、何が起こるかわからない状況に遭遇して、犬は気をもみ、唇をなめ、空気をなめるのだろう。

というわけで、なめる行為の意味は複雑で、犬版のキスとばかりはいえない。大切な社会的メッセージであり、その意味はなめ方とその前後関係から読みとる必要がある。とはいえ、いずれの場合もメッセージに敵意はこもっていないから、犬が子供をなめるのを見て、キスしているのよと言う人がいても、まったくかまわないと私は思う。それはサンタクロースや、復活祭のウサギと同じくらい罪のないおとぎ話であり、なめられた人に同じくらい大きな喜びをもたらすのだから。

第九章　耳の表情が語るもの

犬は口を思いどおりに動かせない点では、意思伝達能力がかぎられているが、人間以上に意思を伝えられる体の部分もある。たとえば人間の場合、耳はそれほど表情豊かとは言えない。子供時代に私は注文に応じて自由自在に耳を動かせる友だちを知っていたが、たいていの人は耳の形や傾き方を思いどおりに変えることはできない。私たちの耳は位置が固定され、形もほぼ一定だから、外に向かって何かを伝える役には立たないのだ。だが、犬の耳はメッセージを伝えるのにきわめて好都合にできている。

立ち耳の犬

犬の耳にはさまざまな形があり、コミュニケーションに適した形の耳もある。ここでまず、犬の王国で最も表現力に富んだ耳について考えてみよう。すべての野生の犬族と家犬の多くは、立ち耳をもっている。ピンと立っていて、遠くからでも目立つ耳である。犬族の耳はある程度回転がきき、重要な音を捉えることができる。耳の動きは、頭全体を動かすことよりも微妙なため、自分が隠れている場所を相手にさとられにくい。進化は利用できるものは何でも利用するから、耳の運動能力と目立ちやすさの両方を活かして、意思伝達の手段を作りあげた。犬の耳の傾け方は非常に重要な信号だが、犬の動き全体との関連で意味を読みとる必要がある。耳の信号はほかの信号と組み合わされると、伝えるメッセージがきわめて明確になり、意味に特殊なニュアンスが加わってくる。

歯をむきだし、鼻にしわを寄せて唸っている犬を前にしたとき、威嚇の動機を理解するには、耳の傾け方に注目することがだいじである。たいていの人は犬が歯をむきだしているかいないかだけに注意を集中する。唸っている犬を前にすると、つい動転してしまい、唇をめくりあげている犬の顔の微妙な表情や、口の形などは見すごされがちだ。だが、犬の耳は目につきやすいから、その傾け方を見て威嚇の内容を正しく読みとったほうがいい。では、攻撃とは無関係の耳の傾け方からご紹介しよう。

〈耳がピンと立つ、あるいはやや前に傾いている〉犬が情報を集めるために状況を調べたり、思いがけない音や光景に驚いて注目しているしるしで、「あれは何だ?」の意味である。

頭をわずかに傾ける、口をゆるめて軽く開けるなどの動作をともなうときは、意味が少しちがってくる。この場合は、「これは面白いぞ」と言っているのだ。この信号は犬が新しいものや、思いがけないできごとを目にしたときに、発せられることが多い。

口を閉じて目をやや見開いている場合はさらに意味が変わり、「わからないなあ」「いったいこれは何だ」と解釈できる。この場合、下げぎみの尾がわずかにゆっくり振られることも多い。同じ耳の信号が、歯をむきだし、鼻にしわを寄せる動作をともなうときは、自信のある犬の攻撃的な威嚇である。「おまえと闘う準備はあるぞ。つぎの行動に気をつけろ」という意味になる。

〈頭につくように両耳をぴったりうしろに伏せる〉歯をむきだしていれば、これは怯えた犬の「怖いなあ、でもあんたがかかってくるなら、自分の身は守るぞ」という合図だ。この耳の位置と顔の表情のパターンは、劣位の犬が挑戦を受けて不安になっているときによく見られる。

耳が伏せられ、口は閉じられて歯が見えず、額にしわが寄っていないときは、相手の気持ちを鎮める服従の合図で、「あなたが好きです。あなたは強いし、わたしによくしてくれるから」という意味である。後軀を低くして尾を大きく振る動作をともなうときは、きわめて服従的な合図で、「わたしに悪意はありません。襲わないでください」の意味もふくまれる。

同じように耳を伏せながら、口を穏やかに開け、まばたきをし、尾をかなり高く上げているときは、友好の合図である。「ねえ、一緒に遊ぼう」と言っているのだ。この動作のあと、遊びに誘うおじぎや、ウウウウ・ウォンという吠え声など、はっきりと遊びたい意思を示す動作が続くことが多い。

〈耳をうしろに引きぎみにして、両側にややつき出したような形にする〉立ち耳の犬の顔をV字形に見立て、Vの上の両端が耳で、下の尖った部分が鼻面だとすると、ここでの耳の信号は、広がったVの字形を作る。耳を両側につき出し、完全に水平ではないが飛行機の翼のような形にする犬もいる。これは二つの意味をあわせもつ信号で、基本的には「気に入らない」「闘うか逃げるかしよう」を表わしている。耳をこのようにつき出した犬は、このあとすぐ警戒ぎみの疑いから攻撃に、あるいは怯えて逃げる行動に移る。

図9－1　立ち耳の犬の基本的な耳の傾け方

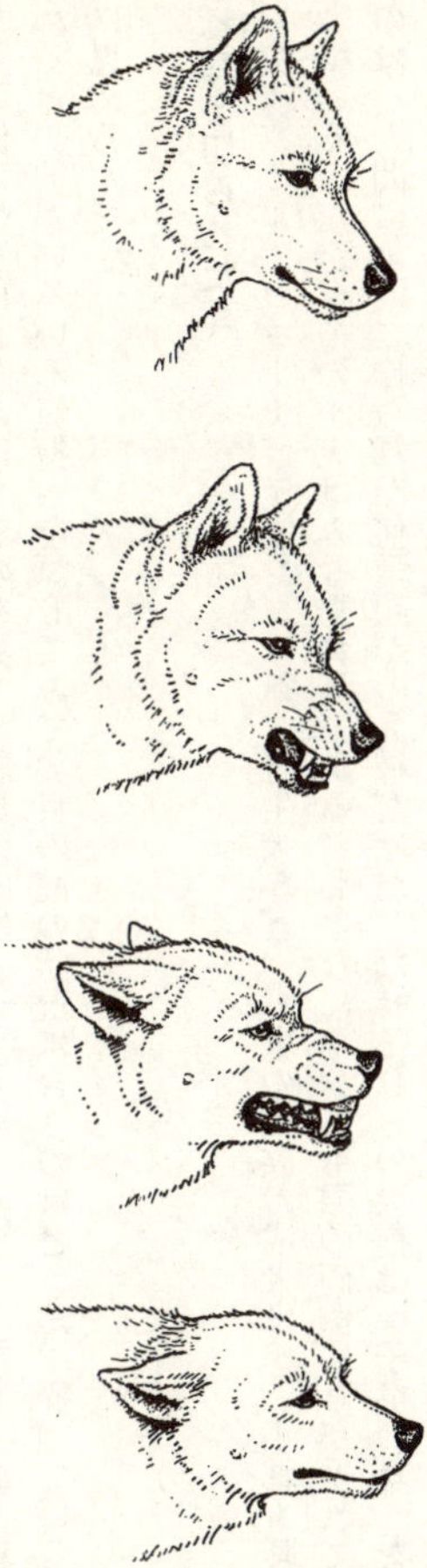

穏やか／注目

自信のある犬／威嚇

怯えた犬／威嚇

怯えた犬／服従

〈耳をやや前につき出してピクピクさせるが、すぐにうしろに引くか下向きにする〉これも迷いを表わす信号だが、服従や不安の要素が強い。「いま状況を考えているところです。だからどうか攻撃しないでください」と解釈することができる。こちらのほうが、内容はずっと穏やかである。服従訓練のクラスで、エディーという名のシベリアン・ハスキーがこんなふうに耳を動かすのを見たことがある。その犬が耳を前に傾けてピクピクさせてから、耳をうしろに引いたり、両側につき出しぎみにするのを見て、訓練士は笑ってこう言った。「エディーがこれを始めると、彼がいろいろ気持ちを試してみて、目の前の状況に合うのはどれか、探っているように思えるんです」

垂れ耳と切られた耳

狼、ジャッカル、コヨーテ、ディンゴ、狐、野生犬など、野生の犬族の成犬は、いずれも耳が立っている。だが、その子犬はみな垂れ耳である。おとなになっても頭の両側に耳が垂れているのは、人間によって作られた何種類かの犬種だけだ。なぜこれらの犬種は「子供の耳」をもつようになったのか。また、先にご説明した耳の信号はすべて立ち耳の場合である。耳が垂れていると、意思の伝達に何か影響が出るだろうか。

現在の犬種は、原始的な形の行動遺伝子学にもとづく選択交配によって作られてきた。選択された特性には、人間がすべての犬種に共通して好ましいと考えた特性もあれば、犬の家畜化の過程で意図的に選択された特性もあった。たとえば人間は性格が素直で、リーダーの支配や命令を喜んで受け入れる犬を好ましいと考えた。だが、遺伝子の操作はかんたんではない。ひとつの長所を選択すると、長短とりまぜてほかの特性も遺伝してしまう。たとえば、白い被毛を生む遺伝子の組み合わせは、聴覚障害につながりやすい傾向も生み出す。素直さ（子犬の行動特性）を求めて交配をおこなうと、身体的にも子犬に近くなる。短い口吻、それほど発達していない歯、大きな目、小さくてまるい頭、そしてここで取りあげる、垂れ耳をもつ犬が生まれるのだ。

選択交配にあたって、もともと耳の形はそれほど問題にされなかった。耳の形は狩猟や追跡をおこなう、獲物を回収する、群れを集めるなどの犬の能力とは無関係だったからだ。そのため、機能や目的に応じて選択交配する過程で垂れ耳の犬が生まれても、人はほとんど気にしなかった。だが、耳の形は犬の外見に影響をあたえる。多くの人は、長く垂れた耳に魅力を感じた。それが人間の顔を縁どる髪を思わせたり、いつまでも子犬のような印象をあたえたからだろう。

人びとが競って「新種」を作り出し、犬を外見でのみ評価する「愛犬家」が増えるとともに、耳の形はだいじな要素になった。ノーリッチ・テリアは一八八〇年代にフランク（通称「荒馬乗り」）・ジョーンズによって作り出された。彼はイギリスの数カ所のケンネルからテリアを入手して、ボーダー・テリア、ケアーン・テリア、アイリッシュ・テリアを中心にかけあわせ、やがて狐や齧歯《げっし》類《るい》を単独で、あるいは群れをなして狩る小型のテリアを作りあげた。だが、ノーリッチ・テリアには二種類あった。垂れ耳のものと立ち耳のものである。この犬種の初期の飼い主はそれを気にしなかったが、その後の愛犬家たちには重要な問題になった。やがて耳の形は確実に遺伝し、立ち耳の犬同士の交配からは立ち耳の子犬が、垂れ耳の犬同士の交配からは垂れ耳の子犬が生まれることがわかった。そこで一九七九年に、アメリカ・ケンネル・クラブは犬種を二つにわけ、立ち耳のほうをノーリッチ・テリア、垂れ耳のほうをノーフォーク・テリアと呼ぶことにした。これらの名称の由来は知らないが、私のように記憶力に自信のない者でも、覚えるには便利だ。「ノーリッチ」は「ノー・ウィッチ」と響きが似ていて、ウィッチ（魔女）には昔から三角の帽子がつきものであり、ノーリッチ・テリアのとがった耳を連想させる。

犬のコミュニケーションという点では、垂れ耳はかなり大きな問題である。立ち耳は垂れ耳よりもはっきりとわかりやすい信号が送れる。耳の形の変化が遠くからでも見てとれ、垂れ耳の犬よりも確実な意思の伝達ができる。といっても垂れ耳の傾け方が読みとれないわけではなく、たんに立ち耳よりもその変化が微妙だということである。

図の９－２に垂れ耳の犬の、耳の位置の変化が示されている。左上はくつろいで何かに注目している犬である。右上は、立ち耳の犬が耳をピンと立てて前に傾けている場合と同じである。これは顔の表情や体の動きしだいで、攻撃的な威嚇を意味する。この表情を見ると、私はいつも両耳を横に開いた象を思い出す。下は服従的な耳の位置で、立ち耳の犬が耳をぴったりうしろに伏せている場合と同じである。耳が下に引っ張られて頭の両脇に貼りついたような感じに見える。そんなぐあいに、垂れ耳の場合も信号はややわかりにくいとはいえ、耳の位置はさまざまに変化し、犬の感情や意思を伝えることができるのだ。

犬の耳については、いくつか不可解で心の痛む話もある。すでに見てきたとおり、選択交配によって垂れ耳の犬種が作られ、大切な意思伝達の信号が目立ちにくくなった。だが、人間は

図9－2　垂れ耳の犬の基本的な耳の傾け方

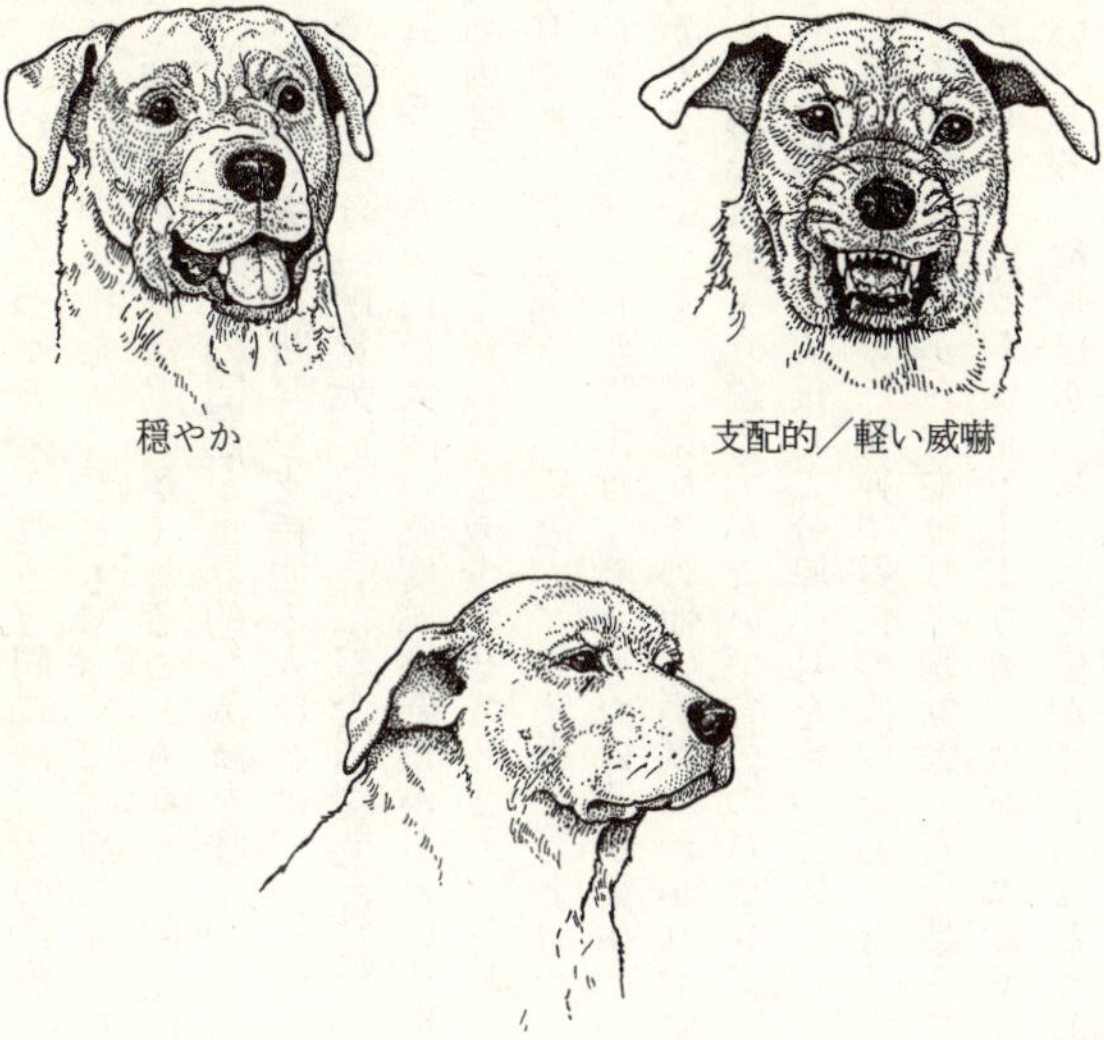

穏やか　支配的／軽い威嚇　服従的

それだけでは満足せず、さらに手を加えた。垂れ耳の犬を作りあげたあと、ブリーダーは多くの犬の長い耳を外科手術で切断して短くした。切断手術は生まれつき垂れ耳の犬にのみおこなわれるため、これらの犬の意思伝達能力はさらに妨げられてしまう。

ボクサー、ドーベルマン・ピンシャー、ロットワイラー、グレート・デーンなどの耳を短く切断する理由はいくつかあげられている。耳が切断されたのは、もともとは警護犬として作り出された犬種だった。どんな犬の場合も耳とその周辺はきわめて敏感な部分であり、傷つけられると猛烈な痛みをともなう。警護犬を垂れ耳のままにしておくと、犬にとって危険が大きかった。侵入者がその両耳を把手にすれば、それで犬をつかまえられると同時に、牙の攻撃をかわすことができる。賊は犬の耳をつかんで犬の頭の自由を奪うとともに、犬に猛烈な痛みをあたえられるのだ。耳を根元だけ残して短く切ってしまえば、つかまれることもなく、問題は一挙に解決できた。

最近では、犬の断耳の問題が世界的な論議を呼んでいる。それが禁止された国も、禁止を考慮している国もある。断耳を支持する人びとは、いくつか新たな理由をあげている。そのひとつは、犬の中には「聴覚犬」（つまり本来の機能をはたすために音を聴くことが重要な犬）もいて、耳を使うために最大限の感度が必要だからという理由だ。大きく垂れた耳は耳道をふさぎ、犬の内耳にとどく音の量を減少させてしまう。外耳を切れば音は直接耳道にとどくので、犬はより敏感に音を聞きとることができるというわけだ。

もうひとつあげられた理由は、断耳したほうが衛生にいいというものだ。長く垂れた耳は中に水分がたまりやすく、感染症その他の病気にかかりやすいというのだ。

これらの議論はあまり説得力がない。各種のハウンド、スパニエル、レトリーバーは、耳を切断される使役犬よりも長くて分厚い耳をもっている。だが、誰もこうした犬種の耳を切ったほうがいいとは言わない。狩猟や獲物の回収をおこなう犬種の多くは、笛の合図に応じて仕事をするよう訓練されるから、やはり「聴覚犬」に分類されるはずなのだが。耳の衛生にかんしては、ボクサーやロットワイラーよりも、スパニエルやレトリーバーのほうが、はるかに問題が大きいだろう。彼らは水にもぐって働かされることもあり、耳の感染症にかかりやすいはずだ。だが、ブリーダーたちはこうした猟犬には垂れ耳の問題はないと思っているようで、聴覚面や衛生面の理由から彼らの耳を切るべきだとは主張しない。

外科手術が犬にあたえる苦痛もさることながら、断耳をすると犬の意思伝達能力に影響が出る。理屈のうえでは、垂れ耳を切断すると立ち耳に近くなり、筋肉組織が正常なら、耳を使うコミュニケーションには好都合になるはずだ。ドーベルマン・ピンシャーにおこなわれる見映えのいい「ショースタイルの断耳」は、それに近い。だが、このショースタイルの断耳はむずかしくて手術代も高く、しかも耳が長く残りすぎていて、賊に耳をつかまれないようにという本来の目的を満たしていない。また、スタンダード・スタイル、実用スタイル、警護スタイルの断耳では、逆に耳が短くなりすぎ、筋肉の動きに応じて耳の位置が変わっても目立たない。つまり、垂れ耳の遺伝ですでに耳によるコミュニケーション能力が制約されている犬が、手術のおかげでその能力をさらに大きく阻害されるのだ。警護に使われる犬はべつとして、現在では断耳のほとんどが美容的な目的でおこなわれている——独特のスタイルや「容姿」のためなのだ。

残念ながら、この問題にかんする私の意見は、たんなる意見にすぎない。断耳された犬とされていない犬との意思伝達能力を科学的に比較調査した例はない。だが、この問題について有効と思われる実際の観察結果をひとつご紹介できる。私の知り合いが、二頭の去勢された雄のボクサー、ゼロとノートを飼っていた。そのころ二頭はどちらも三歳くらいで、ボクサーの場合珍しいことではないが、どちらも非常に行儀がよく人なつこかった。外見上の大きなちがいは、片方が断耳されており、もう片方は断耳されていないことだった。断耳されているゼロのほうが、ほかの犬たちにうさんくさく思われることが多かった。よその犬は彼の切断されてピンと立った耳を、威嚇的な挑戦信号と受け取るらしく、近づくと体を固くして警戒しいしい挨拶行動をおこなった。かたや自然な垂れ耳をもつノートに出会っても、ほかの犬たちはそれほど警戒しなかった。

この反応のちがいについては、断耳とは関係のない説明がさまざまに可能だろう。だが、最も説得力のある説明も、この場合あてはまらない。一般的に言って、大型犬のほうが小型犬よりも優位で力が強いとみなされる。だが、ゼロは雄のボクサーにしては小型で、体高はおよそ五十七センチだった。ノートのほうが少なくとも四・五キロは体重が重く、肩までの体高は五センチ高かった。大きさと外見の点から言えば、ノートのほうが強そうに見え、ほかの犬たちから警戒されるはずだ。おまけに、ゼロは実際にノートよりも消極的で服従的なので、ほかの犬たちの反応はよけいに不可解だった。科学的な裏づけはないが、ゼロが冷たい反応を受けたのは、彼の耳の信号が非常に読みとりにくく、切断された耳の形が、ピンと立って前に傾いている威嚇の信号と見間違えられやすかったからだと私は思う。そしてゼロの短い耳は目につくほど傾きを変えられないため、近づいた犬たちからは挨拶を無視した攻撃の警告信号だと誤解されたのだろう。

私は、垂れ耳の犬に人工的な手を加えるべきではないという意見に賛成だ。垂れ耳をもって生まれたことで、すでに信号発信能力にハンディを負っているのだから、残された意思伝達能力を最大限に使わせてやるべきだろう。手術でさらにそれを妨げてもいいという正当な理由は、私たちにはない。

犬は意思の伝達に耳を使うが、人間は耳では意思を伝えないという点を、ここでもう一度考えてみよう。人はたしかにおたがいの耳に注目する。だからこそ耳にリングをつけ、ピアスをし、飾りを下げるのだ。動きはともなわないが、それもまた意図的なコミュニケーション手段と言えるだろう。その昔私は金のイヤリングを二組もっているガールフレンドとつきあっていて、イヤリングにはそれぞれ細い鎖で文字が下がっていた。一組は「イエス」、もう一組は「ノー」の文字である。彼女は「私の気持ちが知りたければ、耳を見てね」と言った。

ある晩、私は彼女をディナーに誘った。迎えにゆくと彼女の耳から「イエス」が下がっていたので、大いに気をよくした。おしゃべりをしながら、最高に張り切って彼女にコートを着せかけた。そのとき彼女のもう片方の耳に金色の「ノー」の文字が下がっているのに気づいた。彼女の発したメッセージにくらべれば、断耳された耳にせよ、長く垂れた耳にせよ、犬の耳が伝えるメッセージのほうがずっと明確でわかりやすい。

第十章　目の表情が語るもの

陸地に住む動物の顔の造作は、ヘビでもカエルでもライオンでも人間でも犬でも、同じ基本にもとづいている。顔の造作はもともと摂取する食物の判別に都合がいいように作られた。動物が口に入れるものすべてが無害で消化可能とはかぎらないから、識別するための三つの感覚――味覚、嗅覚、視覚――が口の近くに集まっている。その配置はどの動物も同じで、口の中に味蕾《みらい》が、そのすぐ上に鼻孔が、そしてやや高いところに目がついている。この配置のおかげで、陸生動物は地面にある食べ物を口に入れるときに、その匂いをかぎ、自分が食べているものを見てたしかめることができる。

顔の造作の基本はたいていの種に共通だが、目は少しばかりちがっている。獲物としてねらわれ、走ることでしか身を守れない動物は、外敵の接近をいち早く察知する必要がある。そのため、ウサギやレイヨウの目は頭の両脇についていて、風景を広く眺め渡すことができ、なかには三百六十度見渡せる動物もいる。こうした動物に忍び寄ることは非常にむずかしい。虎や狼などの捕食動物の目は、ヘッドライトのように前向きについている。その目で双眼鏡のように遠くのものを見分けることができるのだ。獲物との距離がつかめれば、確実に襲いかかって倒すことができ、狩りの成功率は高くなる。犬も捕食動物なので、その目はやはり前向きについている。

しかし、目の働きは見ることだけではない。私たち人間は、体の中で最も表現力に富んでいるのは顔であり、顔の中で最も表情豊かなのは目だと考えている。俳優や映画監督は意思伝達手段としての目の重要さを知っており、それを利用することも多い。スリラー映画の名監督アルフレッド・ヒッチコックはこう言っている。「言葉は雑音にまじって人の口から出る音にすぎないが、人は目で視覚的に語りかける」彼はよく画面いっぱいになるほどの目のクローズアップを使って、脅しや恐怖を表現した。俳優のヘンリー・フォンダは、目が重要な意味を伝えると考え、クローズアップの場面ではつねに「キャッチライト」を使った。顔に近づけて使う小さなライトで、俳優がこのライトをまっすぐに見つめると、目が光って強い感情を抱いているように見えるのだ。

犬の目には、意思を読みとることを可能にする構造的な特徴がいくつかある。目の中で色のついた部分が虹彩《こうさい》、真ん中の穴のような黒い部分が瞳孔、白い部分が目の外側を覆う強膜《きょうまく》である。そして目の外見はまぶたを開けたり閉じたりすることで変わる。

瞳の大きさ

実際の視力の点では、瞳孔や虹彩の唯一の役割は瞳を収縮ないし拡大して大きさを変え、目の中に入る光の量を調節することである。暗いところでは瞳孔が開いて、できるだけ光を取り込もうとし、明るいところでは瞳孔が収縮し、目にしたものの細部がまぶしい光で判別できなくなるのを抑えようとする。だが、瞳孔は意思を伝える。瞳の大きさとその変化のぐあいは、感情にも左右されるのだ。

一般的に言って、興奮したり興味をもったり、激しい感情を抱いたりすると、瞳孔が開く。人の瞳孔がどんな原因で大きくなるかを調べた研究は数多くある。相手に興味をもつことも、その原因のひとつだ。瞳の大きさを意識する人はあまりいないが、相手の目に喜びや興味を読みとることはたしかにある。人は自分に興味をもってくれる相手を好みがちだから、大きく開いた瞳で自分を見る相手に魅力を感じることが多い。ルネサンス期の初めから十九世紀全般にわたって、女性は魅力的に見えるように、ベラドンナ（ナス科の有毒植物）からとった毒性の強い液を使って瞳を大きくした。じつのところ「ベラドンナ」の名称も、「美しい女」を意味するイタリア語からとられている。現在それと同じ効果をもつのが、ローソクの光のもとでのディナーである。薄暗い光の中では（光をできるだけ多く取り込もうとして）瞳孔が開き、毒物を使わなくても美しく魅力的に見えるようになる。大きな瞳の魅力に関連してひとつ興味深いのが、大きな目と大きな瞳をもつように作り出された小型犬の存在である。コンパニオン・ドッグの犬種に多く、キャバリア・キング・チャールズ・スパニエルやペキニーズのように大きな瞳をもつ犬は、人間に愛嬌をふりまいているように見える。

人間の場合と同様に、犬の瞳は感情面の動きも映し出す。ただし犬の瞳孔は大きさがわかりにくいので、読みとるのがむずかしい。犬種の中には、虹彩の色が濃いため瞳孔が目立たない犬もいる。虹彩の色が淡いほど、瞳孔の大きさの変化は見分けやすい。だが、黒目がちな犬の場合も、注意して観察する価値はある。目は犬の感情をきわめて雄弁に語るからだ。

大きく開いた瞳孔が強い感情を表わすとすれば、小さく収縮した瞳孔は退屈、眠気、くつろぎなどを表わすだろう。ただし、犬の瞳の大きさの変化が表わすのは、感情の「強さ」のちがいだけで、感情が否定的なものか肯定的なものかまでは示さない。瞳の広がる原因が嬉しさや興奮である場合も、恐怖や怒りである場合もある。だが、犬の瞳が広がったり狭《せば》まったりする瞬間(最終的に大きくなった、あるいは小さくなった瞳ではなく)を見ることができれば、さらに情報が得られる。嬉しさや楽しさがこみげるときは、瞳はたんに広がる。だが、怒りや攻撃的な感情がつのるときは、瞳はまずいったん収縮してから、大きく開いていく。

視線の方向

つぎに強膜と呼ばれる白目の部分について見てみよう。意外にもこの部分もコミュニケーションに役立っている。白目の部分はなぜ進化したのだろう。虹彩の色がそのまま広がって、目全体が茶色やブルーにならなかったのはなぜか。その理由は、白い部分があると虹彩の色がくっきりと目立ち、目が見つめている方向をつきとめやすいためだ。人間の場合、これはコミュニケーション手段としてきわめて重要で、そのためほかの動物にくらべて人間の白目は非常に大きい。犬にも白目があるが、注意して見ないとわかりにくい。それはひとつには、犬が見る方向を変えるとき、頭も一緒に動かすためだ。

人間の場合、ほかの人が見ている方向を知ることは、人間関係の上で重要だ。話しているときも、誰が自分の言葉を聞いているかがそれでわかる。人は自分が向かおうとする方向を見ることが多いから、視線はその人の意思も伝える。ベテランの販売員は、顧客の視線をたどって、どの品物に関心があるか察知するという。顧客が出口のほうに視線を走らせたら、買う気をなくして居心地がわるくなり、店を出たがっている証拠というわけだ。

相手を見つめるだけで多くを伝え、相手からさまざまな行動を引き起こすこともできる。ある緊迫したサッカーの試合で、二組のイギリスの応援団が激しく衝突したことがあった。大勢の怪我人が出て、スタジアムの一部が破壊され、警官隊が導入されてようやく騒ぎがおさまった。この衝突のきっかけは、片方の応援団のひとりが相手チームの応援団のメンバーを指さして、「こいつはおれに眼《がん》をつけた！　いいか、こいつはおれに眼をつけたんだ！」と怒鳴ったことだった。この事件を論評した新聞のコラムニストは、誰かが自分を見たという理由だけで喧嘩を始めるとは、狂気の沙汰だと慨嘆していた。

だが、じつのところ、誰かを見つめることは穏やかな行為ではない。凝視はたしかに威嚇とみなされる。心理学者は数々の興味深い実験をおこなって、それを証明している。ある実験では、研究者が道端に立ち、赤信号で停まった車の運転者をじっと見つめた。運転者の大半はすぐに見られていることに気づき、信号が緑に変わると、ふつうの運転者よりもずっと早く飛び出した。べつの実験では、研究者が歩行者を見つめた。すると見られた人はその視線から逃げるように足どりが早くなった。また、研究者が助手に大学の図書館で学生を見つめてもらうと、見つめられた学生の多くは荷物をまとめて早めに図書館を出た。

ほとんどすべての動物が、凝視を威嚇とみなす。その進化の起源は、遠く爬虫類にまでさかのぼることができる。ハナダカヘビは、外敵が接近すると死んだふりをする。そして外敵からにらまれると、死んだふりを長く続ける。トカゲはじっと見つめられると動かなくなり、鳥の多くも見つめられると防衛反応をおこなう。犬もまた相手を支配するために凝視を使う。では、目による威嚇その他の信号について具体的に見てみよう。

〈まっすぐに視線を合わせる〉見開いた目でまっすぐに相手を見すえるのは威嚇や優位性の表現、あるいは攻撃に出るぞという宣言である。優位な犬や狼は劣位の相手に近づくとまっすぐに凝視する。劣位の犬は視線をそらし、顔をそむけ、地面に伏せて服従的な姿勢をとることが多い。直視しても相手から反応がないと、対立の度合いが高まる。というわけで、この凝視は「ここではわたしがボスだ、おまえは引っ込め」「目ざわりだ。その目つきをやめろ、さもないと後悔することになるぞ」と解釈できる。

面白いことに、犬は人間の行動をコントロールするために凝視を使うことがある。夕食の食卓でみんなが集まって何かを食べているときに、よくその光景を見かける。犬はそのそばに坐りこんで人をじっと見つめ、人が食べているものに視線を移す。これは明らかに食べ物を手に入れようとする行為で、子犬のときはとくに効きめがある。人は犬の目つきを「あわれっぽい」「ものほしげ」「訴えている」などと解釈し、少しばかりおすそわけをあたえる。だが、犬からすると、じっと見つめることで支配性を主張しているのだ。それに反応して犬に望むものをあたえると、犬はあなたが服従的な態度をとったと解釈し、自分は群れの中であなたより高い順位を認められたと考える。これは大型犬の場合は危険な先例を作り、小型犬の場合でも問題の種をまくことになる。犬を従わせるには、あなたがリーダーになること、少なくとも順位が上になることが肝心なのに、言うことをきかない犬を作りあげてしまうからだ。この例が示すとおり、どんな反応をする場合も、まずあらかじめ犬が何を求めているかを知っておく必要がある。

そして知らない犬を直視することも、要注意である。支配的な犬をじっと見つめると攻撃と受けとられ、怯えた犬を見つめると、恐怖心をあおって逆襲されかねない。だが、自分の犬の場合は、しつけのさいに凝視を使うと効きめがある。犬の目をじっと見すえることで、困った行動をやめさせられる場合も多い。たいていの犬はあなたの愛情を取り戻そうとして、和解を求める服従的な態度で反応するだろう。

〈相手と視線が合わないように、目をそらせる〉直視が威嚇だとすれば、視線をそらせることは、服従ないし恐怖を表わす信号になるだろう。犬の場合は、たしかにそれが言える。支配的な犬と対面した犬は目をそらせる。たいていは視線を落とし、「あなたがボスだと認めます」「面倒は起こしたくありません」と言いたげな動きをする。

同じことが人間にも言える。母親は「人の顔をじっと見るものではありません」と子供に教えるものだ。ふつうに会話するとき、私たちは相手と目を合わせないようにし、視線を相手の顔からはずす。横を向いたりコーヒーカップを見たりして、相手がこちらを見ていないときにだけ、その顔をまっすぐに見つめる。

権威のある相手を直視しないことは、礼儀作法のひとつにもなっている。ふつうの人は位の高い聖職者や皇帝の目をじっと見たりしない。古い童謡も「王さまの顔は、猫にしか見られない」と歌っている。犬族も同じである。群れのリーダーがもどると、ほかのメンバーはそのまわりに集まり、ちらちらと顔に視線を投げるが、その目を見つめることはけっしてない。

犬が目をそらせることにはべつの意味もあり、退屈を表わす場合もある。服従訓練のクラスで長く待たされたときなどに、犬はよくこれをやる。それまでご主人に注目していた犬がしだいに視線をそらし、つまらなそうにあたりを見回すようになる。注意力がゆるんでくると、視線はあてもなく漂い始めるのだ。

〈まばたき〉たいていの動物がまばたきをする。最高に集中力の高い人でも、まばたきのために一日約二十三分はものを見そこなう。一日に一万四千回、瞬間的に視界がとぎれるのだ。だが、まばたきは必要な運動である。目はつねに清潔に水分をたもち、角膜（目のふくらんだ部分）の細胞が活性化される必要がある。まばたきのたびに、涙腺から出た涙が眼球の表面を洗い流して、下へと運ばれる。涙はただの水ではなく循環システムの一部である。角膜は血管が走ったりしない透明な状態にたもたれる必要があり、涙の役割のひとつは酸素と栄養分を運んで角膜細胞を活性化することだ。また、涙には細菌を殺したり、埃やゴミを食いとめる化学物質が含まれている。その涙の四分の三が、まばたきによって目の表面から鼻の経路へと流れ落ちる。それで鼻に水分があたえられ、細菌がとりのぞかれる。泣いたときに鼻水が出るのもそのためだ。

まばたきの回数と、まばたきをするかしないかは、その人の感情について情報をあたえる。退屈するとまばたきの回数が多くなり、何かに熱中していると回数は減るものだ。長時間運転しているとまばたきの回数が増えるが、風景に何か面白いものが見えると、まばたきはかなり減る。さらに重要なのは、まばたきが服従の信号にもなることだ。対決の場面では、「最初にまばたきをする」ほうが降参するのがふつうだ。タフで自信にあふれた人やむずかしい決断をする人は、「まばたきもせずに」ことをなしとげる。

犬のコミュニケーションでは、まばたきは相手の威嚇的な凝視をかわし、服従を示す役割をする。ただし、相手に優位をゆずる表現ではあっても、視線をそらす行為ほど服従的ではない。というわけで、まばたきは「負けはしないが、あなたがリーダーだと認めよう」であり、「かんべんしてください、あなたの指示に従います」とはちがう。

まばたきはまた、親愛の情あるいは誘惑まで表わす。男性からやさしく言い寄られたはにかみ屋の娘が目をしばたたく光景は、おなじみである。犬や狼の場合、まばたきは挨拶の儀式の一部でもある。劣位の犬が群れのリーダーやよその支配的な犬に出会うと、やや体を低くして、空気をなめたり、相手の顔をなめたりする。優位の犬はこの挨拶を受け入れると、素早く二、三回まばたきをすることが多い。すると劣位の犬もまばたきを返し、空気をなめたり、何かを飲み込んだり噛んだりするときのように口を動かす。これで二頭はおたがいに了解がついたことになる。

目の形

犬の目の形は見分けやすい。目の縁が目立つ色をしていることが多いからだ。被毛の色が薄い犬は目の縁が黒く、まるでアイラインを入れたように見える。被毛の色が濃い犬は、目に近い部分や目のまわりの被毛あるいは皮膜が、やや明るめの色になっている。この特徴のおかげで、遠くからでも目の形が見てとれるのだ。

目の形が語ることは、きわめて単純だ。大きくて丸みをおびているほど、犬の怒りや威嚇の度合いが強い。目を見開くことは威嚇的な凝視の一部である。犬が怒ったときに鼻と額にしわを寄せる動きにともなって、目の下の筋肉が引っ張られ、その圧力で目は眼窩《がんか》からわずかに飛び出しぎみになる。その結果、目がいっそう大きく見える。また、目の表面が大きく開かれると、それだけ光を多く集めやすくなり、目が光って目立つようになる。

筋肉が逆に動くと、目は小さく狭まって目立ちにくくなる。これは恐怖、服従、譲歩などを表わしている。相手の攻撃を逃れたいと望み、最高度の服従を表わす犬は、目をつぶってしまう。

この目の形によるコミニュケーションの原則がくずれる場合がひとつある。恐怖心をともなう威嚇がその例で、劣位の犬が逃れられない状況に追い込まれ、闘わねばならないと感じたときなどである。このような場合、目は二つの相反する感情を表わそうとするかのように、三角の涙形になる。下のほうが広がって、先にゆくほど細くなり、まぶたがかぶさって目が小さくなる。二つの要素がまじりあった目の形は、明らかに相反するものが入りまじる犬の気持ちを伝えている。

人間の場合、目によるコミュニケーションの多くは眉毛の形の変化をともなう。眉毛の色は皮膚の色と大きな差があるので、遠くからでもくっきり見える。そしてふだんは目立たない目のまわりと額の筋肉の動きが、眉毛によって強調される。

眉毛が伝えるメッセージは明確で、自動的に読みとることができる。科学的な調査によると、顔の下半分を隠して眉毛と額の部分だけを見せても、その人の基本的な感情の動きがかなり正確に判断できるという。「眉を上げる」など、一瞬眉毛を動かすだけでも、何かを表現することは可能である。この動作は、離れたところにいる友人に挨拶を送るときなどに使われる。六分の一秒ほど眉を上下させて、親しみや嬉しさを表わすのだ。好きではない相手には、この合図は送られない。人が無意識におこなっているこの動作は世界共通で、ヨーロッパ人、アメリカ人、サモア人、アフリカのブッシュマン、あるいはペルーの少数部族にまで見られる。

犬は眉毛をもたないが、人間には眉毛が必要だった。眉毛には額から流れ出した汗が目に入るのをふせぐ役目がある。犬は人間とちがって足の裏にしか汗をかかないので、眉毛は必要なかった。だが、犬にも眉毛の名残のようなものがあり、それが目のまわりの筋肉の動きを目立たせ、意思の伝達を助けている。目の近くに被毛とちがう色の毛が、星のような形に生えている犬も多い。民間伝承によると、明るい色の犬で目の上に黒っぽい星がついている、あるいは黒っぽい犬で目の上に明るい色の星がついている犬は「四つ目」と呼ばれ、特別な霊的な力があり、悪魔や鬼や幽霊を見ることができるとされている。その謎の力については立証できないが、そう言われてきたのは、彼らの表情がほかの犬よりも読みとりやすかったためだろう。額にくっきりと目立つ星があると、目の上の筋肉の動きはずっと見分けやすくなる。

また、目の縁の色素が外側にまで広がっていて、額に眉毛のような形を作りあげている犬種もある。その他のとくに体全体が濃い色の被毛で覆われた犬は、目の上の部分に独特の陰影がついていて、四つ目の犬の星と同じような機能をはたしている。これらはすべて、あたかも眉毛が「あるかのように」犬の表情を読む助けになる。

犬の眉毛（あるいは星）が伝えるものは、人の眉毛が伝えるものと似ている。怒りを感じると、両方の眉毛（星）が寄りぎみになり、鼻のほうに向かって下がる。目のまわりの毛が逆立ち、眉毛の印象が強まる。怯えたり服従的になるときは、眉毛が中央に向かって上がり、こめかみに向かって下がる。この動きは、目のまわりの毛が寝たままで眉毛が強調されないため、それほど目立たない。

犬は眉毛を使って困惑や集中も表わす。これは何か問題を解決しようとしたり、目の前のものを理解しようとするときに起こる。眉毛が寄り、鼻のほうに向かって下がるが、怒ったときのように鋭角的にはならない。ちょうど人間が何かを一心に考えているときと同じである。チャールズ・ダーウィンが皺眉筋《しゅうびきん》（この運動をつかさどる筋肉）を「問題解決の筋肉」と呼んだのも、そのためだ。

犬の眉毛はかなり微妙な感情も表わす。驚きやちょっとした好奇心までが、眉毛の上下運動で示される。ブランドンという名のエアデール・テリアは、眉でお茶目な表情をした。彼には片方の眉毛を上げてこちらを見るくせがあり、この動作をしたあとは、かならず何かをくわえてそのまま矢のように走り出し、「鬼ごっこ」を誘った。

涙

あらゆる動物には涙を作り出す器官がそなわっているが、それはもっぱら目に水分をあたえ清潔にたもつために使われる。感情表現として涙を流すのは人間だけだと言われることが多い。人間にとって涙は嘆きや苦痛などのマイナスな感情と結びつくが、プラスの感情が高まったときも、「喜びの涙」を流す。最近の研究では、哺乳類の多くも、感情が極度に高まったときは涙を流すことが指摘されている。

数年前にカナダ獣医師協会の会議に出席したとき、私は夕食の席で犬が感情の作用で涙を流すだろうかというむずかしい問題を取りあげた。十人ほど同席した中で、八人が獣医師で、議論はまっぷたつに割れた。獣医師のうち四人は犬は人間と同じように泣くと言い、ほかの四人は犬の涙は苦痛や恐怖で目のまわりの筋肉が緊張して起こる反射作用にすぎないと主張した。どちらの側も議論に熱が入り（声も大きくなり）、自分の意見をゆずらなかった。この例から見ても、この問題には異論が多いことがわかる。私自身の体験から言うと、私は犬が泣くのを一度実際に見たことがあり、べつの機会にも間接的にその証拠を目にしたことがある。

ある日の午後、大学のキャンパスを歩いていて、建築工事現場の近くを通りかかったときのこと。突然、狂ったようなかん高い悲鳴が聞こえ、私は幼い子供が激しい苦痛を訴えているのかと思った。声がするほうへ走っていくと、若い雌のボクサー（のちにエヴィータという名前だとわかった）が、有刺鉄線のあいだでもがいていた。鉄線が体にからまり、ふりほどこうとしてかえってぐるぐる巻きになったのだろう。幾重にも刺のある鉄線で体を巻かれ、もがいたために脇腹にも背中にも腹にも深い傷を負っていた。私は助け出すときにこちらが噛まれないように、急いでコートを脱ぐとそれを彼女の上にかけた。そのとき工事現場から職人がひとり走ってきた。彼は状況を見てとると、ワイヤーカッターを取り出した。私がエヴィータを押さえ、彼が彼女の体にからまった鉄線を切断した。そのあいだじゅう、私は彼女の顔を見つめながら、穏やかな声で話しかけた。その二つの大きな目からは、涙が頬を伝ってゆっくり流れ落ちていた。私は何の不思議も感じなかった。彼女は猛烈な苦痛を味わい、泣いていたのだ。傷ついて怯えた人間の子供が泣くように。

二度目に犬が泣いた事実を目のあたりにしたのは、すでに手遅れになってからだった。そのときわが家のケアーン・テリア、フリントは一晩じゅう苦しみ、翌朝少しよくなったように見えたので、私が獣医師のもとへ連れていくことにした。診療所に着いて車の後部ドアを開けると、フリントは二十分の道のりのあいだに静かに息を引き取っていた。車を走らせるあいだ、訴えるように啼く彼の声が聞こえ、私はもうすぐよくなると励ますように声をかけ続けたのだが。その灰色の顔には、涙のしずくの跡が鼻面まで筋になって残っていた。彼はたしかに泣いていたのだ。私の頬にも同じように涙が伝い落ちるのがわかった。

第十一章　尻尾の表情が語るもの

犬が話す言葉を理解していないと、自分も他人も厄介な目に遭う場合がある。ある日私はスティーヴから電話を受けた。彼は教育学の教授で、大学の会合で何度か顔を合わせたことがあったが、何かひどく動揺したようすだった。

「助けてほしいんだ」と彼は言った。「うちの犬のベーグルが何だか急に性格異常になったらしい。前ぶれなしに攻撃するようになってね、昨夜は孫に嚙みついた。娘は犬をどうにかしないかぎり、わが家には二度と子供を連れていかないと言っている。処分すべきだ、子供を嚙んだ犬は薬殺するしかないとね。でも、けっしてわるい犬じゃないし、いい方法はあるだろうか」

その晩早めに、私はスティーヴの家を訪ね、彼は戸口で私を迎えた。彼のうしろにビーグル犬がいて、状況を呑み込むと挨拶の吠え声をあげ、嬉しそうに身をくねらせながら前に出てきた。私は犬の胸と耳をさすった。「こいつが例のベーグルだよ」とスティーヴは言った。「いつもはこんなふうに、人なつこいんだが、最近では何をするかわからない。私も妻も嚙まれ、そして今度は孫のデニーだ。どうすればいいんだろう。愛しているんだが、危険な精神異常の犬とは暮らせないしね。もしどうしても……」スティーヴは声を詰まらせ、悲しげに犬を見やった。

私はまったく驚いてしまった。ビーグル犬にはたしかにいくつかくせがある。地面に鼻をくっつけるようにして夢中でかぎ回っているうちに道をそれてしまい、主人が必死に呼んでもまるで応じないことも多々ある。いささか頑固で独立心旺盛なため、「すわれ」「来い」「伏せ」などの命令をなかなか覚えようとしない。また、近くで何か起こると、すぐに気が散ってしまう。興奮したときの「歌うような」朗々とした吠え声がうるさいという人もいる。だが、ビーグル犬は情が深く、攻撃性が低いのでペットとしてはつねに人気が高い。元気のいい子供が大勢いる家では楽しい遊び相手になり、お年寄りがいる家でも何の不満もなく長椅子の飾りの役目をはたす。おまけに、ビーグル犬は一般におとなしくがまん強いことで知られている。初対面のベーグルも、ふつうのビーグル犬と変わらないようだったので、私は大いに不思議に思った。

私が腰を落としてベーグルをなでているあいだ、スティーヴはくわしい話をした。「彼にはずいぶんたくさん玩具を買ってやった。ゴムでできた弾力性のあるものとか、押すとピーッと鳴るふわふわしたものとか、皮のおしゃぶりとか。彼はいつも玩具をくわえて長椅子に跳び乗ると、それをかじるんだ。デニーがなでようとしたときも、そんなふうに玩具で遊んでいた。でも、すごくようすがおかしかった。ベーグルは立ち上がると嬉しそうに孫を見つめたんだが、デニーが手をのばしたとたん、唸っていきなり嚙みついたんだよ！」

私の頭にふと疑問が湧いた。「スティーヴ、犬が奥さんを嚙んだときは、どんなふうだった？」

「とくに変わったことはなかったなあ。似たような感じだった。やっぱり長椅子の上で玩具をかじっていたとき、妻がそばに行くと立ち上がって嬉しそうに挨拶をしかけたと思ったら、唸って嚙みついたのさ」

私は状況がつかめたように思った。「スティーヴ、何かをかじっていたり、食べていたりするときに人が近づくと、犬はおびやかされたと感じることは知ってるだろう？　人がなでようとして手をのばすと、犬は玩具をとられると思い込む可能性がある。犬から食べ物や玩具を奪うと、攻撃的な反応を引き出しかねないんだ」

スティーヴは私の顔を見つめ、教育学の教授が頭のにぶい学生にむずかしい概念を教えるときのような調子で、こう言った。「もちろん、それはわかっているさ。まず最初に、ビーグルはそんな犬じゃないってことを、理解してもらいたい。だからこそきみに来てもらって、何がおかしいのか実際に調べてほしかったんだ。私は犬のことなら人間のことと同じほどよくわかってる。犬が警戒したり、歯をむきだして低い声で唸っているときは、私だって手を出さない。ましてや四歳の孫を近づけたりはしないさ。でも、そうじゃなかった。彼は立ち上がって見つめたんだ——孫の目をまじまじとね！　尾も振っていた。なのに、デニーがなでようとすると、唸って嚙みついたんだ！」

「わかった。その尾の振り方はどんなふうだった？」

スティーヴの声は、無意味なくだらない質問で授業の進行をさまたげる学生を相手に、うんざりした教授のようになった。「わかってるだろう。犬が嬉しいときに左右に尾を振る、あれだよ」スティーヴはにぶい生徒にもわかるように、私の前で腕を左右に動かした。

「スティーヴ、もうちょっとだけ。そのときの尾は低めか水平で、大きく左右に振られ、腰まで動かしていたかい？」

スティーヴは意表をつかれたようだった。そのときのことをはっきり思い出そうとするかのように、目を細めた。「いや、そんなふうじゃなかったね」

「尾が高く上がっていた？」スティーヴはうなずいた。「ほとんど垂直に立てていて、シュッシュッと大きく振るのではなくピリピリ震えるような感じだった？」私が手でその動作をして見せると、スティーヴはまたうなずいた。

そのあとの私の仕事はいたってかんたんだった。スティーヴに、犬の尾の振り方はすべて同じではないのをわからせればよかった。たしかにある種の尾の振り方は、嬉しさを表わす。だが、尾の表情はそのほかにも恐怖や不安から挑戦的な威嚇、それ以上近づいたら嚙みつくぞという警告まで、さまざまなことを意味する。

ベーグルの場合は、やはり自分の玩具を守りたかったのだ。彼は近づいてくる相手に挨拶しようと尾を振ったわけではない。相手が近づいたとき、彼は立ち上がり、目を見開いて威嚇のにらみをきかせ、尾を高く上げて警告を発したのだ。その尻尾は「下がれ！　これは渡さないぞ！」と言っていた。スティーヴの孫がその警告を無視したとき、ベーグルは自分の知っている唯一の方法で実力行使に出た――嚙みつくことである。ベーグルの尻尾が伝えるメッセージを理解することが、問題解決の第一歩だった。

尾を振る動作は、人間の笑顔や礼儀正しい挨拶、同意を表わすうなずきなどと似たところがある。笑顔は社会的な信号で、人間は近くでだれかが見ているときに微笑むことが多い。また、テレビを見ているときや、特別な人のことを考えているときなど、擬似的社会状況でも微笑みが浮かぶ。犬は人間やほかの犬に向かって尾を振る。猫、馬、ネズミ、あるいは蝶にまで尾を振る。だが、ひとりでいるときに、無生物に向かって尾を振ることはない。食べ物の入った皿を床に置くと、犬はあなたに尾を振って感謝を表わすだろう。だが、犬が誰もいない部屋に入ってきて食べ物の入った皿を見つけた場合は、やはり嬉しそうに食べ始めるが、少しばかり興奮して体を震わせることはあっても、尾は振らない。この例からも、尾を振るのが意思伝達手段すなわち言葉であることがわかる。私たちが壁に向かって話しかけたりしないように、犬は生命をもたず社会的反応がないものにたいして、尾を振ることはない。

犬の尻尾はその精神状態、社会的順位、意思などについて雄弁に語る。尻尾がコミュニケーション手段として使われるようになったいきさつは、興味深い。

犬の尾は、もともとは体のバランスを調整するために生まれた。犬が走っている途中で急に方向転換が必要になったときは、まず目指したい方向に上体をひねる。それから腰の向きを変えるのだが、速度がついているため後軀は惰性でそれまで走っていた方向に向かい続ける。この運動が抑制されないと、犬の後軀は大きく揺れ、その結果走る速度が落ち、勢いあまって転倒しかねない。それをふせぐのが尻尾だ。尾をいまから向かう方向に曲げると、それが錘《おもり》の役目をはたし、よろめかずに方向転換ができる。犬は細いものの上を歩くときにも、尻尾を使う。体が傾くたびにその反対方向へ尾を曲げて、バランスをたもつのだ。これはサーカスの綱渡りが、バランスをとるために竿を使うのと同じである。というわけで、尾は特殊な運動に重要な役目をはたす。だが、犬がふつうの地面に立ち、ふつうの速度で歩くときはその必要がないため、尾はほかの目的に使われるようになった。進化は尾の存在を、コミュニケーションに利用したのだ。

子犬は生後間もないころは尾を振らない。私が見た中で、最も早い時期から規則的に尾を振り始めた子犬は生後十八日で、ブリーダーも私もこれはきわめて例外的だと意見が一致した。犬種によっていくぶんちがいはあるが、調査データによると、一般に生後三十日で約半数の子犬が尾を振るようになり、この行動が確立されるのがだいたい生後四十日である。

子犬が尾を振るようになるまで、なぜそれほど時間がかかるのか。子犬は、社会的コミュニケーションが必要になって初めて尾を振るようになるのだ。生後三週間くらいまで、子犬はたいてい食べて寝るだけである。きょうだいたちとも眠るときに寄り添ってまるくなったり、お乳を吸うときに一緒に群がるだけで、とくにまじわりはない。尾を振ることはこの時期でも肉体的には可能だが、実行はしない。

生後六、七週間（尾を振る行動が目立ち始める時期）になると、子犬はたがいに社会的にまじわるようになる。その社会的なまじわりとは、心理学者の言う「遊び行動」である。遊びを通して子犬は自分の能力を知り、環境に適応する方法を学び、何より重要なのは、ほかの個体との共存方法を身につける。子犬はきょうだいを嚙むと嚙み返されること、そして相手を怒らせると遊びが終わりになることを学びとる。この時点で、子犬は犬の言語も学び始める。この社会的意思伝達能力がどの程度遺伝子に組み込まれたものか正確にはわからないが、学習がこうした信号の実践と解読に欠かせないことは明らかである。子犬は自分が出す信号と母親やきょうだいから送られる信号との関係を、それらが引き起こす行動から学びとっていく。そして自分の意図を示す信号を使って、衝突を避ける方法も学ぶようになる。このときに、尾を振る行動が始まるのだ。

衝突が起こりがちな場面のひとつが、食事のときである。子犬は母犬の乳を吸うために、乳首を目指してきょうだいたちと体を寄せあわねばならない。それはついいましがたまで、たがいに嚙んだり、つきとばしたり、追いかけたりしていたのと同じ子犬同士である。いまは平和な時間だと合図を送り、ほかの子犬の恐怖や攻撃の反応を鎮め、一緒に母犬の乳首に群がるために、子犬は尾を振るようになる。子犬が振る尻尾は、きょうだいにたいして休戦を告げる旗なのだ。さらに成長すると、子犬は群れのおとなたちや家族に食べ物をねだるときに、尾を振るようになる。子犬はおとなに近寄ってその顔をなめ、尾を振って悪意はないことを示す。生まれて間もない子犬が尾を振らないのは、ほかの犬のご機嫌をうかがう必要がないためだ。犬同士のあいだにコミュニケーションが必要になったとき、子犬は尾を使う信号を急速に学びとっていく。

尻尾による信号には、情報を伝える要素が三種類ある。位置と形と動き方だ。犬の目はこまかな部分や色よりも動きにたいして敏感なので、尾の動き方は非常に重要な要素である。尾はほかの犬たちに見えるように、大きくあるいはこまかく振られる。

進化は、尻尾を目立たせるように、そのほかにもいくつか細工をほどこした。狼などの野生の犬族は、遠くからもよく見えるふさふさした尾をもっていることが多い。そのうえ、尻尾の信号がわかりやすいように、多くの尻尾には特別な色がついている。尻尾の内側のほうが色が明るく、尾を高く上げる信号が、尾を巻き込むなどの信号とはっきり見分けられるようになっている。また、尻尾の先に目立つ色のある犬も多い。ふつうは尾の先にゆくに従って毛の色が明るくなるか、先だけ白かったりする。また、尾の先が目立って黒っぽい犬もいる。どちらの色の場合も、尻尾の先端を目立たせ、尾の動きや位置をわかりやすくさせている。

尻尾の位置

ここで尻尾の位置についてお話しするが、尻尾が送るどの信号にも三つの要素が組み合わさっていることを忘れないでいただきたい。ほかの信号と同じように、さまざまな要素の組み合わせが、意思を豊かに正確に伝えるのだ。忘れてならない大切な要素が、もうひとつある。犬種によって、尻尾を上げる高さにちがいがある点だ。尻尾の位置が伝える信号は、それぞれの犬のふだんの尾の位置との比較で読みとる必要がある。この問題については、あとであらためてご説明しよう。

〈尻尾が水平につき出されるが、緊張はしていない〉これは注目のしるしである。「何か面白いことが起こりそうだぞ」といった意味である。近くで何かが起こったり、遠くから誰かが近づいてきたときに、この動作が示される。風で運ばれてきた匂いがきっかけになることもある。この動作には威嚇の意味はないが、尻尾が緊張し始めたときは、犬が状況の変化を感じとった証拠である。

〈尻尾が緊張してまっすぐ水平につき出される〉緊張した尻尾は、攻撃の要素をふくんでいる。

よそ者や侵入者に対面したときの最初の威嚇の一部である。「どっちがボスかはっきりさせようじゃないか」といった意味で、知らない犬同士がかわす警戒ぎみの挨拶の始まりになる。二頭の犬がちょっとした食べ物や玩具を同時に見つけたときなど、争いにつながる場面でもこの動作が見られる。優先権を手に入れることは群れのリーダーや第一位の犬を意味するから、威嚇の結果は重要である。このやりとりが実際の攻撃につながることはめったにない。片方の犬が状況を判断して、（おそらくそれまでに争った体験から）引き下がるため、衝突は回避される。

尻尾の位置によって、それが伝える意味は変わってくる。緊張した尾の高さが少し上がった場合を見てみよう。

〈尻尾が水平と垂直の中間くらいの角度で上がっている〉これは優位の犬の信号である。緊張した尾は、近くにいる全員にたいして自分の優位性を宣言するしるしだ。犬は実際には挑戦されていないが、挑戦される可能性を予測している。この尻尾の信号は「ここではおれがボスだ、嘘だと思うならかかってこい」と解釈できる。

尻尾が高い位置にあるが緊張しておらず、先端がわずかに動いているときは、完全に自信をもっている証拠である。

〈尻尾が上がり、背中のほうにやや曲げられている〉「わたしがボスだ。それはだれだって知ってる」を意味している。自分の支配力を確信している、自信のある優位の犬の表現である。この犬は誰からも挑戦されることなく、すべてが自分の考えどおり、思うがままに運ぶことを期待している。

私は、支配性を示すときに犬が尾を高く上げるようになったのは、なぜだろうと前々から考えていた。偶然にもある言い伝えが、その答えにヒントをあたえてくれた。それはダライ・ラマが、外交と講演会のためにヴァンクーヴァーを訪れたときのことだ。ダライ・ラマはチベット仏教の教主で、一九五九年まではチベットの政治的指導者でもあった。ヴァンクーヴァーでは講演会に続いて大学で特別レセプションが開かれ、私も招かれた。ラマの身辺は警護が固く、会場は政府要人であふれ返っていたので、彼と直接話すことはできなかった。だが、私は彼に随行した大勢の僧侶のひとりと、雑談する機会がもてた。

私に興味があったのは政治や宗教ではなく、例によって犬だった。このときの話題はラサ・アプソ。チベット原産とされている四種類の犬種のうち、最も歴史が古く、人気の高い犬である。小型犬で、肩までの体高が二十五センチほど、体重は五キロほど。長くて絹のような被毛、垂れ耳、巻き上がった尾、つぶれた顔をもっている。伝説の獅子に似ていると言われ、少なくとも千三百年の歴史がある。仏教の僧侶とかかわりが深く、愛玩犬や番犬として飼われていた。この小さな犬を、死を間近にした僧侶の部屋に連れていくならわしもあった。僧侶がべつの人間に生まれ変わるまで、ラサ・アプソが僧侶の魂を宿すと信じられていたのだ。そんなふうに聖者の魂と結びつきが深いところから、この犬は珍重された。昔から歴代のダライ・ラマが、ラサ・アプソを中国の皇帝に献上もしている。この犬について祖国の人に話を聞けば、新しい情報が得られるかもしれないと、私は考えた。

ラマに随行した僧侶のひとりは、英語が非常に堪能で、親切に話してくれそうだった。私が犬の話をもち出すと、彼は声をたてて笑った。ほかの人たちの話題がみな政治など重い内容ばかりだったせいだろう。それでも彼は喜んで話してくれた。

「あの犬の評価が急速に高まったのは十七世紀でした。大五世と呼ばれたダライ・ラマ五世の時代です。大五世は軍事と政治の指導者で、モンゴルと同盟を結びました（彼はチベットでダライ・ラマ政権を樹立し、政教両面で支配をおこなった）。大五世はまた、民間の風習や伝承にも精通していて、面白い話をよく聞かせました。そのひとつが、ラサ・アプソの尻尾にかかわる話です。モンゴル人と中国人は、戦いでよく犬を使いました。ラマによると、仏さまは自分の犬たちに軍隊の指揮官がもつ旗と同じ役目をする尻尾をあたえたというのです。高く掲げられた旗は、軍隊に指揮官のいる場所を教え、兵士は旗を目印に命令を理解したり、敵の侵入をふせぐために集結したりします。大五世は強い犬の尻尾が高く巻き上がっているのは、そのためだと言いました。尾が犬の旗なのです。大五世はその尻尾をもてるのは戦う犬だけで、ラサ・アプソには尻尾がなくてもいいはずなのだがと笑いました。でも、その後彼は考えを改めることになりました。それは大五世がラサにポタラ宮を建造したあとの話です（犬の名前の由来となったラサにあるポタラ宮は、ダライ・ラマが使っていた美しい冬の宮殿である）。

大五世には、彼の命をねらう政敵が大勢いて、ある晩、ダライ・ラマが眠っているときに、暗殺者たちが宮殿の中に侵入しました。彼らは外をかためる兵士たちを倒し、ラマの寝室を警護する衛兵の一団にこっそり忍び寄ったのです。そのとき突然、ラマの部屋で眠っていた小さなラサ・アプソがけたたましく吠え始めました。それでラマの身辺を守る兵士たちが賊に気づき、ほかの兵士たちを呼び集めたのです。気づかれたため、暗殺は不首尾に終わりました。ラサ・アプソは立派に警護の役目をはたし、ダライ・ラマの命を救ったのです。そのあと、大五世は犬に『おまえの尻尾はたしかに飾りではなかった。おまえの戦旗を高く掲げ、大いに誇りをもつがいい』と話しかけたそうです」

私はこの魅力的な話を忘れたことはなく、尾を高く上げた犬を見るといつも思い出す。のちに一連の映像で狼が狩りをする前後のようすを見たとき、高く上がった尾が犬の戦旗だというのは、真実の的を射ていることがわかった。映像の中で、狼の群れはいつもリーダーのまわりにたむろしていた。何頭もが動きまわる中で、はっきり見分けがつくのはリーダーだけということが多かった。リーダーの尾はまさに旗のように高々と上がっていて、その居場所がつねに確認できたのだ。

尻尾すなわち群れを集める旗という考え方にさらに確信がもてたのは、高く上げた尾の効果を、さまざまな場面で観察したときだった。たとえば、リーダーが尾を緊張させずにのんびり歩いているときは、群れのメンバーはその動きにほとんど注意を払わず、めいめい自分のしたいことをしている。だが、リーダーが尾を高く上げて平原を歩き出すと、メンバーはそちらに目を向けるだけでなく、リーダーのそばに移動し始める。第一位の狼はこの尻尾の信号を使い分けているようだった。狩りのために仲間を集めるときには、尻尾を高く上げた。また、見慣れぬ動物が近づいたり、脅威につながりかねない妙な気配に気づいたときも尻尾を上げた。彼の高々と上がった尾は、群れをまわりに集める効果があり、それはモンゴルの指揮官が掲げる旗が、軍隊を集めるのと同じだった。

尻尾の位置が低くなると、伝える内容が変わってくる。

〈尻尾が水平よりも低い位置にあるが、両脚からは離れており、ときどき穏やかに左右に振られる〉これはとりあえずは心配ごとのない犬の信号である。「のんびりした気分だ」「すべてこともなし」といった意味を表わしている。

〈尻尾が後ろ脚の近くまで下がっている〉この尻尾の位置は、犬の姿勢によって意味がちがってくる。後ろ脚がまだまっすぐで、尾が狭い幅でゆっくり左右に振られているときは、「あまり気分がよくないな」という意味である。これは病気だったり、少し痛みを感じている犬がよく発する信号だ。この信号は肉体的不調ばかりでなく、精神的な不快感も表わし、「ちょっと落ち込んでいるんだ」と解釈できる場合もある。

姿勢がちがうと、この信号が伝える意味も変わる。後ろ脚がやや内側に折れて、尻が下がりぎみなときは、意味に不安や弱気の要素が入りこんでくる。基本的にこのときの尻尾の信号は「少しばかり不安だ」を意味する。これは慣れない環境に置かれた犬によく見られる信号だが、家族のメンバーが出かけていくのを見て、いつも一緒にいる相手がしばらくいなくなることに不安をもつ犬も、この信号を発する。

〈尻尾が後ろ脚のあいだに巻き込まれている〉尻尾が完全に下がると、信号の意味は不安や精神的不快感から、恐怖へと変わる。この位置にある尻尾は、「こわい！」「いじめないで！」と解釈できる。

この尻尾の位置はおもに恐怖を表わしているが、べつの犬の攻撃を避けるための和解信号に使われる場合もある。強い力をもつ支配的な犬や人間を目の前にしたときに、この信号が発せられることが多い。こうした状況では、この尻尾の信号は「群れの中で劣位に甘んじます。あなたに逆らうことはしません」あるいは「あなたにはこのとおり、完敗です。あなたの実力を

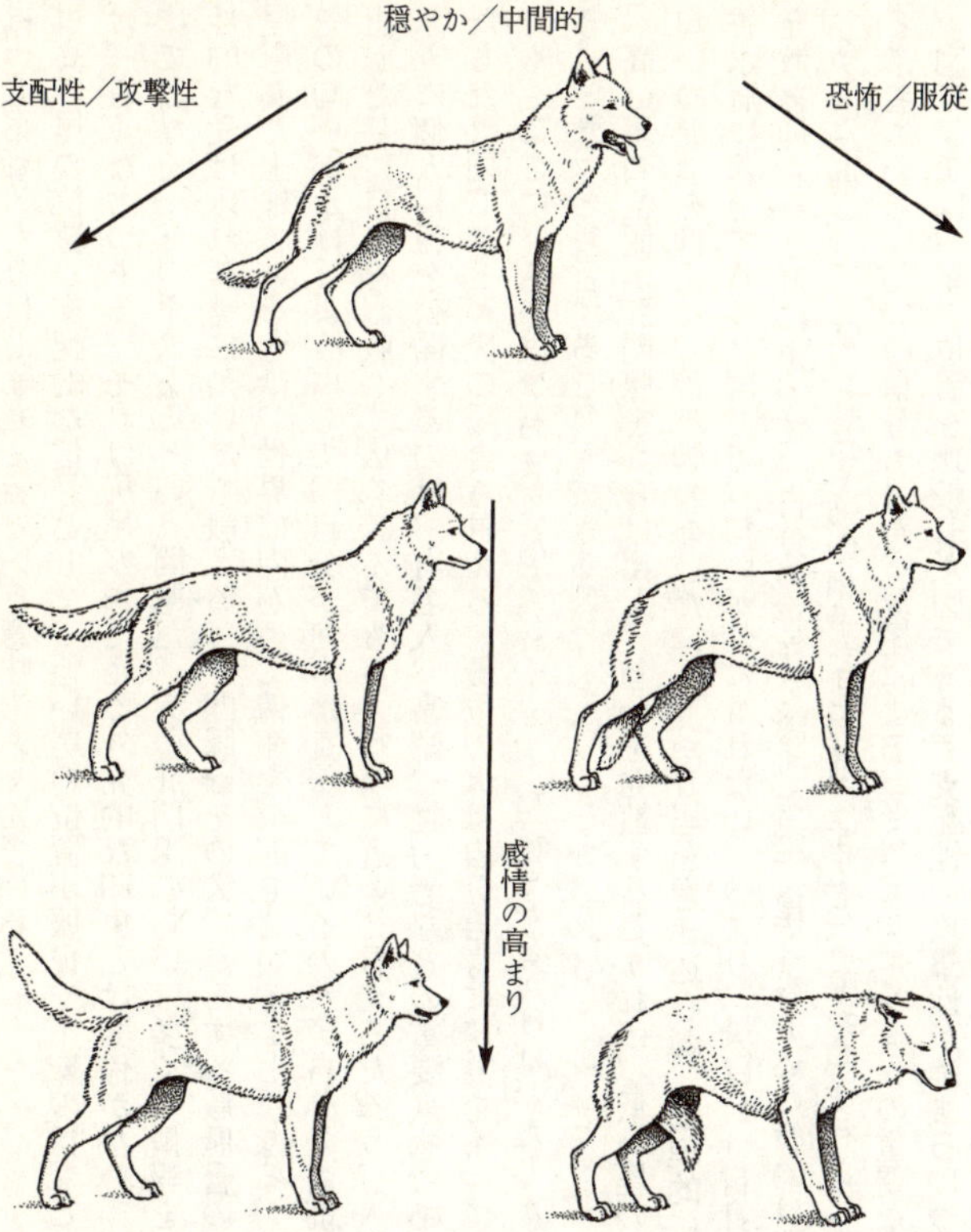

図11－1　基本的な尻尾の位置。上：穏やかに注目する犬。左側：支配性や攻撃性が強まるにつれ尾が高くなる。右側：恐怖や服従の度合いが強まるにつれ尾が低くなる。

けっして疑ったりはしません」という意味もふくんでいる。

高い尾の位置が支配的な信号として、低い尾の位置が服従や不安の信号として進化した理由は、もうひとつある。それは尻尾があたえる外見的な印象とは関係がない。肝心なものは尻尾にではなく、その下にあるという問題だ。犬の肛門腺の匂いは多くの情報を伝え、犬の感情や性的な受け入れ態勢についても教える。肛門腺はその犬にかんする履歴書のようなものなのだ。尾を高く上げている犬は、世界に向かって情報を公開していることになる。近くにいる誰にもその匂いがかげるようにして、自分が何者か宣伝しているのだ。自分の名前をライトで照らし出したり、自伝を出版して広く読んでもらう行為に近いと言えるだろう。人間の場合、そんなふうに個人情報を公開するのは、有名人、富豪、権力者などの重要人物であり、自信のある人たちだ。同じことが犬の場合も言える。優位の犬は自分自身に誇りをもっており、誰にたいしても「ここにいるのは、おまえたちのリーダーだ。匂いをかげばわたしが何者かわかるだろう」と堂々と宣言することができる。

高い尾の位置が肛門腺をさらけ出し、匂いを発散するとすれば、低い尾の位置は当然ながら匂いの発散を抑える。後ろ脚のあいだにしっかり尾を巻き込むと、物理的に肛門腺は隠され、香水瓶に蓋をするのと同じで、匂いが外にもれない。つまり、犬は自分自身を証明する匂いの発散を抑えることによって、自分の存在を隠すのだ。尾を巻き込む行為は、不安をもつ人間（とくに子供）が、強い存在や怖い相手を目の前にすると、顔を隠す行為に似ていると指摘する学者もいる。匂いの信号もまた、尻尾によるコミュニケーションの重要な要素なのだ。

図11－1は、尾の位置を比較した図である。支配性や攻撃性が強まるにつれて、尾の位置は

高くなり、恐怖や服従の度合いが強まるにつれて、尾の位置は低くなる。

尻尾の形

先にお話ししたとおり、尻尾の位置が伝える情報は、いくつかの要素で変わってくる。そのひとつが尻尾の形だ。

〈尻尾の毛が全体に逆立つ〉犬にとって尻尾の形を変える最も手っとり早い方法が、毛を逆立てることである。一般的に言って、犬の頸部から背中にかけての毛を逆立てる脳の中枢は、尻尾の毛も同時に逆立てる。犬の背中の毛が逆立つのと同様に、尻尾の毛が逆立つのは攻撃のしるしである。だが、これはまた独立した信号として、尻尾の位置の信号に少しばかり威嚇の意味を加える働きもする。というわけで、尾が水平につき出されているとき、その毛が逆立っていれば、「どっちがボスかはっきりさせようじゃないか」の意味から、「どっちがボスかはっきりさせよう、あんたがその気ならこちらも闘うぞ」に変わる。尻尾が高く上がり、背中のほうに曲げられた状態で毛が逆立っているときは、「ここではわたしがボスだ。おまえなんか怖くない。逆らう気なら攻撃するぞ」の意味になる。尻尾が低く垂れ、しかも毛が逆立っているときは、「心配で落ちつかない。そっちがしかけてきたら、闘うしかないな」を意味している。

〈尻尾の先の毛だけが逆立っている〉尻尾全体の毛が逆立った状態は、かならず攻撃を意味しているが、とくに尾の先が上がっていてしかもその毛が逆立っているときは、攻撃ではなく恐怖、不安あるいは依存心の要素が加わる。というわけで、尾が垂れていて（ただし脚のあいだに巻き込まれてはいない）、先の毛が逆立っている場合は「今日は気分が重い」と言っているのだ。こんなときわが家の犬たちは、しばらく相手をしてやるとたいてい回復する。それが効き目のない場合私は、ふさいでいるのは病気のせいではないかと調べることにしている。

〈尻尾が高く上がり、蛇行する感じで曲がっている〉外見が狼に近い犬によく見られる、変わった尾の形である。ジャーマン・シェパード、ベルジアン・シープドッグ、あるいは北方系の犬種は、尾でこの形を作る。尻尾が蛇のようにくねくね曲がったS字形に見える。これは、すぐにも攻撃にかかるつもりであることを、はっきり表わす信号である。この信号が、とくにほかの支配性や攻撃の信号と重なっているのを目にしたら、人も犬も退却したほうがいい。この信号は「うせろ! 出ていかないと攻撃するぞ――いますぐに!」と解釈できる。

〈尻尾の先が曲がっている〉これはほかの信号に、中程度の威嚇の意味を加える。「下がれ。わたしを怒らせないほうがいい、さもないと攻撃するぞ」と言っているのだ。尾が曲がっているかどうかに注目したほうがいい。目立たないことも多いが、見逃してはならない。犬が攻撃的になっている証拠で、実際に嚙みつかれかねないからだ。

尻尾の動き

尻尾のさまざまな動きは、声や姿勢などによるほかの信号を補足したり、べつの意味を加えたりする。

〈素早く尻尾を振る〉これは興奮や緊張のしるしである。一般的に、尻尾を振る激しさや速度は、興奮の度合いを表わす。興奮の度合いを測るには、尻尾の揺れの大きさとは関係なく、尻尾が振られる速度に注目することが大切である。尻尾の揺れる幅は、犬種によって異なるから注意が肝心だ。たとえば、長い尻尾をもつ猟犬は、ニンジン型の尻尾をもつテリア（尾を振っても、ピリピリ震えている程度にしか見えない）より、たくさん尾を振るように見えるだろう。だが、どちらの場合も、速い速度で振られる尾は単純に犬の興奮状態を表わしている。かたや尻尾の揺れ幅は、犬の興奮の度合いではなく、感情が肯定的か否定的かを伝えるものだ。

〈狭い幅でほんの少し尾を振る〉これは挨拶のときによく見られる。知らない相手を迎えるとき、あるいは人間のご主人や家族のメンバーが帰ってきたときに、犬はこの挨拶をする。人が実際に犬の存在に気づく前に起こることが多い。とりあえずの「こんにちは」、あるいは期待をこめた「わたしはここにいますよ」の意味に解釈できる。

飼い主が部屋に入る途中や仕事の合間にふと犬に目をやったとき、この尾の振り方がされる場合もある。「わたしのほうを見てますね。わたしを好きなんでしょう？」と言っているのだ。これは相手から注目されたことへの反応であり、犬が人間の優位性を認め、親愛の情やなぐさめを求めている合図である。

〈尻尾が大きく振られる〉これは親しみをこめた「あなたに逆らったり、脅しをかけたりはしませんよ」の信号である。「きみが好きだ」の意味で使われることもある。犬同士が攻撃の真似ごとをして、跳びかかったり、唸ったり、吠えたりしながら遊んでいる最中に、この尾の振り方がされることも多い。騒々しく暴れ回りながら、尻尾を大きく振るのだ。相手の犬（あるいは人間）に、これはすべて遊びだと確認させる意図をもっている――子供が警ドロで遊んでいる最中に、相手を指のピストルで撃つ真似をして、おどすような声で「つかまえたぞ！　おまえを殺してやる！」と叫んでいるにもかかわらず、顔は楽しそうに笑っているのと同じだ。

大きく振られる尾は「嬉しいな」を意味する場合も多く、この尾の振り方は、一般的に「嬉しいときの尾の振り方」と考えられているものに最も近い。

〈大きく尻尾を振ると同時に腰も左右に振る〉これはとくに長いあいだ留守にしたあとの挨拶で見られる。犬にとっての「特別な人」――犬が最もよく言うことをきく相手――が、部屋に入ってきたときの反応でもある。また、犬が初めての命令を学ぶとき（たとえば、「来い」と言われてこちらに歩いてくるとき）にも起こる。この尻尾の振り方は、最高にしあわせな状態を表わすように思われがちだが、実際にはもっと複雑で、犬とかかわる人間の社会的優位性を示している。最高のへりくだりを表わす信号であり、「偉大なるリーダーさま、わたしはここにおります。何でもお言いつけどおりにいたします。ですからわたしをいじめないで、だいじにしてください」といった意味になる。

犬が「偉大なるリーダー」に真剣に取り入ろうとして、「どこへでもおともします」のメッセージを伝えようとするときは、腰が落とされ、尻尾を振るとほとんど床を掃くような感じになる。同時に頭がやや上がるので、まるで懇願するような姿で、犬は人の顔をなめたり、目の前の空気をなめたりする。これほどの愛情と敬意を示されると、私たちはその真剣さに打たれ、犬を受け入れ、頭をなで、声をかけ、守ってやりたくなる。これはまさに群れのリーダーがもどってきたり、近寄ってきたときに劣位の犬が示す行動である。これが伝えるメッセージは敬意であり、穏やかな服従であり、あらゆる攻撃の可能性を回避することである。

〈尻尾をなかば上げて、ゆっくり振る〉これは尻尾によるほかの信号のように、社会的なものではない。犬を訓練するとき、私はこれを「わたしはあなたを理解しようとしています。でも、何がしてほしいのか、よくわからないんです」と解釈している。犬がついに問題を解決すると、みるみる尻尾が速く、大きく振られるようになり、やがては「偉大なるリーダーさま、何でもお言いつけを」の振り方が始まる。

大まかに言って、尻尾の位置がとくに支配的（高い）でも、服従的（低い）でもなく、尾がゆっくり振られる場合は、不安を抱いていたり、つぎにすべきことがわからない合図である。だれかが自分の家や縄張りに近づくのに気づいた犬が、よくそんなふうに尾を振る。よそ者のほうに一、二歩足を踏み出して、ゆっくりと尾を振ってから、家族や群れのほうを振り返り、もう一度ゆっくり尾を振って、またよそ者のほうを見るといったぐあいである。その尾の振り方はためらいの表われである。それが危険や脅威なのか、それとも喜ぶべきことなのか見きわめた瞬間、あるいは自分のとるべき行動を決めた瞬間、その尾は上がるか下がるかし、この「ためらい信号」は、べつのもっと明確な信号へと変わる。

人間の介入と犬種による尻尾のちがい

尻尾の信号の表われ方は、実際にはさまざまにちがう。それは犬種によって尻尾の形や正常なときの尻尾の位置が異なるためだ。人間が犬種ごとに外見に手を加え、規格を設定するとともに、尻尾の「基準」も決められた。尾を低い位置にたもつことが要求される犬種もあれば、高い位置、あるいは中間の位置にたもつことが要求される犬種もある。正常なときの尾の位置が規定より高すぎたり低すぎたりする犬は、ドッグ・ショーではマイナス点をつけられる。生まれつきまっすぐにつき出た尾、背中に巻き上がった尾、あるいは脚のあいだに垂れている尾が良いとされる犬種もある。また、ふさふさした「飾り毛」のついた尾が要求される犬種もあれば、尾に長い毛があってはいけない犬種もある。そして尾に一定の長さが要求される犬種も、尾がないことがよしとされる犬種もあるのだ。

こうした多くの要求は、たんにショーのためや、「見かけ」のためにすぎない。だが、どの犬種も独特の機能をはたすように交配育種されており、犬種によってはその機能のために尻尾が欠かせない場合もある。とくに狩猟犬にはそれが言える。セターはその先駆けであるポインターよりも、ずっと速く地面を移動できるように作られた。そしてその尾の振り方で、猟師が獲物との距離を推測できるようにも作られている。獲物に近づくほど、尾の振り方が速くなるのだ。そのため、尾がよく目立つように、たっぷり飾り毛がついているほうが好ましかった。セターはいったん獲物の居場所をつきとめると、獲物を「指し示す」ために、尾の動きをぴたりととめる。尾の動きがとまると、猟師は犬が鳥たちのすぐ近くにいることを察知する。そして猟師は鳥が驚いて飛び立たないよう、足音をたてずに接近して仕留める。

北方の橇犬は、尻尾を高々と上げているのがふつうだが、これも機能的な理由からだ。橇につながれている犬たちが尾を高く上げていると、御者はその信号が見分けやすい。尻尾がいつものように高い位置にあるかどうかは、橇が動いている最中でもすぐにわかる。すべての犬の尻尾が上がっていれば、チームは張り切って走る用意ができている。一頭でも尾が下がりぎみになるとたちまち目につくから、御者は何か問題がないか調べることができる。尾が水平になったり曲がりぎみになれば、御者はチームのメンバーのあいだに衝突の気配を感じとれる。橇犬の尾がいつも中間の位置にあるとしたら、こうした信号は見分けにくいだろう。先頭を走る犬の尻尾が、そのうしろに続く犬たちの体で隠れてしまうからだ。尻尾の位置が高いおかげで、御者はチームについて重要な情報を得られるのだ。

牧羊犬の尻尾の位置は低いほうがいいとされている。彼らの尾はたいていいつも動かず、体の向きにそって後方にのびている。それは、牧羊犬が家畜の群れを特定の方向に移動させようとして、家畜を軽く噛んだり、にらみつけたり、うしろから勢いよく走ったりするためだ。群れが向かうべき方向は、犬の体の向きで指し示される。たとえば羊は、自分をにらみつけたり、自分のうしろを走ってくる犬と真反対の方向に移動する。群れをなす家畜は、犬の頭と体の向きを、自分たちが移動すべき方向を示す矢印として見ているようだ。牧羊犬が橇犬のように、尾を高く上げて左右に振っていたとしたらどうだろう。牛や羊の群れは信号が読みとりにくいため、犬の視線や体の向きから注意をそらし、牧羊犬が発するメッセージは明確に伝わらないにちがいない。

問題は、犬種の「標準」とされている尻尾の形や位置が、人間やほかの犬に発せられるメッセージをあいまいにしてしまうことだ。たとえば、激しく尾を振るアイリッシュ・セターは、興奮しやすい、あるいは活発すぎると受けとられがちで、落ちついているとか、内気だとはあまり言われない。だが、尾の位置が低く、それほど活発に動かないボーダー・コリーのような犬は、そう言われることが多い。実際には、ボーダー・コリーもセター系の犬と同じほど社交的なのだ。肝心なのは、犬種ごとの尾のちがいに応じて、それぞれに信号の読み方を学ぶ必要がある点だ。もちろん、しばらく犬と一緒に暮らしていれば、尾の表情の変化が読みとれるようになり、信号も容易にわかるようになるだろう。

人間が犬の尻尾の信号に、最も大きく介入しているのが、生まれたときに尾を切断する「断尾」だろう。当然ながら、尻尾をもたない犬は、尻尾による信号を送れない。

断尾については熱い議論が闘わされており、私はこの問題には複雑な思いを抱いている。反対派の意見（残酷であり、犬に苦痛と障害をあたえる）で、いくつかの国ではこの行為が禁止された。だが、ブリーダーがそもそもなぜ断尾をおこなったのかを理解しておく必要もあるだろう。断尾はたんにショーで犬の見映えをよくするための、ファッションとして始まったわけではなかった。断尾されがちなスパニエル種の多くは、非常に優美なふさふさした尾をもっていて、そのままのほうが、少なくとも私の目にはずっと美しく見える。犬の姿形に人間が手を加える多くの例と同じように、断尾が始まったのも、もともとはきわめて実際的な理由からだった。

その理由のひとつは、警護犬の断耳と共通している。侵入してきた賊は、犬の尾をつかめば、その動きを封じると同時に犬の牙を避けことができる。それをふせぐために警護犬の尾が根元近くから切断されたのだ。

だが、現在断尾されている犬は大半が警護犬ではない。尾の一部ないし全部が切られている犬は五十種以上におよんでいる。狩猟犬の場合、これはもともとは尾の損傷をふせぐための予防措置だった。狩猟犬は獲物を追って生い茂った藪やイバラやごつごつした岩の多い地面を走る途中で、怪我をすることが多い。とくに左右に激しく振られる尻尾は、すりむけたり折れたりしやすい。この傷は痛みが激しく、しかも治療が困難で、成犬は断尾以上の危険をともなう切断手術を受けねばならなくなる。あらかじめ断尾してしまえば、その危険が避けられるというわけだ。

これが理にかなっていることは、最近ジャーマン・ショートヘアード・ポインター種スウェーデン協議会がおこなった調査で確認された。一九八九年にスウェーデンで断尾が禁止されて以来、この犬種の尻尾の傷害が急激に増えたのだ。一九九一年に、同協議会は百九十一頭の断尾していない犬（年齢は二十四カ月から三十カ月）について調査をおこなった。驚くべきことに、その五一パーセントの犬が尻尾に傷を負い、医学的治療を受けていた。その傷害率の高さと傷の深刻さには、いくつか要因があると思われた。研究者は犬の活動量の多さと尾の振り方の激しさを要因にあげた。また、当然ながら犬が狩猟に使われた頻度と、地面の特徴も重要な要因と考えられた。灌木の生い茂った場所や、岩の多い場所で使われた犬は、沼地や平らな草地で使われた犬よりも、尻尾の怪我が多かったのである。

ラブラドール・レトリーバーのように、筋肉が充分についた太い尾をもつ犬は、断尾をしなくても怪我をする可能性が低い。ビズラの尻尾は脂肪が少なく茂みや岩場にも耐える筋肉をそなえ、つけ根に近いほうは非常に強靱だが、先のほうが上向きに曲がっていて障害物にぶつかりやすい。そのため、この犬種ではふつう尻尾の先三分の一だけが断尾される。

これらの理由で断尾をほどこすのは理解できるが、切断された尾は送る信号が制限されてしまう。犬の大切な意思伝達経路に支障が起きるのは、やはり気がかりだ。ここで、その事実を裏づけるデータと逸話をひとつご紹介しよう。私たちは犬を放して自由に遊ばせられる町なかの公園で、犬同士の関係を観察するという調査をおこなった。そして犬同士の接触を四百三十一件記録することができた。その大半（三百八十二件、八八パーセント）はごくふつうの挨拶行動をし、続いて追いかけっこなどの遊び行動に移ることが多かった。残りの四十九件は、接触している犬のうち一頭かそれ以上に攻撃的な要素が見られた。唸り声をあげ歯をむきだしても衝突にはいたらなかった場合も、実際に血が流れるほど深刻な喧嘩になる場合もあった。

観察された犬たちは、尾がない（断尾された可能性が高い）か、尾がある（自然のままの尾と一部切断された尾）かだけで分類された。尾の長さが十五センチ以下（小型犬は調査対象からはずした）の犬を「尾がない」と分類したのである。この場所では尾のある犬の割合がかなり高く、七六パーセントを占め、尾のない犬は二四パーセントだった。だが、攻撃的な接触では、尾のない犬がかかわった件数が二十六件（五三パーセント）にのぼった。尾のある犬とない犬の数の割合からすれば、尾のない犬がかかわる攻撃的接触の件数は十二件（二四パーセント）でいいはずだった。だが、実際の結果では尾のない（あるいは短い）犬は、長くて目立つ尾をもつ犬の二倍も攻撃を受ける率が高かったのだ。衝突の割合が高いのは、尾を使う信号が適切に送れず、相手の気持ちを鎮め攻撃を避けることができないためではないかと、思わざるをえなかった。

断尾にかかわる逸話をひとつご紹介しよう。トランジットという名のラブラドール・レトリーバーがその主人公だ。彼は情愛の深い典型的なラブラドールで、人によくなつき、犬たちとも穏やかに接した。飼い主のマークは彼をよく近くの公園に連れていき、柵のある場所で放して遊ばせた。マークの話では、トランジットはそこで出会ったどんな犬とも面倒を起こしたり、喧嘩をすることはなかったという。そしてある日、トランジットは自動的に閉まるガレージの扉にはさまれ、痛ましいことに尻尾がつぶされてしまった。すぐに獣医師の手当てを受けたが、尾をほぼすべて切断するしか方法はなく、残されたのは根元の部分の三センチほどだった。トランジットはすっかり回復し、人気の高さではつねにベストテン入りを続けるラブラドールならではの柔軟性で、（少なくとも人間が見るかぎり）性格はまったく変わらなかった。だが、マークはほかの犬たちがトランジットにたいして、以前より不審げな反応をすることに気づいた。初対面の犬に出会ったときは、前より挨拶の儀式に時間がかかり、回復して公園にもどったあと、三カ月のあいだに三回いがみあいに巻き込まれた。攻撃をしかけるのはつねに相手の犬だった。トランジットは、意思を正確に伝えられなくなったのだろうか。尻尾で語る能力をうしなって、以前のように相手をなだめる友好的な合図が明確に送れなくなったのだろうか。

これらのデータと逸話には、ほかの説明も可能だろうし、尾の長さ以外の要素もあるにちがいない。私には「予防措置」としての断尾は理解できるが、その結果生じると思われる意思伝達能力の減退は無視できない。そろそろこの議論に打開策が求められていい時期だと思う。部分的な断尾はどうだろう。尻尾の傷を負いやすい部分（尾の先であることが多い）を切断するだけにとどめ、犬同士のコミュニケーションに支障のない長さを残すのだ。残念ながら、この案は受け入れられそうにない。断尾にたいする反対派は、少しでも尾を切ることは犬に障害をあたえると主張し、賛成派はその程度切るだけでは犬にとって充分安全とは言えないと主張するにちがいない。

もうひとつの解決法は、もっと時間と労力を必要とする。強い尾をもつ狩猟犬と、短い尾をもつ警護犬を交配してはどうだろう。これは不可能なことではない。特徴の似通った犬の交配は、昔からおこなわれてきた。異なる犬種同士を交配して変化が現れるまで、犬種の基準をいくぶんゆるめる必要があるだろうが、やってみる価値はあると思う。だが、愛犬家がこうした「粗悪品」の誕生を許すとは思えず、この方法が受け入れられる可能性は少なそうだ。というわけで、私にいま尻尾がついているとすれば、両脚のあいだに低く垂らし、ほとんど動かしていないだろう。それが断尾の問題にたいする私の気持ちだ。

第十二章　体の表情が語るもの

私はあるとき、公園で犬を放すことを違法とする条例にかんして、市の公園委員会が開いた会議に出席した。その会議では、いくつかの公園内に犬が（飼い主の監視のもとに）自由に走り回れる場所の設定の是非について話し合われた。条例をそのように変えることに賛成と反対の意見が出て、議論はかなり白熱した。そんな中でひとりの女性が立ち上がり、熱っぽい調子で、犬を放す区域を設けることには断固反対だ、「犬は汚くて危険だから」と言った。私のとなりには大学の商学部で折衝法を教えている教授が坐っていて、彼は私のほうをちらっと見てこう言った。「新しい条例は三回、あるいは四回の投票で可決するでしょう。犬を放せる公園が確保できますよ」

「なぜわかるんです？」私は尋ねた。

「あの人たちがそう言ってます」と、彼は前の長いテーブルにいる委員会のメンバーを目で示した。

「この会議の前に聞いたんですか？」

「いいえ、いまそう言ってるんですよ。右側の男性をごらんなさい。身を乗り出してるでしょう。この意見に賛成なんです。彼から三人目の顎をなでている女性も同じです。ほかの人たちはどうでしょう。全員がいまの意見に好意的ではありません。二人は彼女から遠ざかりたいみたいに、うしろにそり返っていますし、一人は天井を眺めています。その横の男性は腕組みをしていて、そのとなりの女性は両手を握りしめ、唇をぎゅっと結んでいます。顔に指をあてている女性も、この意見に反対です。ただ一人賛成か反対かよくわからないのが、ひげを生やした男性です。頬づえをついているのは退屈している証拠です。賛成とも反対ともとれます。でも、体の傾け方から察するに、彼女の発言をばからしいと考えているようですね」

彼は人びとのボディランゲージを、きわめて正確に読みとっていた。犬を放して遊ばせる公園をいくつか指定し、一定期間試すという案が、四回の投票で可決された。あらかじめ意見を公表しなくても、委員たちは自分の気持ちや意向を体で正確に伝えていたのだ。

専門の交渉人、臨床心理学者、特殊な警察官、事業家の多くは、言葉以外のボディランゲージを読みとる技術を訓練で学ぶ。だが、たいていの人はとくにその技術を教わらなくても、だいたい同じことができる。図12－1をごらんいただきたい。描かれている人の姿は、それぞれ何と言っているだろうか。つぎの八つの言葉に結びつくと思われる図を、アルファベットで答えてみよう。

正解は、1－E、2－A、3－C、4－F、5－B、6－H、7－D、8－Gである。読者の多くは、正式な訓練を受けていなくても、難なくこのボディランゲージのほとんどを読み解けたにちがいない。こうしたちょっとした人の動作が伝えるものは、挨拶、支配性、怒り、悩

図12－1　以下の八つの人の形で、ボディランゲージを読みとる能力を試す。つぎに記された八つの言葉に、それぞれあてはまると思われる図のアルファベットを答え、正解と照らし合わせてみよう。

1　「やった！」
2　「どれも気に入らない」
3　「よく来たね」
4　「いいか、えらいのはこの私だ」
5　「じつに困った」
6　「ちょっと考えてみよう」
7　「何がどうなっているのか、さっぱりわからない」
8　「まったく心外だ、失望した」

み、興奮、潔白さなどなど、多くの複雑な内容をふくんでいる。これらの情報が、人の姿勢、手の位置、頭の傾け方、歩き方などで表わされる。

同じことが犬の場合も言える。犬は体の姿勢、前足の位置、歩き方などで、重要なことを伝える。そして人間と同じように、犬はボディランゲージで、感情や相手との関係について多くのことを語るのだ。

基本的なボディランゲージ

ボディランゲージによる社会的な優位性、攻撃、恐怖、服従の表現には、基本的な原則がある。犬は攻撃的・支配的になればなるほど、自分を大きく見せようとする。そして怯えて服従的になればなるほど、自分を小さく見せようとする。これはとくに目新しい説ではない。チャールズ・ダーウィンは一八七二年に、その著作『人間と動物の感情表現』の中で、すでにそれについて書いている。この基本原則がその他の体の動きと結びついて、どのようなメッセージが送られるのか実際に見てみよう。

〈四肢を緊張させて直立する、あるいは四肢をこわばらせてゆっくり前に進み出る〉これは、優位の犬が「ここはわたしの領分だ」と言っているのだ。また、自分の権威を確立するために必要とあらば実際の攻撃に出ることも示されているから、「おまえに挑戦するぞ」という意味もある。この姿勢は、ダーウィンによって描かれてもいる（図12－2）。

長いあいだ、この姿勢は犬の戦闘準備が整ったことを示すもので、攻撃は避けられないと考えられてきた。だが、事実はまったくちがう。優位な犬が実際に闘うことはめったにない。そ

図12－2　チャールズ・ダーウィンが描いた、優位性を確立しようとする犬（『人間と動物の感情表現』1872年）。

の必要がないからだ。狼などの野生の犬族の群れでは、流血を見ずに順位が決まるのがふつうだ。攻撃の脅しは、実際には儀式化された行動で、重要なのはその信号であり、それが予告する現実の行為ではない。「儀式（リチュアル）」という言葉は、「習慣」や「儀礼」を意味するラテン語の「リチュアリス（ritualis）」からきている。この行動パターンは、行為の準備というもともとの機能をうしない、意思伝達を目的とするものに変化した。威嚇に続いて現実に攻撃が起こることはまずないが、ふつうはこの信号を発するだけで、群れのメンバーにたいして優位性を確立するには充分な効果をもっている。

ではなぜこの姿勢が実際の攻撃準備を意味するかわりに、信号として意思伝達パターンのひとつになったのだろう。答えは、進化と種の存続にある。ちょっと考えてみよう。群れの中では、ささいな小ぜりあいが毎日のように起こる。その原因は、誰がどこで眠るか、誰が行く手をさえぎるか、誰が最初に食べるか、誰が遊びや交尾を最初にするか、などなど数多くある。この日常的ないさかいがつねに戦闘につながったとしたら、犬はエネルギーを使いはたし、自分の傷をなめたり癒したりするのに多くの時間が奪われるだろう。それでは個体としても群れ全体としても生存の可能性が低くなる。疲れて傷ついた動物は、狩りをすることも、身を守ることも満足にできないからだ。

そこで進化が働いた。優位性の信号を受け入れ、服従することを学んだ犬は、健康の点でもエネルギーの点でも生き延びやすかった。支配性を誇示し、相手の服従を待つことを学んだ犬は、実際に闘いをしかける必要はなく、やはり生存率が高まった。そのため、群れ全体が生き延び、子孫を増やすことができやすくなった。つまり、進化は群れを作る犬の中で、実際に攻撃に出ることが少ない個体に軍配を上げると同時に、恐怖心を誘う誇示行動を、犬の意思伝達システムの一部として残したのである。

二頭の犬が直立の姿勢をとり、優位性はだいたい同じだが、おたがいに脅威ではないと認めた場合は、挨拶のダンスが始まる。犬はまばたきをするか、一瞬視線をそらせ、ゆっくりたがいの脇腹のほうに向かい、それ以上にらみあいはしない。二頭はとなりあわせに立ち、どちらも尾を高く上げ、たがいの肛門のあたりをかぎ回る。これには二つの目的がある。おたがいに相手の性別と特徴を認識すること、そしておたがいに攻撃を恐れずに自分をさらけ出せるだけの自信を示すことである。これが終わると、二頭はおたがいのまわりを何度かぐるぐる回ったあと一緒に走り出して遊ぶか、べつべつの方向に向かう。

といっても、優位性を誇示するこの姿勢が、「ぜったいに」攻撃につながらないわけではない。これはコミュニケーションであるから、いったん信号が送られたあとの送り手のつぎの行動は、相手の犬の反応しだいなのだ。

〈体をやや前に乗り出し、脚は緊張させている〉これは攻撃を挑発する信号だ。この姿勢をとるのは、支配的な犬の「自分がボスだ」という宣言を、受け入れようとしない犬である。「あんたに挑戦してやる、闘うぞ！」と言っているのだ。この時点では、何が起こってもおかしくない。最初の犬があとに下がるか、少なくとも自分の優位性を誇示する姿勢をやめれば、対決は避けられる。相手を少なくとも自分と同等だと認めたことになるからだ。その意思表示がない場合は、二頭は接近を続け、実際に闘いが始まる。

信号のわずかな変化によっても、つぎに何が起こるかが読みとれる。この場合は、犬の背中の毛に注目することだ。

〈頸部から背にかけての毛が逆立つ〉体をこわばらせた直立の姿勢をともなわない場合でも、これは攻撃の可能性を表わす信号である。逆立てた背筋の毛は、「わたしを挑発するな！」「怒ったぞ！」を意味している。状況がちがう場合は、恐怖や不安を表わすこともある。

毛が逆立つパターンは注意深く観察する必要がある。犬の被毛は毛先が黒ずんでいることが多い。そこで頸部から背筋にかけての毛が逆立つと、毛先の黒さが目立つようになる。それによって犬はより大きく見え、支配的な表現が強調される。狼やある種の犬では、背中にはっきりと黒い毛の筋があり、肩の部分も黒ずんでいる。この毛色の特徴は、こうした信号が目立つように進化したものだ。

背中の毛が逆立つパターンは二つある。ひとつは、頸部から背筋にかけての毛だけが逆立つパターンだ。自信のある優位の犬の場合は、目の前の状況にそれほど戸惑っていないとき、そんなふうに背筋の毛だけを逆立てる。だが、なりゆきにやや不安を抱く犬が、自分の命や群れでの地位を守るために、いざとなれば牙を使うぞと訴えるときにこれをすることも多い。二つめは背中全体の毛が逆立つパターンである（尻尾の毛も同時に逆立つことが多い）。これは「挑戦に応じよう」の意味で、すぐにも攻撃を開始しかねない合図である。原因が怒りにせよ不安にせよ、このように毛を逆立てる犬は、相手の犬が逃げ出すか折れるかしないかぎり、実際の闘い以外に方法はないと考えていることが多い。

〈縮こまるように体を低くし、相手を見あげる〉体を低くして自分を小さく見せるこの姿勢は、明らかに服従を表わしている――自分を大きく見せようとする支配的な表現の逆である。「喧嘩はやめましょう」「あなたがリーダーで、順位が高いことを認めます」と言っているのだ。ダーウィンはこの姿勢を、図に描いている（図12－3）。

犬が体を低くするのは、怖い動物や人間を目の前にしたときの感情表現だとも言われている。だが、恐怖にはいくつか種類がある。最もわかりやすいのが、命や身の安全がおびやかされた場合の「生存の恐怖」とでも呼べるものだ。この場合、犬に残された行動は二つしかない。恐ろしい状況から逃げ出すか、自分をおびやかす相手と闘うことだ。利口な犬は、自分がおびやかされた場合は走って逃げるだろう。傷を負う危険性を少なくするには、逃げるのがいちばんである。

多くの犬に見られる細く締まった腰（グレーハウンドやウィペットのような視覚獣猟犬〈サイト・ハウンド〉はその好例である）は、速く走るのに好都合で、危険を感じたときは走って

図12－3　チャールズ・ダーウィンが描いた、服従を示す犬（『人間と動物の感情表現』1872年）。

逃げたほうがよさそうだ。だが、犬が熊やピューマなど大型の外敵に追い詰められた場合など、逃げるのが不可能なときは、命がけで闘うしかない——少なくとも逃げ道が開けるまでは。たとえば犬が体重百八十キロのハイイログマに遭遇し、逃げ場がなかった場合。犬は図12－3のような姿勢をとるだろうか。もちろん、そうはしない。この姿勢をとっても、熊が攻撃しやすくなるだけだ。

恐怖にはもうひとつ、「社会的恐怖」とでも呼べるたぐいのものがある。これは、犬のように群れをなす動物が、同じ群れのメンバーと対立したときの恐怖だ。この場合も犬にあたえられた選択肢は逃げるか闘うかの二つしかない。だが、闘いが選ばれることはあまりない。進化は、先に述べたとおり、ほかに手がないとき以外はひとつの群れの中での争いを避ける方向に向かった。逃げることはいつでも可能だ。順位の高い相手から逃げれば、不安はとりのぞかれるが、同時に相手とのつながりはそれで断ち切られる。狼の群れでは、メンバーが力をあわせて仕事をする必要があり、それにはおたがいの絆が確立されていなければならない。逃げ去ったものは、社会的な絆をうしなう。では、順位の高い狼を前にして怯えたときは、どうすればいいのだろう。

その答えはコミュニケーションにある。信号やしぐさによって相手の順位の高さを認めれば、衝突は避けられる。服従の信号を発した犬は、相手の支配を受け入れたことになる。相手がその信号を受け入れ、近づいて挨拶のしぐさをしたなら、闘いが避けられるだけでなく、おたがいのあいだに絆が結ばれる可能性もある。このときの挨拶は、たがいに順位が同等の二頭がおこなうダンスよりも、控えめである。優位の犬だけが歩み寄って劣位の犬の臀部の匂いをかぐ。優位の犬が匂いをかいでいるあいだ、劣位の犬は動かずに待っている。この儀式のあいだに、劣位の犬は順位の高い相手に自分の立場を認めてもらい、相手にたいする信頼感を深める。こうして自分が低い順位に甘んじれば群れにとどまることができ、しかも攻撃されずにすむことを学ぶのだ。

姿勢を低くするなどの儀式化された信号は、実際の恐怖を表わすというよりは、恐ろしい状況を避けるための手段である。国王の前に出た平民は、おじぎをして王の地位を認め、敬意を表わす。そうして礼をつくせば、自分の身に危険はふりかからず、庇護してもらうなどの恩恵が受けられる。犬も同じである。体を低くする姿勢は、高位の存在にたいするおじぎにひとしいのだ。

この行動はそれだけでも和解を求める合図になるが、実際にはいくつかの服従的な行動をともなうことが多い。たとえば、犬は体を低くすると同時に空気をなめたり、つぎのような和解信号も発する。

〈鼻面で軽くつつく〉犬は体を低くしながら、子犬のように鼻面で相手をつつこうとすることも多い。劣位の犬は優位の犬に近づくと、相手の鼻面を自分の鼻で軽くつつく。この信号は、体を低くする姿勢と同様、劣位の犬が相手の順位の高さを受け入れたことを表わしている。

この信号は、先にお話しした子犬と母犬の関係から進化したと思われる。子犬は鼻でつついて食べ物をねだる。幼いときは母親の乳首から乳が流れ出るように、鼻でつついて刺激する。少し大きくなると、母親その他のおとなの顔をなめて、食べ物を吐き戻してもらう。この子犬の行動が儀式化されて信号となり、「あなたがわたしに危害を加えず、面倒をみてくれることはわかってます」を意味するようになった。この場合の鼻でつつく動作は、たんなる意思伝達の手段である。服従的な犬はほかの犬と体を触れ合わせるときに、この動作をよくおこなう。相手の方向に向かって空気を鼻でつつく動作をするのは、私たちが誰かに向かって投げキスをするのと似ている。犬はこの動作を人間にたいしても使う。食べ物や散歩など、何かをねだるときに、ご主人の手や足を鼻でつつく。家族の中で順位がしっかり確立されている場合は、たんに愛情を示すため、あるいはなでてもらうためにもこの動作をする。

〈相手が近づいてきたときに坐りこみ、相手に匂いをかがせる〉体を低くするのは服従の信号だが、順位のちがいを示すには、ほかの方法もある。二頭の犬が出会って、どちらも自信たっぷりで支配的だが、片方の優位性が明らかな場合。自分のほうが劣勢だと感じていても、ふだんほかの犬たちにたいして支配的な犬は、完全に体を低くする信号は送らない。実際の順位よりもへりくだりすぎてしまうからだ。かわりに、劣勢な犬は坐りこむ。これによって、立って前に進むことが必要な威嚇や挑戦の信号は放棄される。犬は相手に接近を許し、自分の匂いをかがせて相手の優位を受け入れるが、同時におたがいのあいだに「王と平民」ほど大きなひらきはないことも、これで示される。人間で言えば、王子が王の前に立ったようなものだ。王子は礼をし、一瞬目を伏せて国王の地位を認めるが、平民たちのような深々としたおじぎはしない。

この信号の意味を知っていると、引き綱をつけて犬を散歩させるときに、ほかの犬との衝突が避けられる。敵意をむきだしにした犬が近づいてきたら、あなたの犬に「すわれ!」と命じるだけでいい。あなたの犬がその命令に従えば、おそらく衝突は起こらない。近づいてきた犬は、自分の優位をあなたの犬が認めたのをさとるから、それ以上の実力行使はしなくなる。そしてあなたの犬も、命令に喜んで従うだろう。よそ者の前で、弱みをさらけ出さずにすむからである。

〈横向きや仰向けに寝ころび、完全に相手の視線を避ける〉体を低くする姿勢が、人間のおじぎに相当するとすれば、これは人間がひれ伏す行為と同じだ。犬が表わせる最大限の降伏の合図で、攻撃的な行動を完全に放棄したことを示す姿勢である。この姿勢を声で表わすならクーンと啼いて、支配的な犬に「わたしは卑しいしもべです。あなたの権威を完全に認めます」と伝えるのと同じだ。この無力な姿勢は、「このとおり逆らいませんから、わたしをあなたの好きにしてかまいません」を意味している。

自分の恐怖心と順位の低さを強調するために、犬は尿をもらすこともある。地面に寝ころがってできるかぎり自分を小さく見せながら尿をもらす行為は、支配的な犬に子犬を思い出させる。幼い子犬は排泄物をなめてもらう必要があり、そのために母犬は子犬を仰向けにさせることが多い。というわけで、ひれ伏した犬は「わたしはあなたの前では無力な子犬と同じです」と訴えているのだ。

このきわめて受身な信号が出されると、優位の犬はたいてい地面に寝ころんだ犬の尻の匂いをかぐ。降参した犬は優位の犬が背中を向けるか視線をそらせるまで、じっと動かない。ようやく解放されると図12－3の服従的な姿勢をとり、相手との関係を回復しようとする。

この行動のもっと緊張の少ないパターン（完全に視線を避けようとすることも、尿をもらすこともない）を、私たちは日常的によく見かける。多くの犬が群れのリーダーのかたわらで、のびのびと満足げに寝ころがる。優位の犬は相手の喉や腹や生殖器を鼻でつついたり顔をなめたりして、受け入れたことを合図する。犬はこれを人間にたいしてもおこなう。あなたは犬が仰向けに寝ころがるのを見ると、おなかをさすってもらいたいのだと思うかもしれない。だが実際には、犬があなたを群れの強力なリーダーとして認めた合図なのだ（おなかをさすってもらうのは、嬉しいおまけである）。

儀式化された動作としては、犬が優位性を示すために使う接触パターンもある。最もわかりやすいのが、「相手の上に立ちはだかる」ことだ。これは、「わたしのほうが大きくて、えらい」というあけすけな表現だ。おとなの犬は子犬の上に立ちはだかって、まだおまえたちには負けないぞと言いきかせる。これと同じことを強調する独特の接触パターンがいくつかある。優位の犬や群れのリーダー、あるいはリーダーになりたがっている犬は、さまざまな方法で

「いいか、ここでのボスはわたしだ」と主張する。体格が大きいほど支配性は強いから、その方法も体の相対的な大きさに訴えるものが多い。よく見かけるのが、「自分の頭を相手の肩にのせる」パターンだ。その変化形として、「優位の犬が劣位の犬の背中に前足をのせる」場合もある。どちらも相手の体の「上に」自分の体の一部をのせる動作である。当然ながら、体格の大きい犬が小さい犬に接触するときは、相手の位置が物理的に低いため、自然にこの形になる。だが、この動作は儀式化されて、優位の犬は劣位の犬を物理的にも小さい（実際には大きくても）とみなし、そのようにあつかうのである。

狼などの野生の犬族の世界では、群れのリーダーが近づくと、ほかのメンバーは道をあける。リーダーが自分の行きたい場所に移動するときは、メンバーはその行く手をさえぎらない。自分の優位に自信のある犬も同じように行動し、ときには強引に道をあけさせる。なかでも目立つのが、「肩をぶつける」行為である。素早く相手の脇腹に近づいて肩をどすんとぶつけるのだ。犬が大きかったり、勢いが激しいと、相手の犬は二、三歩よろめくから、それで結果的に道があけられることになる。このとき優位の犬は「わたしはおまえより強い。道をあけろ」と言っているのだ。こうして犬は相手の反応を待たずに、強引に意思を通すと同時に自分の優位性を確立する。言うまでもなく、これは強引で自信にあふれた意思表示である。

このたぐいの行動には変化形があるが、微妙なので人間には見すごされがちだ。それは「寄りかかる」行為である。寄りかかるのは、じつは肩をぶつける行動の控えめでおとなしい変形にほかならないのだ。自分の優位を示したい犬は、べつの犬のとなりにいって自分の体をもたせかける。それにあわせて相手がわずかに移動すると、寄りかかった犬の優位性が認められたことになる。たとえわずか数センチの問題にせよ、この行動で強引に相手に立場をゆずらせるのだ。これは意思の伝達であり、衝突ではない。そしてやりとりされるメッセージは象徴的なものだ。人が自分より位の高い相手や、王族、高位の聖職者の前で軽く頭を下げ、それでたがいの地位関係が示されるのと同じである。このときは大きな声も大袈裟な身振りも要らない。ボディランゲージの読み方を知ってさえいればいいのだ。

人間が犬とかかわるときは、こうした信号に注意が肝心である。もたれかかる信号は、犬が人間より優位に立とうとするときによく使う方法だ（第一章のブルートーの話を思い出していただきたい）。大きな犬が飼い主と一緒に立っているとき自分の体をもたせかけたり、ご主人と同じベッドで眠る犬が自分の体を押しつけるのは、よくある例だ。人間が脇にずれると、それで地位がうしなわれたことになり、犬はさらにもたれかかるだろう。この行動がひんぱんに繰り返されると、やがて犬は自分の支配性を確立するためにべつの方法もとり始め、命令に従わなくなったり、攻撃的な信号まで出すようになる。大型犬が飼い主に飛びついて前足をその肩にのせようとするのも、優位の犬が劣位の犬の肩に前足をのせて支配性を示すのと同じことである。

よく見かける「犬がご主人の膝に前足をのせる」行動も、同じように支配的な意味がある。だが、この動作はよく見きわめる必要がある。前足で空気をかく動作をしてご主人の膝に前足をのせ、頭をご主人の手の「下に」もぐりこませようとするのは、自分に注意を引きつけたいための行動だ。この場合は、「わたしのほうがあなたより上ですよ」と言っているのではなく、「見て、わたしはここですよ」「わたしのほうを見てください」の意味である。

衝突は避けたいが、それほど服従は示したくないと思っている犬は、目の前の状況を受け入れつつ、自分の順位が低くないことをさまざまな信号で伝える。体の向きを変える、無関心を示す、注意をそらせる、などがその基本である。

敵意のなさを示す最もかんたんな方法が、「相手にたいして横向きになる」行動である。これをするのはたいていは劣位の犬だが、恐怖や不安をむきだしにしない穏やかな動作で、横を向いた犬は相手の優位を認めると同時に、自信と冷静さをうしなっていない。二頭は図12－4にあるように、T字の形をとることが多く、この出会いが攻撃に発展することはまずない。

この行動の変化形が「相手に自分の尻を向ける」姿勢で、これはふつうは挨拶行動である。横を向く行動よりも自信の度合いは低く、二頭の順位に大きな差があるときに示される場合が多い。

近づいてくる相手にたいしてすでに横向きの姿勢をとり、距離が近くなったとき相手に顔を向けるのは、支配性と自信の表われである。犬のコミュニケーションの多くの場合と同様に、結果が遊びになるか対決になるかは、支配性を示すこの姿勢に相手がどう反応するかで決まる。

状況を平和に処理するために、犬が完全な無関心を装うこともある。一頭の犬が威嚇するように近づいてきても、相手の犬はひたすら「地面の匂いをかいでいる」という場面を、私は何度も目撃した。地面をかいでいる犬は、脅しをかけてくる相手にまるで気づかないように見える。もちろん、その地面には興味深いものなど何ひとつなく、相手の注意を自分からそらせるために、そうしているにすぎない。匂いをかぐのに没頭しているようなこの行動からは、攻撃反応や挑戦はまったく伝わらない。相手に争う気がないため、喧嘩腰の犬がそれ以上威嚇を続

図12－4　T字形の配置。横向きの犬が、和解を求めている。

けても意味はなくなる。

無関心を装い、相手の注意をそらせる信号はほかにもある。そのひとつが、「挑戦を受けた犬が、それを無視してあらぬ方向をじっと見つめる」というものだ。これは一心不乱に地面の匂いをかぐ行動の変化形である。遠くを見つめても威嚇する犬にそれが気づかれない場合は、見ている方向に向かって、一、二度吠える。その声で近づいてくる犬は否応なしに注意をそらされ、威嚇はほぼ確実に終わりを告げる。

威嚇にたいして無関心を装う最も単純なパターンが、「挑戦を受けたときに、自分の体を掻く」というものだ。これはかなり支配的な犬の反応であることが多い。私は公園で若い大型の秋田犬が、年長でさらに体の大きい秋田犬に近づいたときに、この行動を目撃した。若い犬は体をこわばらせ、目をぎらつかせて相手に接近した。すると年長の犬はその場に坐りこみ、何も気にしていないように呑気に耳を掻き始めた。

それを見た若い犬は意表をつかれ、相手から数メートル離れた場所で腰をおろした。耳を掻く動作は、闘う意思はないが、若い犬を恐れてもいないと伝えていた。二頭とも坐った(やんわりした服従の信号)あとは、さりげなく立ち上がって敵意のない軽い挨拶をかわした。あちこち匂いをかぎあう、踊るというようなふつうのパターンである。

犬の基本的なボディランゲージの中には、つぎのように感情の微妙な動きを伝えるものもある。

〈坐って片方の前足を軽く上げる〉これはストレスの信号である。恐怖心にかなり強い不安が入りまじっており、「心配で、不安で、落ちつきません」を意味している。服従訓練競技会では、犬は飼い主から十二メートルほど離れた位置で一分間坐り続けなくてはならない。このとき慣れていない犬や神経質な犬は、よくこの動作をする。そんな犬はやがて地面に伏せたり、規定の時間がくる前に飼い主のところまで駆け出すことが多い。不安でたまらないためだ。また、この動作は子犬にもよく見られる。軽いストレスを表わすと同時に、「どうかわたしを助けてください」と訴えているのだ。

この信号は、犬が仰向けに寝ころがる服従の合図から派生したものと思われる。仰向けになるときの犬は、まず片方の前足を上げてから上体を地面に倒す。というわけで、これが仰向けになる行動の一部であることを思えば、怯えてはいるがまだ少し自信はあり、完全に服従的な行動パターンにはいたらないと解釈できるだろう。

犬のボディランゲージは群れでの順位、優位性、服従、不安にかかわるものばかりではない。犬は体を使ってほかにも多くのことを伝えられる。

〈仰向けに寝ころがり、地面に背中をこすりつける〉これに先立って、「鼻をこすりつける」動作がおこなわれる場合もある。地面に背中をこすりつけるのだ。犬が顔や、ときには胸まで地面にこすりつけるのだ。また、前足で目から鼻にかけて顔をこすることもある。私はこれを満足の儀式のひとつと考えている。

この儀式は食事などの楽しみが終わった直後に、よく見られる。頻度は少ないが、ご主人が食事の用意をしているときなど、嬉しいことが起こっている最中に示される場合もある。この儀式は楽しい活動の前にではなく、あとにおこなわれるのがふつうだ。私の娘カレンが飼っているテッサも、この満足の行動を小川で跳ね回った直後におこない、その前にはけっしてしない。私たちの農場に来ると、テッサは長いあいだ閉じ込められていた家から解放された喜びをこの動作で表わす。だがそれは、猛烈な勢いで庭を走り回ったあとだ。「解放のダンス」を終えると、満足げに仰向けに寝ころがってから、お気に入りの花のベッドで昼寝をするのだ。

遊び

動物の多くは、おとなになるとあまり遊ばなくなる。だが、人間は犬を選択交配するにあたって、子犬的な特徴を数多く残すようにした。おとなになったあとまで遊びたがるのも、そのひとつである。これは人間にとっては重要なことだった。人間もまた子供のような好奇心や遊び心を生涯もち続けるからである。永久に幼さを残す類人猿である私たちは、永久に幼さを残す狼を遊び仲間として作りあげたのだ。

幼い子犬にとって、遊びは無意味なたわいのない行動ではなく、だいじな仕事である。子犬は遊びを通して多くを学ぶ。まず第一に、数々の方法を試し失敗を経験して、自分の肉体的な能力について学びとる。また遊びには、危険から逃れる、自分の身を守る、狩りをする、さらには交尾にかかわる行動までふくまれている。なかでも重要なのが、ほかの犬とのかかわり方を学び、犬の言語を身につけることである。遊びは支配性について教え、子犬は群れの中で自分の順位を認識することの大切さを学ぶ。また、相手に何かを伝える方法――ほしいものを手に入れ、いやなものを避ける方法――をも学んでいく。

遊びを通して犬は、行きすぎた攻撃が群れの中ではまず絶対に許されないことを学ぶ。遊びの最中に初めてほかの子犬に嚙みついたとき、力を入れずにやわらかく嚙まないと、わるいことが起きるのがわかる。たとえば、遊び仲間の耳に小さな鋭い牙を立てると、相手は悲鳴をあげ、友だちは遊びをやめてしまい、母犬から叱られるだろう。仲間と仲良く遊ぶためには、本気で攻撃してはいけないことをこうして学ぶのだ。

遊びには追いかける、嚙む、跳び上がる、押し合う、取っ組み合う、唸る、喧嘩の真似をするなどの行動がふくまれているから、これらがいずれも本気ではなく、遊びだと相手に伝えることが大切である。そのために、犬はさまざまな遊びの信号を使う。

〈前脚をのばして体を低くし、腰と尻尾を上げ、遊び相手の顔をまっすぐに見る〉これは典型的な遊びのおじぎで、「遊ぼうよ!」を意味する。跳び回って遊ぼうという誘いに使われ、この動作のあと突然猛烈な勢いで走り出したり、遊び相手に跳びかかろうとしたりする。そして追いかけっこや、くんずほぐれつの格闘が始まる。

このおじぎは遊びを誘うだけではない。実際には一種の句読点のようなもので、遊んでいる最中に、これはただの遊びだと全員に思い出させる役目をはたす。たとえば、攻撃の真似ごとで相手に向かって突進する前に、犬はこの遊びのおじぎをする。相手に強すぎる体当たりをしたり、相手を倒してしまったりすると、犬はすぐに遊びのおじぎをして、いまのはふざけてやったことで、本気で攻撃したわけではないと伝える。

この遊びのおじぎが、獲物をおびき寄せるために使われることもある。犬は開けた場所で放されると、狂ったように走り回ることがある。飛んだり跳ねたり、ジグザグに走ったり、股のあいだに尻尾をはさみこんでぐるぐる激しく走り回ったりする。この激しい運動の合間に一瞬遊びのおじぎがはさまり、またすぐに勢いよく走り回り始める。このはしゃいだ行動は、もともとは狼や狐が狩りをするときの戦略だった。目茶苦茶な「ダンス」を踊って、獲物となる動物の注意を引くのだ。なぜ狂ったように動き回っているのかたしかめようと動物が近寄ると、いきなり襲われたり、待ち伏せた群れに倒されたりするわけだ。

十九世紀の北米では、猟師がこの方法で鴨を捕らえた。見通しのいい場所で犬（もともとはプードルが使われた）にふざけ回らせると、それを見た鴨が興味津々でようすを調べに近くまで飛んでくる。鴨にとって、猟銃の弾がとどく範囲まで近づくことは命取りになる。鴨猟に使われたこの方法は、「トーリング」と呼ばれた。「鐘を鳴らして呼び寄せる」ことを意味するフランス語の「トラン（tollen）」からきた言葉である。たしかに教会の鐘は人びとを礼拝に誘ったり、事件が起きたときに村人を呼び集めたりする。のちにカナダではこの狩りのために特別な犬種が育てられた。ノバ・スコシア・ダック・トーリング・レトリーバーである（愛犬家のあいだでは、トーラーと呼ばれている）。この犬は陸上で走り回って鴨をおびき寄せるだけでなく、同じ目的で水中でも派手に泳ぎ回る。そしていったん鴨が撃たれると、ごくふつうの獲物回収作業にもどるのだ。

臆病な子犬はおとながおじぎで誘っても、遊ぼうとしないことがある。年長の犬はそれがもどかしく、なんとか子犬を遊ばせようと骨を折る。そこで登場するのが「安心させるための信号」である。よく見かけるのが、支配的な犬が幼い犬に近寄って、みずから仰向けに寝ころがり、完全に服従的な姿勢をとる行動だ。この順位の低い信号を使って、「わたしと遊ぶあいだは、きみがリーダーになれる」と子犬に伝えるのだ。自分より大きくて年上の犬に服従的な行動をとらせたことにやや気をよくして、子犬はそばに寄っていく。子犬が近づくと、年長の犬は遊びのおじぎをし、一緒に跳ね回り始める。

犬の遊び方の種類はそれほど多くないが、遊ぶとなると夢中で遊ぶ。おそらく一番人気が高いのは「あげないよゲーム」で、これは何かをくわえて勢いよく走り出し、追いかけられるのを期待する遊びだ。遊び相手から数センチしか離れていないところにわざと物を落とし、相手がそれをねらって跳び出すのを待つこともある。相手が跳び出したとたんに、すぐにそれをくわえ直して、あとを追わせるのだ。物を相手にもくわえさせると、「綱引き」が始まる。誰が誰を追いかけるかは入れ代わることが多く、いったんつかまえると、ゲームは永久の定番「取っ組み合い」に変わり、犬をよく知らない人が見るとどちらか一方が殺されるのではないかと思うほどの騒動になる。もうひとつのゲームが「突撃！」で、一頭がべつの一頭をめがけてまっしぐらに走ってきて、相手の鼻先すれすれのところでくるっと方向を変える遊びだ。見た目にはひやりとさせられるが、これが成功すると、たちまちゲームは「逮捕」へと変わり、今度は突撃された犬が相手を追いかけ始める。

遊んでいる犬を眺めるのは、楽しくて心がなごむ。そして同時に犬の心理についての理解も深めさせてくれる。犬にとって走ることは、人にとってのダンスと似ている。そうやって犬は自然のリズムを身につけるのだ。

第十三章　ものを指し示す能力

第四章の中で、犬にはすぐれた言語能力があり、聞いた言葉を数多く理解できると同時に、人間のボディランゲージにも敏感に反応するとお話しした。犬は人間から命じられた行動や、向かうべき方向を、人間のちょっとした体の向きや視線の方向によって読みとる。初めてこの現象を目のあたりにすると、人はだまされたように思い、犬がどれほど言葉を理解するものか、正確に見抜けなくなりがちだ。だが、これまでにわかった知識に照らしてあらためて考えてみよう。犬がボディランゲージを読みとる名手であることは、すでにわかった。ここでさらに、犬がものを指し示す行動をも、犬が発する意思伝達信号として見直すべきではないだろうか。犬は相手が何かを指し示すボディランゲージを理解するだけでなく、みずからもコミュニケーションの目的で、ものを指し示す動作をする。言い換えると、ものを指し示すことは彼らの受容言語であると同時に生産言語でもあるのだ。

ボディランゲージでものを「指し示す」といっても、それはポインターやセターのような猟犬が、頭と体を硬直させて獲物のいる場所を指し示す行動を意味するわけではない。ここで言う「指し示す」とは、人が相手に何かを伝えるときに使う動作に似ている。わかりやすくするために、まず人間の場合の行動を見てみよう。ふつうの人は指し示す行動を言葉とは考えないが、人間の言語の発達について研究する学者は、指し示す行動に言語との共通点を数多く見出している。

子供が初めて発する言語は、言葉ではなく、音ですらないと指摘する学者もいる。それは「動作」であり、具体的には指でものをさす行動だという。何かに向かって指をつき出すとき、人は自分の指について語っているわけではない。特定の場所にある特定のものについて何かを伝えようとしているのだ。テーブルの上にある宝石を指さしていれば、それは「あの宝石を見て」と言っていることになる。あれが「ほしい」、あれが「好きだ」、あるいは「あの宝石に興味がある」という場合もあるだろう。だが、けっして「わたしの指を見て」ではないはずだ。

人間の子供は、意味をもってものを指でさす能力を生まれつきもっているわけではない。生後九カ月の子供に玩具やクッキーを見せると、五本の指を広げて手をのばす。子供は自分がほしいものをじっと見るが、手がとどかないと欲求不満の行動をとる――椅子やテーブルを叩いて騒がしい音をたてたりするのだ。

女子の場合は生後十カ月から十一カ月、男子の場合は十三カ月から十五カ月のときに、突然変化が起こる。子供は手を広げずに一本の指でものをさすようになる。これが意思伝達行動である証拠に、ほかに誰もいないときは、子供は指でものをささない。子供は指でさすと同時に、言葉に似た音を発音し始める。その音はものを言葉で表わすためか、近くにいる親の注意を引いて、自分が指をさしていることに気づいてもらいたいためだろう。ここで起きていることに注目してみよう。子供は特定の場所にあるものを指でさして、「あそこにあるものがほしい」と意思を伝えようとする。ここでは指でさすことが、ものの名前と同じ機能をはたしている。子供がクッキーを指させば、親はクッキーをあたえる。それは子供が「クッキー」と口に出して言ったのと同じ効果をもっている。というわけで、ものを指し示す動作は、最初の言語あるいは一種の原始的言語だと言うことができる。

子供の言語の発達について研究している心理学者と話をしたとき、彼女は指をさす動作にたいする反応を調べた結果、犬が言語をもたないのを確信したと言った。

「犬に何かを指さしたとき、それがたとえ大好きなビスケットなどの場合でも、犬はどうすると思います？ 私の手を見るんです。ずっとそのまま指さしていると、犬は私の手許まで来て、指に鼻面をこすりつけます。何度繰り返しても、ただ混乱するばかりで、指さすたびに私の手許にすり寄るだけ。私が指で『あそこにおいしいものがあるわよ』と伝えているとは、考えもしないようです」

この分析には問題が二つある。まず第一に、ある結果に到達するために、犬もその他の動物も、人間と同じ行動をとり、同じ手段を使うと仮定している点である。この仮定はここでは明らかに通用しない。犬は人間がするようには前足を使わない。前足を器用に使えないし、もちろん前足でものを指し示したりはしない。ものを指し示すときは、前足ではなく、頭や体を使う。わが家のオーディンは、外に出たいときは私の顔を見てから、頭と体をドアのほうに向ける。これは人間が指でさすのと同じだ。私が応じないと、私を見つめながらためらいがちにひと声吠え、またドアのほうを見て、体をそちらの方向に向ける。

犬は指をさす人間の動作に反応できるようにもなるが、自然な本能としては人間の頭と体の向きを見ている。私はオーディンを使って、それを試してみた。服従訓練競技会には、「指定された方向でのジャンプ」と呼ばれる課題がある。内容はこうだ。使役犬が命令に従って十二メートルほど前方に向かって走り、指示されたらハンドラーのほうを向いて坐る。リングの両側に障害物が用意されていて、ハンドラーの指示で犬は右側あるいは左側の障害物を跳び越えて、ハンドラーのところまで戻る。ふつうは大きな身振りで右か左を指さして指示をあたえ、「ジャンプ！」と言葉でも命令を伝える。

私はオーディンにジャンプを教え始めたばかりで、実験をおこなったときは、オーディンはまだ一回しかジャンプに成功していなかった。実験のために、まず私は二つの同じ障害物をリングのなかほどに三メートルほど離して置いた。リングの向こう端にいるオーディンに、私は自分の顔と体を右に向けてジャンプすべき方向を示し、「オーディン、ジャンプ！」と声をかけた。何の迷いもなく大きな黒い犬はリングをまっしぐらに走って指示された側の障害物を跳び越え、私の目の前に来てとまった。オーディンは左側の障害物を指示されたときも、やはり正確にこなした。顔と体で方向を指示すると、犬は何をすべきかはっきり理解することがわかった。

つぎに、リングの向こう端にいるオーディンに、顔と体は動かさず目だけジャンプすべき方向に向けて、指示を出した。オーディンはゆっくり立ち上がり、二つの障害物を見くらべ、探るように私の顔を見た。明らかに私の目の合図が理解できなかったのだ。オーディンは私のほうに歩き出し、二つの障害物のあいだで困惑したようすを見せた。困った状態にさせておきたくなかったので、私はすぐにテストを中止して彼を呼び寄せた。

そのつぎのときは、もとどおり顔と体でジャンプすべき方向を指示し、オーディンは私の示した側の障害物を跳び越えた。オーディンは何も訓練されなくても私の体の指示する方向を読みとるが、目による指示は読みとれないことが、これではっきりした。ほかにどんなことに反応するか調べるために、私はリングのなかほどまで行き、体は動かさずに顔だけジャンプすべき方向に向けた。このときも彼はためらいがちに立ち上がり、情報を求めて私の顔を見た。私がジャンプすべき方向に顔を向け続けていると、彼は近づくに従って自信をもったようで、障害物から数十センチのところで私の望む方向に進路を変えた。

彼は私の顔の向きで自分のすべきことを理解したが、顔と体の両方を使う信号のようには、わかりやすくなかったのだ。だが、狼は遠く離れていても群れのリーダーの頭の向きに注目して、それが指し示す方向に移動する。私は狼の記録映画で、それを確認した。ではなぜ、私の顔は信号としてそれほど有効ではなかったのか。やがてふとひらめいた。狼の鼻面は長くて先が細い。それで顔の指し示す方向がはっきりわかるのだ。それにくらべて私たち人間には小さな鼻しかない。私たちが顔を横に向けても、近づかないかぎり犬には私たちの鼻が示す方向がわかりにくく、十二メートルも離れているとおぼろげになってしまうのだ。だが、鼻が大きければ、離れた場所にいる犬にも指示された方向がわかるのではなかろうか。

私の頭が本格的におかしくなったと心配する家人がいないときを見計らって、私はわが家で犬の鼻面を作ることにした。といっても、白い紙で作った三十センチばかりの円錐形を、ゴムバンドで耳にとめられるようにしただけのしろものである。少しは犬の鼻面らしく見えるように、細くなった先端の部分に黒いフェルトペンで色を塗った。自分の鼻の上にそれをかぶせてみると、狼というより鳥のような感じになったが、とにかく大切なのは見かけより本質だと、自分に言い聞かせた。

そしてふたたびオーディンをリングの向こう端に坐らせた。そして大きな鼻のついた顔を横に向けて「オーディン、ジャンプ！」と声をかけた。今回オーディンはためらうことなく小走りで、私の顔が向いている方向を目指した。ちがう側でジャンプを試しても、それがまぐれ当たりではないことが証明された。彼は難なく私の顔の向きを読みとったのだ。

三回めのジャンプのあと、私はテストを終了した。というより、やめにしたのはオーディンのほうだった。ジャンプに成功したオーディンをほめてやろうと前かがみになったとき、私が紙の鼻面で彼の目をつつきそうになったのだ。彼は身を守るために紙のとがった部分に嚙みついた。だが、彼が引っ張ってもゴムバンドでとまっている鼻ははずれない。私はあわてて「オーディン、放せ！」と叫んだ。そう命令されると、わが家の犬たちは何であれくわえているものをすぐに放す。オーディンが命じられたとおり、くわえていた紙の鼻を口から放したとたん、のびていたゴムの反動でそれが私の顔にパチンと跳ね返った。顔にできたあざと頭痛のおかげで、この日の体験は忘れられないものになった。

このささやかな実験結果をもとに、私はくだんの心理学者に、犬にたいしては、対象物のほうに体を向ける、身を乗り出す、それがある場所をじっと見るなどすれば、指でさすのと同じ効果があるはずだと話した。彼女は疑わしげだったが、ぜひ試してみたいと言い、立会人として私を自宅に招いた。彼女のスプリンガー・スパニエル、サリーは、ビスケットを指でさしても、彼女が言ったとおり指を眺めるだけだった。だが、心理学者が「顔と体で」方向を指し示すと、サリーはご主人の視線の先を目でたどった。その証拠に、サリーはビスケットに気づき、たちまちぺろりと平らげてしまった。

体と頭を使ってものを指し示す

この心理学者が最初に指摘したことが犬にたいして不当だと思える第二の理由は、指でさす行動には学習をともなう面があるためだ。人間の親子は、指でさして意思を伝えあうことが多い。親は近くの猫を指さして、「ほら、猫ちゃんよ」と言う。客人があると、その人を指さして「シルヴィアおばさんが来てくれたわ」などと言うだろう。食事のときには、子供の目の前にある食べ物を指でさして「このニンジンがいい?」と言ってから、べつの食べ物をさして「それとも、このお豆がいい?」と言ったりするだろう。このような数々のやりとりから、子供は指でさすことの意味を学んでいく。

指でさす行為が学習をともなうことは、「戸棚っ子」と呼ばれる子供たちを調べてもわかる。この呼び名は、西欧社会で増加しているひとつの現象を如実に表わしている。ソーシャル・ワーカーは、面倒を見る人もなく社会との接触も断たれて、両親からひきはなされた子供たち(たいていは就学前の幼児)を、「家庭内捨て子」と呼ぶことが多い。子供たちは狭い部屋に閉じ込められ、戸棚に入れられることまである。「自分が仕事に行っているあいだ、子供を守るため」あるいは「自分がいないときに危ないことをしたり、部屋を散らかしたりしないように」というのが、両親の言い訳である。こうした子供たちは両親が留守のあいだ、一日じゅう社会的・感覚的刺激を奪われたかたちですごす。

これは感情面でも社会性の面でも深刻な障害を引き起こすだけでなく、この残酷な育て方によって、子供は言語の発達に必要な環境を奪われてしまう。言葉を学ぶには、お手本として言葉を話してくれる人、そしてこちらの話に応えてくれる人が必要である。戸棚っ子には、話すことをふくめ、いかなる言語能力もなきにひとしい例が多いのも不思議はない。また、こうした子供たちは、すでに四、五歳になっていても、指でものをさすことができない場合が多い。指でさすかわりに、いまだに大声でわめき、自分がほしいものに向かって五本の指を広げた手をのばすのだ。この事実から、人間における指さし行動が、その他の意思伝達行動と同じく、学習で身につくことがわかる。それを裏づける例として、戸棚に閉じ込められていた子供は「外に出された」とき、正常な社会的・感覚的刺激をあたえられると、まず指でものをさして言語習得能力がうしなわれていないことを示す。

人間は教えられなければ、指でものを指し示せない。だとすれば、犬にしたって訓練も受けずに指でさす合図に反応できるだろうか。教えられれば犬も指さしの合図に反応できることは、先ほどご紹介した「指定された方向でのジャンプ」の課題が証明している。いったん教えこめば、ジャンプさせたい方向を腕で示すだけで、犬はどちら側の障害物を跳べばいいか理解する(方向を顔と体で指示するのは、競技会では規則違反であり、失格になる)。

ときによっては、指でさすほうが、話し言葉より都合がいいこともある。音をたてないからだ。声は近くにいる誰にでもとどく。野生の犬族などが狩りをおこなう場合、声をたてれば群れのメンバーだけでなく獲物までがそれを聞きつけ、警戒して逃げてしまう。指し示す行為は音をともなわないから、メッセージがほかにもれることはない。メッセージを受けとるのは、その指示を目で追う個体だけである。しかも、発信する側が指示の動作を最小限に抑えれば、メッセージがほかにもれる可能性はもっと少なくなる。

ここで、わかりやすい人間の例をあげてみよう。私の妻は私の大学関係や出版関係で開かれる、かたくるしいレセプションやカクテルパーティーが好きではない。たいていは欠席するが、重要な会だったり、場所が近かったりすると私に同伴する。そんなとき、彼女はよく私にこっそり指で合図を送ってくる。たとえば、彼女は自分自身を指さしてから、椅子あるいは人びとの一団を指さして、私に自分の居場所を教える。自分の腕時計を指さしてからドアのほうをさして、そろそろ帰りたいと伝えることも多い。

指でさすことだけで、長い会話やこみいった行動指示が可能になる場合もある。そんな一例を、私は陸軍での戦闘訓練中に経験した。戦闘を想定して訓練兵が二組の小隊に分かれ、片方が攻撃をしかけ、片方が防御する演習だった。私の小隊の使命は、見えないように隠された何台かの大砲によって守備を固めた小高い丘を奪取することだった。八名からなる私たちライフル部隊（誰が戦死したかを見届ける、お目つけ役兼審判員がひとりまじっていた）は、丘の東側の斜面にひそむ敵を一網打尽にしなくてはならなかった。丘の東側には、藪、木立、壊れた古い石壁、雨水によってできた溝など、遮蔽物がたくさんあった。

私たちは曹長のあとに従って無言で進んだ。曹長はタイナーという屈強な職業軍人だった。彼は立ち止まると、斜面の上を指さした。その方向に目をやると、砂嚢《さのう》に囲まれた四人式機関銃の台座らしきものが見えた。私たちは敵との距離三十メートルほどにまで接近していたのだ。

少しでも音をたてれば私たちの居場所がさとられ、機関銃の砲撃を浴びるだろう（そこで演習も終わりを告げる）。

タイナー曹長はそばに寄った三人の訓練兵の一人ひとりを指さした。そしてつぎに石の壁をなぞるように指をさし、まっすぐな方向を示したあと、ぐるりと指を回して上をさした。壁に沿ってまっすぐ進み、角のところで方向を変えて丘を上がれと三人に指示しているのは明らかだった。つぎに曹長は自分の時計を指さした。分針を指でさしてから、文字盤の約十分後にあたる位置を示した。そしてライフルを指さしてから、機関銃の方向を指さし、また時計をさした。つまり――三人に石壁に沿って進み、角を曲がって、十分後に敵に向かって銃を発射しろという意味だった。曹長がふたたび壁を指さすと、三人の訓練兵は黙って指示された方向に進み始めた。

続いてタイナーは、榴弾砲で装備した二人の兵士を一人ひとり指さした。榴弾を指さしてから、地面をさした。二人はしゃがんで榴弾を筒にこめ始めた。曹長はもう一度二人を指さして、つぎに自分の目を指さしたあと、敵がひそむ場所をさした。「ここで待機して、私の発射合図を待て」という意味である。

最後に曹長は残った私たち二人を指さし、向かうべき方向を素早い動きで指さした。私たちはただちに彼に従った。審判員も私たちと一緒に移動した。私たちは藪や木立の陰に隠れながら、数メートル横に進んだあと、少しばかり丘を上がった。曹長は全体の動きを連動させる必要があったので、つねに榴弾砲をかまえる二人の兵士から見える範囲にいた。安全な場所を確保したところで、私たちは待機した。

数分がすぎ、きっかり計画どおりの時間に、石壁の曲がり角付近に到達した三人の兵士が銃を発射し始めた。敵の兵たちは、すわ攻撃とばかり即座に機関銃をそちらの方向に回し、私たちに背を向けた。ライフル対機関銃の応酬が続くなか、タイナー曹長は榴弾砲をかまえて後方に控える二人の兵士に合図を出した。彼らがいる場所から二回炸裂音がした。榴弾の落下する音が聞こえるのも待たずに曹長は私たちと機関銃の場所を指さし、私たちは残り数メートルを全力で突進した。機関銃手が混乱から立ち直るより早く、私たちは敵の陣地に到達した。審判員は防御側は陣地が奪われ、全員負傷したと判定をくだした。

ここで重要なのは、指をさすことだけで、作戦のすべてが組み立てられ、実行に移された点である。私の記憶では、曹長が最初に敵の居場所を指さしたときから、言葉はひとことも発せられなかった。

このできごとからおよそ三十五年ほどあとに、私は似たような場面を目にした。ただしそれを演じたのは、すべて犬族だった。そのころ北米で、狼の行動を研究するのにいくつかの調査がおこなわれた。そして調査で撮られた映画やビデオが各地の図書館に集められ、私はその映像を通して狼の狩りのようすを見ることができた。狼の狩りのしかたは、私が兵役時代に経験した演習と驚くほどよく似ていた。

調査の対象となったのは、灰色狼（カニス・ルーパス）だった。遺伝子的に現在の家犬に最も近い野生の犬族と考えられている種である。灰色狼と呼ばれてはいるが、被毛が灰色とはかぎらず、撮影された六頭の群れの被毛は、クリーム色がかった白から、砂のような黄色まじりの灰色までさまざまだった。夏の盛りの季節で、木の葉が生い繁り、狼たちは鬱蒼《うっそう》とした木立の脇で静かに寝そべっていた。雄二頭に雌二頭のおとなと、子供が二頭という群れだった。群れのリーダー（第一位の雄）は、非常に大型で、体重およそ七十八キロ、肩までの体高およそ七十五センチ。下位の雄はリーダーより十キロほど体重が軽かった。二頭の子狼は第一位の雌と第一位の雄のあいだの子供だった。第一位の雌も（少なくとも灰色狼にしては）やはり大型で、体重はおよそ六十キロ。その彼女が群れの中でまず最初に近くにいる鹿の匂いに気づいた。彼女は立ち上がって空気の匂いをかいだ。そして前に進み出ると、リーダーの雄に軽く鼻をこすりつけ、彼の顔をじっとのぞきこんでから、匂いのする方向に顔を向けた。典型的な犬の指さし行動である。

ここで群れのリーダーは群れの態勢づくりにとりかかった。彼は素早く立ち上がると、雌の視線が示す方向に目を向けた。彼女の右側で、一歩ほど前に出るような位置をとると、下位の雄をちらっと振り向いてから、鹿のいる方向に顔を向けた。下位の雄はリーダーの右手に進み出た。そのあいだ下位の雌と二頭の子供はこの行動をじっと見つめ、静かに第一位の雌の左側に移動した。全員が鹿のいる方角に体を向け、下位の雌と二頭の子供はリーダーの視線をたえず探りながら、自分たちも同じ方向を見るようにした。群れの全員が体を寄せ合い、一見鼻面を触れ合わせて挨拶の儀式をしているような感じに見えた。だが、注意深く観察すると、彼らがリーダーの近くに寄って、リーダーが頭で示す方向に自分の頭と体の向きをぴったり合わせようとしているのがわかった。頭による指示がタイナー曹長の指による指示と同じ機能をはたし、獲物のいる場所が群れに伝えられたのだ。

そして狼たちは、リーダーの視線が示す方向に黙って移動し始めた。彼らが開けた空き地に近づいたところで、二頭の鹿が若葉を食んでいるのが見えた。一頭はおとなの雌で、一頭は一歳ほどの子鹿だった。群れのリーダーは下位の雄と視線を合わせてから、肩を回して右側の地面を見下ろした。下位の雄は即座にその場所に移動した。移動のしかたは、まるでリーダーが地面にチョークでしるしをつけたかのように正確だった。

下位の雄を位置につけると、つぎにリーダーは第一位の雌の目をのぞきこんだあと、視線を空き地の反対側の左手に移し、視線と同じ方向に身を乗り出すようにした。第一位の雌は二頭の子供と下位の雌に視線を投げてから、その方向に歩き始めた。この四頭は、生い繁った林で身を隠すようにしながら、音をたてずに空き地の外側を素早く移動した。数メートル進むたびに、第一位の雌は立ち止まってリーダーのほうを振り返った。リーダーは葉っぱを食べている鹿から注意をそらさなかったが、雌が自分を見ているのに気づくと、すぐに自分の頭を空き地の反対側に向けた。雌は雄の視線をたどり、その方向を目指した。私の心の目には、タイナー曹長が指さす方向をたどり、石壁に沿って進む三人の銃撃兵の姿が見えた。

第一位の雌とその一団が指示された場所に到達すると、雌はもう一度リーダーのほうを振り返った。雄はそちらに目をやってから、自分の前の地面をまっすぐに見下ろした。遠くにいる雌は目の前の地面を見下ろすと、その場所で自分の率いる三頭とともにうずくまり、待ち伏せの態勢に入った。

群れのリーダーは自分の右手にいる雄と目を合わせたあと、鹿に鋭い視線を投げた。その瞬間、二頭の雄は弾丸のように空き地に跳び出し、葉っぱを食べている鹿の親子めがけて全速力で突進した。鹿は狼に気づいたとたん、背中を向けて空き地の向こう側を目指して走った。すかさず第一位の雌が、三頭の仲間とともに待ち伏せていた場所から空き地へ跳び出した。それにたいして鹿はすぐに反応できず、第一位の雌狼が若い鹿の背中に襲いかかった。もう一頭の雌も鹿の尻に牙を立てた。鹿は二頭の雌に食いつかれて動きがにぶり、逃げきるための最短距離をとれなかった。一瞬後には二頭の雄も追いつき、たちまち鹿の息の根をとめた。二頭の子狼は、逃げた雌鹿を追いかけようとしたが、群れのほかのメンバーが動かないのを見ると、すぐに戻ってきて獲物の分け前にあずかった。

この光景と、私が演習で経験したこととは、恐ろしいほどよく似ていた。作戦の立て方——正面から襲いかかって獲物の注意を引いたあと、側面から攻撃する——は、ほぼ同じである。さらに驚くべきは、すべての指示が何ひとつ音をたてずに伝えられ、連繋行動に移された点だ。人間の攻撃の場合は指や腕の動きが、狼の攻撃の場合は頭や体の動きが、その伝達手段だった。その動作はたいていどれも「指し示す」形をとっていた。人間の場合も狼の場合も、指し示す動作にはそれぞれに意味があり、意思を伝え、集団の行動を連繋させる目的があった。人間も狼も、指し示す動作を使って「見ろ、あれが私たちの目的物だ」「あの場所まで行け」「位置につけ（しゃがむ、うずくまる、ある場所を確保するなど）」「ここで待て」「攻撃開始」などと伝えた。もちろん狼は武器にかんする話はしないし（ライフルも榴弾砲ももたないから）、所要時間についても伝えない（時計をもっていないし、「十分」が何を意味するのかわからないから）。

というわけで、指でものをさす行動は幼い子供の原始的な意思伝達手段であると同時に、複雑な身振り言語にまで発達しうることは明らかだ。犬もその野生の類縁も、この言語能力をもっており、ものを指し示す行動で複雑な意思を伝えることもできる。子供が指でものをさすことで意思を伝え、対象物を「あれ」と呼んでいるのだとすれば、犬にもまたものを指示する基本的な能力があると結論すべきだろう。彼らは（体と頭で）ものを指し示すことができ、相手の同じ行動を理解することもできる。ただし、体と頭で示されたことには自然に反応できても、人間の指さし行動を理解するには、特別な訓練が必要、というわけなのだ。

第十四章 性的な行動が語るもの

あるとき、年のころ四十五歳くらいのアデールという女性が、困りはてた表情で私に会いにきた。

「心理学者でいらっしゃる先生に、ご相談があってうかがいました」

私はそれを聞いてすぐに、彼女か彼女の家族に何か問題があるのだと考えた。私が心理学者と呼ばれるときは、かならずといっていいほど人間の問題にかかわる場合だ。そうでないときは、私はたいてい「犬の専門家《ドッグマン》」と呼ばれる。

「サミュエルのことなんです。ゲイじゃないかと心配で。どうすればいいか、先生に教えていただきたくて」

この手の相談を受けたのは、初めてではない。私はこんなときのために用意してある言葉を、頭の中でならべ始めた。若者は異性愛に落ちつく前に、同性愛を試したがったりするものです。それにたとえ息子さんが同性愛者だとしても、昔とちがっていまの社会はその種の行動にずっと寛容になっています。実際に、大勢の同性愛者が非常にしあわせで生産的な人生をおくっています……。そこまで考えて、ふと気づいた。アデールには息子はいない。それに彼女の夫はロジャーという名だ。だが、彼女の飼っているボクサーはいつもサミーと呼ばれている。

私は試しにこう尋ねた。「サミーは具体的にどんな状態なんです？」

「それが、二、三日前、公園に連れていったとき、彼がそのう……おわかりでしょう」彼女はため息をついた。「友だちのナンシーが飼っているゴールデン・レトリーバーのベンジーに……かかろうとしたんです。私たち二人とも大ショックで。私が彼をぶってベンジーの背中から引き離し、それでおさまったように見えました。でも昨日、また彼を連れて公園に行くと、彼が知らないラブラドール・レトリーバーの背中に乗っかって……おわかりでしょ。相手は雄なのに、交尾しようとしたんです。サミーが相手を雌だと勘違いしてるのかしらとも思いました。そこへ飼い主が駆け寄ってきて、『ウォルターは正常な雄犬なのよ。あなたの薄汚いホモ犬を、どけて！　だれか助けて！』と金切り声をあげました。

その人はわめきながら、自分の引き綱でサミーを打ち始めました。この騒ぎで人だかりができてしまい――じろじろ見られたんです！　ほんとにいやでした。私は二頭を引き離し、サミーを連れ帰りました。今日は公園には連れていきませんでした。また同じことをしでかしかねませんから」

ほかの犬の背中にまたがるサミーの行動は、アデールにもレトリーバーの飼い主にも完全に誤解されていた。どちらの女性も、またそのまわりの人びとも、性的行為にたいする自分たちの見方を、そのまま犬にあてはめていたのだ。犬のセックスについて多くの人が知っているのは、いわゆる「犬の体位」をとるということだけだ。だが、犬のセックスには、それをはるかに上回ることがらがあり、背中にまたがる行為はセックス以外にさまざまな意味がある。

犬のセックスについては、だれもが知っている事実がいくつかある。まず第一に、犬の場合、雄と雌ではっきりとちがいがある。人間も一部の類人猿も、雄雌ともに一年じゅう性交が可能である。その他の動物の大多数には、「シーズン」すなわち雄雌ともに交尾の態勢が整う短い期間がある。だが、犬の場合は雄が前者のパターンで、一年じゅう交尾の態勢ができているのにたいし、雌は交尾の態勢が整って積極的になる短い「発情期」が年に二回あるだけだ。

というと、この両者のちがいから、ほとんどいつも受け入れ態勢ができていない雌を相手に、雄犬は一年じゅう性的欲求不満の状態ですごすと思われるかもしれない。だが、それはちがう。雄はつねにセックスに関心はあるものの、実際に性欲をかき立てられるのは発情期の雌を目前にしたり、少なくともその匂いをかいだときだけだ。発情期（エストラス期と呼ばれる）には、雌の卵巣が受精を可能にするさまざまな性ホルモンを分泌すると同時に、雄を惹きつける独特の匂いを作り出す。エストラス（estrus）という言葉は、「狂気」を意味するラテン語からきている。それはこれらのホルモンが雌をいつもより活動的に、ときには支配的・攻撃的にするからだ。

発情期はおよそ二十一日間続き、三つの段階がある。第一の段階は発情前期で、九日間ほど続く。この時期に、雌はひどく落ちつかなくなり、ふだんよりさかんに歩き回るようになる。水を飲む量も増え、歩く先々で放尿する。この尿の匂いが雄を惹きつける。雄はその匂いをかいだあと、頭を上げて遠くをじっと見つめ、まるで深遠な哲学的瞑想にふけっているような顔つきをする。雄は雌の匂いをはるか遠くからでもかぎとるので、発情期の雌の家のまわりに、熱心な求愛者の群れができることも珍しくない。

発情前期が終わりに近づくと、膣分泌物に血がまじって黒ずんでくる。それをメンスととりちがえる人が多い。人間のメンスは排卵の「あとに」起こる。受精可能な期間の終わりを告げるものであり、妊娠にいたらなかったとき、胎児をささえるのに必要な組織が壊れることによって生じる。犬の場合、出血は排卵の「前に」起こり、膣の壁に変化が生じて排卵の用意が整ったあかしになる。

この時期の雌は、雄の立場から見ると、まさに俗語で言う「めす犬《ビッチ》」そのものだ。性的魅力たっぷりの香水を尿と一緒にあたりに振りまき、膣分泌物の匂いを風とともに運び、だれかれかまわず雄を誘う。だが、彼女は夢中になった雄たちをはねつける。近寄る雄に唸り声をあげ、威嚇し、追いかけて噛みついたりもする。それほど攻撃的でない雌は、ただ逃げ去るか、雄が背中に乗ろうとするとくるっと向きを変え、激しくあえぐロミオに、魅力的な尻ではなく恐ろしげな形相の顔をつき出す。

雌はそうやって雄をじらせているわけではない。まだ排卵していないのだ。排卵は本当の意味での発情期に入ってから二日目くらいで起こり、分泌物の水分が多くなり色が透明になると、交尾にたいして膣の準備が整ったことがわかる。そして排卵がおこなわれても、精子にたいする卵子の受け入れ態勢が整うまでに、だいたい七十二時間かかる。排卵期は二、三日しか続かないので、それまでに自分のまわりに大勢の雄を惹きつけて、いざというときに選べるようにしておくことが、肝心なのだ。

求愛の行動や信号は、遊びのそれと非常によく似ており、誘うための独特のしぐさがいくつかある。たいていの場合、選択権は雌にある。雌は受胎、妊娠、出産、出産後の子育てに大量のエネルギーをとられるから、それも当然だろう。野生の世界では、積極的に選択がおこなわれ、父親候補は強い拒絶にあう者と、熱心に求められる者とにわかれる。進化はすぐれた遺伝子を残すには、優位な強い雄を選んだほうがいいという知恵を、雌犬にあたえてきたのだ。

ここで、現在の犬と野生の犬族との性行動のちがいについて、ご説明しておこう。家畜化の過程で、人間は犬の生殖のあり方を大きく変化させた。具体的に言うと、本来よりはるかに多産にしたのである。野生の犬族の発情期は年に一度だけだが、バセンジーを例外に、家犬は年に二回発情期を迎える。家犬はまた、野生の類縁ほど交尾の相手をきびしく選ばない。これは人間による意図的な計画の結果であり、ある種の特徴をそなえた犬を作り出すために必要なことだった。

現在の犬種はいずれも選択交配をへて生み出された。選択交配のためには、ある種の特徴(独特の被毛の色、体型、獲物を回収したり家畜の群れを集めたりする行動能力など)をもった犬を、同じような特徴や、べつの望ましい特徴をそなえた犬と交配させる必要がある。このとき、発情期の回数が多いほど、さまざまな犬と交配させて遺伝子をまぜあわせ、人間の望みにぴったりあった犬を作り出しやすいのは明らかだ。だが同時に、このような意図的な交配は、選び出された雌雄の犬がおたがいを交尾の相手として受け入れないかぎり成功しない。家犬が相手をきびしく限定し、選ばれた相手を拒絶したりすれば、現在の犬種を作りあげることも、それを維持することもむずかしくなる。というわけで、相手を選ばないことが、家犬の望ましい特徴になった。

かたや野生の世界では事情がちがってくる。野生の犬族のあいだでは、相手を選ばない交尾は、破滅につながるだろう。数が増えれば、自分たちの食物資源が圧迫されるからだ。狼の群れには、だいたいいつも四頭から六頭のひと腹子しかいない。そしてそれはたいてい第一位の雄と第一位の雌のあいだの子供である。気候に恵まれず食糧が乏しいときは、そのひと腹子も産まない。

野生の犬族の求愛行動は何時間も続き、いったん中止して、翌日その続きをすることまである。ふつうは雌が求愛のダンスの口火をきり、雄に向かって突進しては走り去る行動を繰り返す。たいていの雄はこの行動にそそられるが、雄のほうがたまに「つかまえてごらん」と走り出すと、雌は雄のまわりを跳びはね、ときには雄を前足で打つ。これで効き目がないと、ゲームの本当の意味をわからせるかのように、実際に雄の背中に乗ろうとする雌もいる。そんなふうにたがいに追いかけ、身をかわし、あちらからこちらへと走り回る行為が延々と続く。その合間に遊びを誘うおじぎが入り、二頭がともに上体を低くして向き合ったり、まるでレスリングのように相手の胸や肩に前足をかけて押したりすることもある。

陽気にはしゃぎ回るこの時期がすぎると、夫婦候補となった二頭は近くに寄っておたがいの体を調べ始める。まずは鼻と鼻を何度かすりあわせて匂いをかいだあと、耳をなめあう。そしてやがて生殖器のほうへと移り、たがいの尻の匂いを時間をかけて調べる。ここで合図を出すのは雌のほうである。ころはよしとなると、雌は雄のほうに尻を向け、尾を片側に寄せて、準備ができたことを知らせる。この動作で、雄は雌の脇に回って顎を雌の背中に乗せ、いま一度彼女の意思をたしかめる。これが決定的瞬間である。雌がそのままじっと動かなければ、雄はうしろに回ってマウンティングをおこなう。雌の背中にのしかかり、前足で雌の後軀を抱え、ピストン運動を始める。これが、犬が実際の交尾のときにとる姿勢である。

　野生の世界では、群れの雌が発情期を迎えると、求愛行動がさかんにおこなわれる。だが、野生の犬族は相手をきびしく選ぶので、実際の交尾は非常に少ない。ある学者が狼の交尾行動を調べたところ、ひとつの群れで春の発情期に観察された求愛行動は、およそひと月間に千二百九十六回だった。それにたいして、完全な交尾はわずか三十一回。求愛行動の二・四パーセントしか、実際の交尾につながらなかったのである。

　犬の家畜化も、求愛行動のしかたには影響をおよぼさなかったようだ。犬、狼、コヨーテ、ジャッカル、ディンゴ、野生犬、さらには狐までが、同じ求愛のダンスをする。だが、家犬の場合は求愛の時間がはるかに短い。さらに重要なことに、求愛行動が実際の交尾につながる確率がずっと高い。純血種同士の交配の手筈が整えられたとき、交尾が成立しない例はきわめてまれで、不首尾に終わった場合は不審顔のブリーダー同士が理由を探りあうことになる。

　実際の性行為の中で、マウンティングがおこなわれるのは求愛ダンスの最後の段階で、雌が相手を本当に受け入れたあとである。では、二頭の雄犬のあいだでおこなわれるマウンティングはどうだろう。この場合はまず念入りに匂いをかぎ、尾も耳も立て、四肢を緊張させるのがふつうだ。求愛の最初の段階でおこなわれる、遊び行動のようなものはない。雄犬がべつの雄犬の背中に乗るときは、その意味も内容もセックスとほとんど関係がないのだ。

　マウンティング行動が性的な意図と無関係に起こりえることは、幼い子犬の行動を見てもわかる。思春期（生後六カ月から八カ月ころ）を迎えるずっと以前から、子犬はそのたぐいの行動を始める。子犬はふつう、歩き始め、仲間と遊ぶようになるとすぐにマウンティングをする。これは性的な行動ではなく、社会的に重要な行動なのだ。幼い子犬は、マウンティングを通して自分の肉体的能力と群れの中での可能性について学んでいく。この行動は基本的には支配性の表現である。強くてしっかりした子犬は、たんに主導権や支配性を示すために、服従的な兄弟や姉妹の背中に乗る。こうした行動はおとなになっても続く。それが意味するのは、セックスではなく力の強さや優位性である。

このマウンティング行動は支配性の信号であり、生殖とは無関係だから、相手の雌雄は問わない。相手に挑戦したり、自分の社会的支配性を確立するために、この行動は相手の性別とは関係なくおこなわれる。雄がべつの雄の背中に乗るのは、同性愛傾向の表われではなく、たんに「ここではわたしがボスだ」と言っているのだ。雌もやはり社会的地位を表明するためにマウンティングをおこなう。雌はほかの雌にたいして、あるいは雄にたいしてさえ、支配的になることができ、マウンティング行動でそれを示すこともある。これは性の倒錯ではない。犬の社会の構造は、性別だけでは決まらない。犬の世界の順位は、体の大きさや肉体的能力、そして気質、やる気、気迫といった特徴に、より強く左右されるものなのだ。

犬の社会構造には、三種類の順位がある。まず、群れの頂点に立つリーダーから、最下位の犬にいたる全体的な順位がある。そして第一位の雄と第一位の雌という雌雄それぞれの最高位があり、どちらかが群れのリーダーになる。そしてまた、その他の雄同士、雌同士のあいだにもそれぞれ順位が存在する。マウンティング行動は、いずれの順位を確立するためにもおこなわれる。つまり、雄が雄の上に、雌が雌の上に、雄が雌の上に、雌が雄の上に乗ることもありうる。いずれもセックスのための接近や誘いとはちがう。上に乗った犬の明確な社会的野心の表われと見るべきなのだ。優位の犬が頭や前足を相手の首や肩に乗せるといった支配性を表わす行動も、マウンティングのひとつの要素とみなせるかもしれない。支配的な「上位の犬」が、文字どおり「上に乗る」というわけである。

マウンティングは、たいていの場合が相手に自分の優位を示す行動なので、去勢すればマウンティングをしなくなるという説は、神話にすぎない。去勢するとテストステロンなどセックスに関連する雄性ホルモンが減少し、それによって犬の攻撃性が低下し、支配的な行動も抑えられるから、マウンティング行動が減ることはあるだろう。だが、去勢で犬の基本的な性格や個性が変わることはないから、支配的でリーダー指向の強い犬は、相変わらずマウンティング行動を続ける。雄性ホルモンが減ると、社会的な上昇指向が弱まることはたしかだ。だが、去勢の時期が遅いほど、支配的な特徴は残りやすい。雄犬を去勢すれば、生殖能力はうしなわれる。勃起はまだ可能だが、精子は生み出せない。つまり、いまだに発情期の雌に興味を示すのだが、交尾を試みても文字通り「実りのない」ものになる。

マウンティング行動をうとましく感じる人は多いが、牙をむきだして激しく攻撃する光景にくらべれば、おとなしくて無害なものだ。

クッション相手にマウンティング!?

最近、人間および犬の雄の性的行動と支配性の関係について、多くの学者が推論をおこなった。政界の大物たちの不倫が明るみに出て、マスコミで騒ぎたてられたことが、その発端だった。学者たちは政治家はたしかに社会の中で支配的な存在であり、指導者的な特徴と生物学的な性欲の強さは関連があるのではないかと考えたのだ。個体が支配的であるほど、(一夫一婦制をとる社会の場合)社会的に認められるか否かはべつとして、数多くの相手と性交する傾向が強いというわけだ。聖書によれば、ソロモン王は妻を千人以上もったというではないか。学者たちは、ある種のホルモンの効力をゼロにする特殊な薬品を使って、性欲と支配的な特徴とを分離させることも可能だと指摘した。そうすれば、支配性は強いがみだらにはならない政治家を作り出せるだろう。そして逆に、社会的には無責任で相手を選ばずセックスを楽しむ、六〇年代後半から七〇年代前半に多かったロック・スターやヒッピーのようなタイプも作り出せる、というわけだ。だがあいにく、学者のひとりが指摘したように、この仮説をたしかめるには政界の大物に「治療」を受けてもらうことが必要である。私の知るかぎり、その候補に名乗りをあげた政治家は、まだひとりもいない。

犬が人間にマウンティングを試みることは多い。先にお話ししたとおり、マウンティング行動はたいていの場合、支配性の表明である。犬があなたの膝を抱えて楽しげに腰を動かすのは、「あなたが好き」と言っているわけでも、性的に興奮しているわけでもない。犬が人間にマウンティングするときは、かならずと言っていいほど、自分のほうが優位だと主張しているのだ。このような犬の「言葉」を、許しておいてはいけない。人間のほうがつねに犬の上に立つことが肝心な群れの順列をたもつために、やめさせる必要がある。

人にたいするマウンティングをやめさせるには、どうすればいいか。マウンティングは社会的優位性の信号だから、大切なのはあなたが支配性を明確に示すか、その行為の社会的意味をうしなわせることだ。支配性を示す手っとり早い方法が、基本的な服従訓練である。初級の服従訓練を受けさせるだけで、この種の行動は驚くほど消えうせる。訓練では犬をあなたの命令に従わせることが基本なので、あなたのほうが優位に立つ。犬は自分より優位だと感じる個体にはマウンティングをしない。ふたたびマウンティング行動を始めることがあれば、犬には強く「ノー」と言ってすぐに引き離し、「すわれ」や「伏せ」の命令に従わせ、「待て」と言って一、二分そのままの状態を続けさせる。この命令に強制的に従わせれば、穏やかに人間の側の優位が再確認され、マウンティング行動はなくなるだろう。

ときおり、とくにおとなしくて言いなりになりがちな飼い主と、大型で支配性の強い犬のあいだでは、この行動がなかなか消えないことがある。そんな場合の最良の方法は、社会的支配性にふくまれる「社会的」な要素を奪うことだ。マウンティング行動をしたときに、犬との肉体的な接触を完全に断つのだ。肉体的接触と社会的注目は、犬にとってきわめて大きな褒賞である。具体的には、短い引き綱を犬の首につけておくだけでいい。犬があなたや子供や客人にマウンティングをしかけたら、引き綱をとって犬を誰もいない部屋に連れてゆき、ドアを閉めて三分ほど接触を断つ。こうして「小休止」をとったあと、ドアを開けて何も声をかけずに犬を人間のいる場所に戻す。

あるとき私は、トラッカーという名のフォックス・テリアを飼っている女性に、マウンティング行動をやめさせるためのこの方法を教えた。トラッカーは体重八十キロの夫が家にいるときはおとなしいのだが、彼がいなくなるとたんに彼女にマウンティングをし、昼間のあいだ何度もその行為を繰り返すという。犬をべつの部屋に閉じ込める方法を実践して一日目に、彼女は私に電話をかけてきた。

「だめですわ。今日はトラッカーを二十五分も閉じ込めなくてはいけませんでした」

「そのまま続けてください」私は言った。「トラッカーは、一年以上も自分の優位を主張してきたんです。一朝一夕にはなおりませんよ」
二、三日後に、また彼女から電話があった。「ずっと減りました。日に五、六回といったところです。でも、べつの問題が出てきてしまって。トラッカーがソファーのクッションを抱いて腰を動かすんです！」
「それは置き換え行動と呼ばれるものです」私は説明した。「あなたにたいしてはうまくいかないので、何かかわりに支配できるものを探したんです。たとえクッションであろうとね。トラッカーがマウンティングしようとするものは、すべてとりのぞいてください。何かにマウンティングしているのを見たら、その都度あなたにマウンティングしたときと同じように、べつの部屋に三分間閉じ込めてください」

その後はマウンティングして閉じ込められる回数が日ごとに減っていき、三週間ほどたつと回数はゼロになった。お忘れなく。マウンティングは犬にとって、社会的支配性を伝える行動なのだ。それをするたびに群れから引き離され、まわりに誰も支配すべき相手のいない状態に置かれるのであれば、犬にとってマウンティングはむだな行為になる。信号は、役に立ち、望ましい結果を生むものでなくては意味がない。望ましくない結果を生む信号が、しだいに使われなくなるのは当然である。

第十五章　手話とキーボード

犬の言語にかんして初期の学者たちがどう考えたかについては、この本の第二章でご紹介した。動物の生産言語を研究するにあたって、学者たちはつねに話し言葉を基本としたようだ。つまり、人間のように意味のある声を出して話せないなら、動物にはほんものの言語はないというのが、その主張の原則だった。だが、すでにおわかりのとおり、犬もたしかに意思を伝達する。ただしその手段は高度に練りあげられた声ではなく、信号や合図の形をとることが多い。犬その他の動物のボディランゲージや動作を生産言語と認識するなら、動物には初期の学者たちが考えたよりも、はるかに高い言語能力があると言えるだろう。それは言語学者が「ほんものの言語」と認めるほど、高度な水準に達しているかもしれない。

まず最初に申し上げておきたいが、この考え方はけっして革新的なものではない。言語は声をともなわずとも成立する。耳の聞こえない人が使うコミュニケーション手段が、その例である。聴覚障害者は日常会話の音を感じとれず、ほかの人たちの話を聞くことはできない。だが、動作にもとづく言語を学ぶことはできる。アメリカでは、耳の聞こえない人はたいてい米国手話言語（ASL）を使う。

動作によるこの複雑なシステムは、言語と言えるだろうか。既存の言語をそのまま翻訳しているわけではないが、たしかに文法もふくめて言語に期待される要素をすべてそなえている。しかも手話はたんにものを指し示すだけではない。頭の中の考えを表現し、過去に起こったこと、あるいはこれから起こることも描写できるのだ。そして、現実に存在しないものについても、表現し物語ることができる。手話を使って話し言葉と同じように、複雑な話が可能なのだ。

手話は子供が話し言葉を学ぶときのように、自然に学びとれる。聴覚障害者で手話を使う両親のもとに生まれた子供は、かんたんに手話を身につける。子供自身は聴覚障害でなくても、正式に教えられるまでもなく、両親との日常的な接触を通じて手話を学ぶのだ。それは、話し言葉に囲まれて育ち、両親の言葉を学びとるふつうの子供と同じである。言語の発達のしかたもふつうと変わるところはなく、喃語も話す。ただし声ではなく、動作で喃語を話すのだ。というわけで、言語は口から出るものとはかぎらない。手その他の体の部分を使う動作も、言語になりうるのだ。

動物が「人間のような声」を出して話せないかぎり、言語をもつとは言えないという考え方から解放されると、動物の言語にたいして、より開かれた考え方がとれる。すでに見てきたとおり、動物にはたしかにボディランゲージがあり、動作が可能である。動物の中には、手話のような複雑な動作ができないものもいれば、できるものもいる。さらに、いったん話し言葉の足かせをはずせば、筋肉を自在に動かせない動物のかぎられた動作を、技術の力を使っておぎなうこともできるだろう。

新世代の研究者たちが、動物の言語について調べ始めたとき、彼らが対象として最初に選んだのは、犬ではなかった。初期の学者たちの手本にならって、人間に最も近い動物、すなわち類人猿が選ばれたのだ。そのほうが成功率が高いと思われたためである。典型的な人間の家庭で育てられたチンパンジーの話は、すでにご紹介した。そのチンパンジーには人間の子供と同じ状況で言葉が教えられたが、意味のある声を出して話すことはできなかった。だが、早くも一九二五年に、霊長類行動心理学者のロバート・ヤーキーズは、類人猿は言いたいことをたくさんもっており、ただ話ができないだけだと推論した。彼は、類人猿に手話に似たものを教えることは可能だろうと考えた。この推論が実際に試されたのは、一九六六年のことだった。実験をおこなったのは、ネヴァダ大学のアレンとベアトリスのガードナー夫妻である。二人は類人猿の手がとても柔軟で、数々の動作が可能である点に注目した。

ガードナー夫妻は、推定年齢一歳くらいの雌のチンパンジーを手に入れ、ワシューと名づけた。生後二、三カ月まで母親に育てられたあと、捕獲されたチンパンジーである。ワシューはガードナー家の千五百平米ほどの裏庭で暮らした。必要な設備の整ったトレーラーハウスをあたえられ、そこにはトイレもキッチンも、寝場所もあった。そのような環境の中で四年間、研究者たちはワシューと手話だけを使って意思を通じ合わせた。ただ日常的に手話で話しかけてワシューに意味を学びとらせたほかに、系統立てて教える試みもなされた——霊長類のための手話言語教室のようなものである。

昼のあいだは、研究チームのメンバーが交代でワシューとともにすごした。ワシューの興味を引くようなことをして遊ばせながら、彼らはワシューと手話でおしゃべりをした。ワシューは近所に出かけることも、客を迎えることも多かった。そして走り回ったり、木に登ったり、ガードナー家の裏庭にある遊び道具を使ったりもした。その合間にレッスン時間が設けられ、手話が教えられた。先生の動作を真似るように教えられたほか、自分の手をさまざまな合図の形にすることも要求された。ワシューの学習をはげますために、物や状況について正しい合図が出せたときは、ごほうびがあたえられた。

ワシューは手話を覚え始め、人間の幼児が言語学習の最初の段階で示すような、動作による喃語なども観察された。そして最終的には百三十二種類の手話を覚えたのである。

ガードナー夫妻とともに研究をおこなっていたロジャー・フーツは、ワシューをセントラル・ワシントン大学の霊長類センターに引き取って、研究を続けた。彼はワシューが人間の子供と同じように言葉を使っている明らかな証拠を、「自発的な手のおしゃべり」に見出した。あるとき、彼はワシューが入ってはいけない部屋にこっそり忍びこむのを目撃した。そのときワシューは、自分に向かって「静かに」と合図していたのである。

ワシューの生産言語能力を調べるなかで、すばらしい発見がいくつもあった。たとえば、ワシューは人間の子供と同じような間違いをしがちだった。言葉にたいする動作を間違えるのではなく、物の意味をとりちがえたのである。猫の写真を見て「犬」と合図を出したり、櫛の写真を見て「ブラシ」と、肉の写真を見て「食べ物」と合図を出したりしたのだ。そして間違えた場合にはそれを正すことまでした。あるとき、雑誌に載っていた飲み物の写真を見て、「食べ物」と合図を出した。そのあとでワシューは自分の手を見てしぶい顔をし、あらためて「飲み物」と合図を出し直した。これは、子供が自分の言い間違いを、「ちがう！　そうじゃなくて、あれは……」と言って直すのに似ている。

ワシューは手話で単語を覚えただけでなく、二語あるいは三語を組み合わせた合図まで学びとった。「リンゴをちょうだい」とか、「バナナをもっと」と頼むことも、「リンゴ赤い」「ボール大きい」などと表現することもできたのである。相手に行動を要求することもできた。「あなた、わたし、掻く」と言ったり、部屋を出るときに「外、出る」と方向を示したり、眠くなったときに「ベッド、中、入る」と頼んだりしたのである。

ワシュー以降、数多くのチンパンジーに手話が教えられた。彼らの言葉の使い方や構成は、人間の二歳半から三歳の子供に驚くほどそっくりだった。チンパンジーは既存の合図を使って物に新しい呼び名をつけたりもした。たとえばスイカを「飲む果物」、白鳥を「水の鳥」と呼んだのだ。あるものを呼ぶのにふさわしい合図がないときは、新たに作り出した。その興味深い一例として、ワシューは「よだれかけ」と言うときに、自分の胸によだれかけの形を指で示した。だが、名称としては「よだれかけ」より「ナプキン」のほうが一般的なので、ガードナー夫妻はワシューに「ナプキン」を意味する合図を教え込んだ。ひと月ほどあとに、カリフォルニア聾学校の手話を話す聴覚障害の子供たちが、ワシューの映像を見た。ワシューが「よだれかけ」を「ナプキン」と合図しているのを見て、彼らは研究者たちに合図が間違っていると言った。そして子供たちは手話で「よだれかけ」の合図を示した。自分の胸の上によだれかけの輪郭を指で描いてみせたのである。それはワシューが自分で考え出した合図と、ほぼ同じだった。

そしてなんと、チンパンジーは悪態までつけるようだ。それが初めてわかったのは、ワシューがオクラホマ州ノーマンにある霊長類研究所に移されたときだった。このときワシューは、広い囲いでほかのチンパンジーや猿たちと一緒に暮らした。観察されたところでは、ワシューはここでも手話を使い続け、ほかのチンパンジーに手話を教えもした。教え方はおとなが子供に言葉を教えたり、自分の言葉を外国人に教える方法とよく似ていた。そのころワシューは、排便や糞のかたまりをさすとき「きたない」という合図を使っていた。一頭のアカゲザルと喧嘩になったとき、ワシューは相手を「きたないサル」と呼んだ。それからというもの、ワシューは「きたない」という合図を、自分の要求をきいてくれない人間にも使うようになった。人間とまったく同じ悪態を覚えたのである！

ロジャー・フーツは、ワシューを何頭かの若いチンパンジーと一緒にして家族のように暮らさせた。彼は妻のデビーとともに、チンパンジー同士の会話を四十五時間にわたってビデオに撮影した。その結果、人間の家族と同じように、チンパンジーがふだんの生活の中で雑談することがわかった。ゲームで遊んだり、毛布を分けあったり、朝食をとったり、眠りにつこうとしているときに、おたがいに手話を交換したのである。手話を使って問題を解決しようとまでした。二頭の若いチンパンジー、ルーリスとダールが喧嘩をしたとき、ルーリスはわるいのはダールだと責めた。彼はダールに向かって、「わたし、いい子、いい子」と合図した。そこへワシューがダールを叱りにやってきた。ダールは、なりゆきを見てとった。近づいてくるワシューに走り寄ると、猛烈な勢いで「来て、抱っこ」と合図を繰り返した。ワシューは気持ちをやわらげ、かわりにルーリスを叱り、出口のほうを指さして「行く、あそこ」と合図し、部屋を出ていくように言った。

人間以外の動物で手話を学べるのは、チンパンジーだけではない。あるオランウータンは五十以上の動作を覚え、心理学者のフランシーン・パターソンはココという名の低地ゴリラに三百種類の動作による合図を教えた。ワシューと同じく、ココは悪態もつけるようになったほか、何かごほうびがもらえそうなときは、ときどき手話で嘘もついた。

類人猿の言語能力

懐疑派の人たちは、これらはいずれも本当の意味での言語とは言えないと考える。類人猿の言語はつねに何かにたいする要求であり、ある動作をすれば褒賞がもらえると機械的に記憶しているにすぎないというのだ。犬が「すわれ！」という命令に反応して、腰を下げて坐る姿勢をとると、食べ物をもらえたり、頭をなでてもらえたりする。犬はある音と動作のあいだの関係を学びとってはいても、「すわれ」という言葉の意味を学んでいるわけではない。同様に、チンパンジーが「何がほしい？」という合図にたいして、「リンゴをください」と合図したとしても、そこに言葉の意味や配列の概念はなく、たんにある動作をすれば褒賞にありつけるのがわかっているだけだ。それが彼らの主張である。

この意見は、いくつかの点においてあまり説得力がない。そのひとつは、人間の言語の多くが、表現のうえでは要求のかたちをとらなくても、実際には文脈上何かの要求になっているという事実である。たとえば、「足が痛い」と言ったとする。これはある状態の叙述であり、「リンゴをください」のような要求とはちがうように思える。だが、「足が痛い」という言葉が、聞き手に要求として受け取られる状況は多い。医師の診察室でこの言葉が発せられたなら、それは治療して痛みをなくしてほしいという要求になる。登山の最中であれば、ひと休みしたいという要求と解釈できるだろう。同じ言葉が会社の退け時に友人にたいして発せられたなら、車で送ってほしいのだと解釈されるだろう。家に帰ってきたときであれば、愛する人にいたわられ、やさしい言葉をかけてもらいたいという表明かもしれない。

動物の言語がたんなる機械的記憶ではなく、人間の言語の特徴をそなえている証拠もある。人間の言語では、同じ内容を伝えるのにさまざまな言い方ができる。「少年がボールを打った」「ボールは少年に打たれた」「少年が打ったのはボールだった」「少年に打たれたのはボールだった」というぐあいに。言い回しはちがうが、すべて同一の内容を伝えている。ワシューもそれと同じことをした。たとえば、ドアが閉まっていると、さまざまな言い回しをした。「鍵、ちょうだい」「鍵、開けて」「鍵、入れて」「鍵、開けて、どうぞ」「もっと、開けて」「入れて、開けて、助けて」「鍵、開けて、助けて、急いで」などと、同じひとつの状況について十三種類の伝え方が記録されている。ある結果を生み出す合図を機械的に記憶しているだけなら、褒賞につながる言い回しをひとつ覚えたら、それをひたすら繰り返し使うはずであり、変化形の必要はないだろう。

日常的なチンパンジーの会話を写したビデオテープには、何かを要求する以上の言葉も示されていた。チンパンジーはその日のできごとや、自分の頭にあることがらについて、よく坐り込んでおしゃべりをした。彼らは自分の好きな食べ物についても話したが、それは食べ物を手に入れるためではなかった。そのときは人間が近くにいなかったからである。ただ、食べ物の評定をしていたのだ。一頭が「リンゴ、いい」と言うと、べつの一頭がそれにさからって「バナナ、いい」と自分の好みを主張した。あたりに食べ物がなくても、きらいな食べ物について言い合ったりすることもあった。ガラス窓の向こうをコーヒーカップを手に通りすぎる人間に気づくと、一頭が「コーヒー」と言い、（コーヒーはにがいと感じている）べつの一頭が、「コーヒー、わるい」と応じた。語彙は少なく文章はごく短いが、聴覚障害の子供たちと同じような手話の使い方をしているのがわかる。

研究者の立場からすると、これらの結果は興味深いものの、手話を使うことすなわち類人猿に言語がある証拠とみなすのはやや問題がある。チンパンジーと会話をかわす観察者が、過剰解釈をし、その反応に意味を読みとりすぎる可能性もある。無意識のうちにチンパンジーの行動を誘導したり制御したりして、実際以上に言語能力があるように作ってしまうこともあるだろう。それを避けるために、類人猿に道具を使って読み書きを教えようと試みた研究者もいた。

類人猿に初めて図形的な言語を教えようとしたのが、デヴィッド・プリマックだった。彼はまずはカリフォルニア大学で、のちにはペンシルヴェニアでこの研究を続けた。プリマックの最初の生徒は、研究室で育てられた六歳になるチンパンジー、サラだった。プリマックは文字のかわりにさまざまな色と形をもつプラスチック片を使い、それぞれ裏側に金属をつけて磁気ボードに貼りつくようにした。プラスチック片の形は不統一で、それで表現する対象物の形とは何の関連もなかった。そして言葉には「ちがう」「ない」「もし……だったら」など、抽象的なものも数多くふくまれていた。サラはこれらの形を言葉として「読む」ことを学んだ。つぎに単純な学習を通して、答えを書くことも教えられた。プラスチック片を選び出して、質問や要求にたいする答えになるように並べるのだ。サラは百三十語ほどの言葉を覚えた。これはワシューが覚えた手話の数とだいたい同じだった。しかもサラはプラスチック片を並べて、かなり複雑な文章を「書く」こともできた。「もし」という場合を想定して、取引までしたのである。たとえば、サラはこんなふうに書いた。「サラ、メアリーに、リンゴ、あげる　もし、メアリー、サラに、チョコレート、あげたら」

この研究はさらに一歩進んだかたちで、ジョージア州アトランタ郊外のヤーキーズ霊長類生態学研究所で働くドゥエイン・ランボーとスー・サヴェージ=ランボーに引き継がれた。二人は、動物の中でも言葉の天才と言えるチンパンジーの一種に行き当たった。絶滅の危機に瀕しているパン・パニスカス、別名ピグミー・チンパンジーである——この名称は誤解を招きやすいが、実際の体格はふつうのチンパンジーと同程度だ。この種はボノボとも呼ばれている。彼らには基本的にプリマックと同じ方法で言葉が教えられたが、ただ完全にコンピュータ化されていた。七十五から九十のキーが並ぶキーボードが使われたのである。どのキーにも不統一なシンボルがしるされていた。キーが押されると、ライトがついてそのシンボルが画面に現れる。そしてチンパンジーはそのシンボルをつなぎあわせて、「文章を書く」のである。

ボノボが実際にしてみせたことは、じつに感動的だった。ときにはシンボルを使って、自分が要求するものではなく、たんにそのとき目にしたものを描写したり、名前を書いたりした。また、ときにはキーを打って過去にあったできごとを叙述することもあった。たとえば、一頭のボノボは自分の手についている傷痕について、母親に打たれたと説明した。非常に創造的な要求をすることもあった。相手にたいして、自分以外の誰かに何かをするよう頼んだりもしたのである。一頭のボノボは、研究者にべつのボノボを追いかけるところを、自分に見せてほしいと頼んだ。

これらのチンパンジーは、手話が話されている環境に置かれたわけではなく、研究者の話す英語に囲まれて暮らした。研究者は新しいシンボルを教えるとき、声の響きもシンボルと結びつくようにボノボに話しかけた。そして日常的にもよくボノボに声をかけた。人間の子供が話し言葉に囲まれて育つのと同じである。そのためボノボの受容言語能力も発達し、話される英語を非常によく理解するようになった。彼らは、初めての組み合わせで言葉を並べた命令にも反応できた。たとえば、「鍵をとって、冷蔵庫に入れなさい」と言われた場合。それぞれの単語は知っていても、この文章には彼らには未経験の内容がふくまれていた。それでもボノボは正確に反応したのである。

ボノボが言葉を学びとる方法は、人間の子供の場合とじつによく似ていた。ほかの者が言葉を使うようすを観察し、言葉を介した日常的な接触を通して、学びとっていったのだ。カンジというボノボは、幼いときに母親が言葉を教えられる場面を眺めて、キーボードで文章が打てるようになった。研究者は母親に教えるのを途中で断念した。覚えがわるく、それほど利口ではなかったからだ。だが、母親が研究室を離れたあと、カンジが受容言語だけでなく、生産言語もかなり習得していることが実証された。彼はすでに食べ物を要求するときのキーボードの使い方を正確に身につけていたほか、テレビを見る、ゲームで遊ぶ、友だちに会いにいくなど、自分のしたい行動をキーボードで要求することもできた。おそらく最も驚くべきは、カンジがキーボードを使って自分の意思を伝えたことだろう。「カンジ、リンゴ、食べる、それから……ベッド、行く」といったぐあいである。カンジの言語の使い方は、人間の三歳児の能力水準に匹敵すると述べた学者もいた。

詩を書く犬

こうした類人猿の言語能力にかんする研究は期待を抱かせるが、それを犬にあてはめるには限界がありそうだ。たしかに研究では、動物にはある種のボディランゲージ（手話もそのひとつだ）のほうが、声として出す言葉より学びとりやすいことが示されている。手話による実験が犬にはそれほど期待できないのは、犬が言葉を形作るほど声を制御できないのに加えて、手を自在に動かせないためだ。犬には類人猿のような器用さはなく、動作を形作れない。前足は柔軟に動かせるが、指がないので手話や複雑な合図に必要な形を作れないのだ。犬は教えられればものを鼻でつついたり、前足を使ってものを押さえつけることはできるようになるだろう。だが、犬が何かを操作するときに使うのは基本的には口と顎である。

だが、最近ではコンピュータのキーボードでかなりの成果が期待できそうだ。犬に鼻でキーを押すように訓練することは可能で、前足で特定のキーを押すことまでできそうである。そしてシンボルに応じた反応ができるようになれば、人間の言語のある部分を教えることは可能に思われる。

そこで思い出されるのが、エリザベス・マン・ボルゲーゼとアーリの物語である。それは、プリマックやランボー夫妻のシンボルを使った実験より以前の、さらにはガードナー夫妻がワシューに手話を教えるよりも以前のできごとだった。エリザベスは、ドイツの作家で一九二九年にノーベル文学賞を受賞したトーマス・マンの末娘だった。彼女も著作家であり、環境保護の活動家で、動物行動学を熱心に学んだ。一九六二年十月に、エリザベスは三年がかりになる実験の、第一歩を踏み出した。愛犬のアーリに読み書きを教えようと考えたのだ。彼女は最新のコミュニケーション・システムではなく、人間の言葉を使った。そして四頭のイングリッシュ・セターの中から一番頭がよく、学習効果があがりそうなアーリを選んだ。この実験が終わるころには、アーリはエリザベスが話す言葉をタイプで書きとることができるようになった。

教え方はきわめて単純で、数枚のプラスチックのカップの上にかぶせたプラスチックのソーサーが使われた。ソーサーにはそれぞれ図形が描かれていた。犬の役目は、指示された図形がどれかを判断し、そのソーサーをカップの上から鼻でどけることだった。正解のときは、ごほうびとしてカップに入っているおやつが食べられた。エリザベスは、まず大きな黒い丸が一つ、および二つついたソーサーから始めた。「一」と言われたら、丸が一つついたソーサーを選び、「一、二」と言われたら、丸が二つついたソーサーを選べば正解である。この言語学習の第一段階には、まる四週間かかった。

犬が図形にたいして敏感になるように、彼女は二つの異なる図形を識別する訓練もおこなった。十字と丸、三角と四角、といったぐあいである。犬が数々の図形を識別できるようになったところで、彼女は複数の中から答えを選択する訓練に入った。ここで犬はそれぞれ丸が一つ、二つ、三つついた三種類のカップを見せられた。「一、二、三」という新しい命令を聞いたら、新しく加わった三つ丸のあるパターンを選ばねばならない。カップの並ぶ順序はその都度入れ換えられたから、正しい数字のついたカップを探し当てるには、きちんと丸を数える必要があった。アーリは生まれながらの数学の天才ではなかったが、毎日訓練を続けて三カ月後には三つまで数えられるようになった。

しばらくお休みをとったあと、アーリはそれまで以上に速く学びとるようになり、わずかひと月で四つまで覚え、「犬」と「猫」という二つの単語のちがいもわかるようになった。エリザベスは、こう語っている。「『犬』と言われたら犬と書かれたソーサーを倒し、『猫』と言われたら猫と書かれたソーサーを倒す、犬はそんなふうにして『読む』のです」

その後数週間のうちにアーリは、六まで数えられるようになり、犬、猫、鳥、アーリ、ボール、骨という単語が読めるようになった。二つの数字を見せられて、数の大きいほうをあてられるようにまでなった。ただし、エリザベスは「それには何日も何週間もかかり、何千回となく間違いをかさね、失望と挫折を繰り返した」と認めている。

アーリにあたえられたつぎの仕事は、文字の綴りを学ぶことだった。エリザベスは「犬（DOG）」など、アーリがすでに知っている単語を選び、それぞれにD、O、Gの文字が書かれた三枚のソーサーを見せた。アーリには、ソーサーがODGあるいはGDOといった順番で並んでいても、課題に出された単語の正しい綴りどおり、D、O、Gの順でソーサーを倒すことが要求された。やがてエリザベスは、DCOAGTといったぐあいに、複数の単語が入りまじった文字を見せ、アーリに「DOG」あるいは「CAT」を拾い出させることもした。

訓練はつねに順調に進んだわけではない。アーリは疲れたときや、課題が特別むずかしいときは、ひどく困惑した表情で立ちつくし、助けを待った。また、ソーサーを手当たりしだいに倒すこともあった。試験勉強をしなかった大学生が、多項選択式のテストで、何も答えないよりまぐれあたりででも点数をかせぐほうがましと、でたらめに解答を書き込むのに似ていた。

アーリが文字のついたソーサーをかなり正確に選べるようになったところで、電動タイプライターが運びこまれた。キーボードには二十一種類の文字のキーと空白《スペース》キーがついており、アーリにも鼻で押して打てるようになっていた。当時コンピュータはそれほど普及していなかったため、自分が打ったものを目で確認できるような特製の画面はなく、アーリはひと文字ごとに紙に打ち出されたものを見てたしかめるしかなかった。アーリを助けるために、エリザベスは拡大鏡を紙の前にセットして、タイプされた文字が拡大されて見えるようにした。だが、これは結局使われなかった。アーリは文字が打たれた紙にまったく関心を示さず、打ち出された文字とキーを打つ作業とを結びつけて考えることはなかったのだ。アーリにしてみれば、自分がいったん単語をタイプしたら（というより、文字を「行動に移したら」）、仕事はそれで終わりだった。文字が打ち出された紙は、彼にとってせいぜい嚙みちぎるくらいの価値しかなかったろう。

アーリはかなりの速度で単語が書けるようになった。ARLI、PLUTO（プルート、エリザベスが飼っているもう一頭の犬）、DOG、CAT、BIRD、CAR、ROME MEAT、BONE、EGG、BALL、GOOD、BAD、POOR、GO、COME、EAT、GET、AND、NOである。これらの単語はアアアーーーリリリーーーといったぐあいに、はっきりと長くのばした発音でアーリに教えられた。残念ながらアーリは、それぞれの単語に何かの意味を結びつけることはないようだった。読み方を学ぶというよりは、「書き取り」をしている感じだった。ほどなく彼は文字を十七種類、単語を六種類覚え、「いいアーリ、車、行く、そして、わるい犬、見る」といった文章を正しくタイプできるようになった。エリザベスは一年間のアーリの成果を誇らしく思った。そしてアーリの実力を信頼して、自分のクリスマスカードまで彼にタイプさせたのである。

アーリは自分がタイプした文章の意味を、理解していたのだろうか。エリザベスには確信がなかったが、あるできごとが彼女に希望をあたえた。アーリを連れて旅に出たあいだに、アーリが胃腸をこわし、元気をなくしたことがあった。そんなある日、エリザベスは彼を呼んでタイプを打たせた。アーリはものうげで、「いい犬、もらう、骨」と書き取らせようとしても、上の空で、気のりがしないようだった。彼女が立って見ていると、アーリはようやくタイプに近寄って、鼻でキーを押し、「a」の文字を打った。書き取らせようとした文章には「a」はふくまれていなかったが、彼女はあえてやめさせなかった。アーリはキーを打ち続け、ゆっくりと、文字と文字のあいだを正しくあけて、「わるい、わるい、犬（a bad a bad dog）」と書いたのである。エリザベスはついに突破口が開けた、これで愛犬と文字を使ってほんものの意思伝達ができると大きな期待をもった。

アーリの健康がすっかり回復すると同時に、エリザベスは新たな実験をおこなった。文章を書き取らせずに、自由にタイプさせたのである。アーリの頭に（あるいは鼻に）浮かんだことを、何でも打たせてみた。その結果を見た彼女は、アーリが書いたのは散文ではなく詩だと考えた。アーリは文章を長く続けて打ち出したが、エリザベスは単語のあいだに注意深くスペースをあけ、段落をつけ、韻を踏んでいるような部分を強調した。そしてどの「詩」にも、題名をつけて完成させた。

アーリの書いた詩の中で、理解可能な言葉は少ししかない。私が気に入っているのは、この詩である。

「ねねこをねどこに（BED A CCAT）」
ねごはわる　cad a baf
わるだだま　bdd af dff
だべだば　art ad
づぎばばアーーリ　abd ad arrli
ねねこ　ねどこに　bed a ccat

エリザベスは犬が書いたことは伏せて、アーリの作品をいくつか有名な現代詩の評論家に送った。その評論家から、こんな返事がきた。「詩はどれも魅力的です。ブラジル、スコットランド、ドイツの『コンクリート・ポエトリー（文字の絵画的配列で表現をおこなう詩）』派に非常に共通するところがあります。彼らとすでに連絡はとっているのでしょうか」そして彼は、才能がうまくのばされれば、アーリがやがて「現在この種の詩を書いている」アメリカの詩人eeカミングズの域に達するだろうと指摘した。

エリザベスはアーリの才能をはぐくむこともできたが、そうはしなかった。のちに彼女はこう書いている。

「すでにかなり豊富にたくわえられた語彙や単語の組み合わせの中から、アーリに自由に選ばせ、正しく打たれた言葉だけにごほうびをあげる方法で、たんなる文字の羅列ではなく、本当の文章が打てるように訓練することもできただろう。そしてしばらくすれば、彼の詩はコンクリート・ポエトリー風ではなくなり、人間的なものに近づいただろう。

だが、私は中止した。自発的にタイプを打つのはアーリの神経にはつらいことだった。彼は落ちつきをうしない、キーを前足で打ち、クンクン、キャンキャンと鼻を鳴らし始める。『わたしに、わかるわけがないでしょ』と彼は言っているようだった。『書き取り！　どうかお願い、書き取りがいい！』」

残念ながら、犬にとって書き文字は意思を表わす最高の手段とは言えないようだ。アーリは、以前に研究報告書をワープロに打ち込んでもらった私の秘書に似ている。彼女が仕事にとりかかって数日後に、私は彼女のデスクに立ち寄り、内容に興味が湧くかいと尋ねた。

「わかりません」彼女は答えた。「打っているだけで、読んだり理解したりはしていませんから」

同じようにアーリも、エリザベスの秘書犬だったのだろう。

第十六章　匂いが語るもの

犬の言語について知識を得れば、私たちは犬を理解し、さらには犬と意思を通じあわせることまでできる。ただし、それは人間の感覚が受けとれる犬の信号にかぎられる。私たちは犬が声で送るメッセージを聞きとり、顔の表情を読みとり、接触による信号を解読し、意思を伝える「ダンス」や体の動作を目で見て解釈する。だが、ふつうの人には永久に読みとれない犬の重要な意思伝達手段がもうひとつある。それは匂いによる言葉だ。

平均的な人にそなわる臭細胞は約五百万個で、人間の匂いにたいする敏感さは、哺乳類の最下位から三番目である。かたや平均的な犬にそなわる臭細胞は約二億二千万個。匂いにたいする敏感さは、人間の四十四倍というわけだ。しかも進化によって、犬の鼻はその膨大な臭細胞を最大限に活用できる設計になっている。まず第一に、犬の鼻孔は動かすことができ、匂いの方向をたしかめるのに役立つ。匂いのかぎ方も人間とちがっている。犬は肺まで息を吸い込まずに、三回から七回ほど連続してかぐことによって匂いを鼻に運び込める。犬の鼻の内部には、人間にはない骨のようなものがある。吸い込まれた空気はこの骨の層を通過し、たくさんの匂いの分子がそこに付着する。この層の上側は、吐き出す息で「洗浄される」ことはないため、匂いの分子は付着したままそこに集まる。犬がふつうに呼吸するとき、空気は鼻を通過して肺へと降りていく。だが、クンクン匂いをかぐときは、空気が鼻の中にたまり、匂いは濃度を高める。つまり、ごくわずかな匂いでも識別できるというわけだ。

犬の鼻がどれほど敏感かを実証したのが、地雷の探査に犬を使ったアメリカ陸軍だった。最近の地雷には(導火線の部分をのぞいて)プラスチックが使われることが多くなったため、金属探知機で場所をつきとめるのがむずかしく、その探査は頭痛の種になっていた。陸軍研究開発センターの一九八五年の報告では、地雷、偽装爆弾および爆発物の探査で、犬にまさる機械や電子機器はないと結論されている。しかも犬ほどの能力をもつ動物は、めったにいないようだ。アナグマ、コヨーテ、鹿、フェレット、アカギツネ、数種の豚(ペッカリーと呼ばれる野生のイノシシもふくむ)、アライグマ(およびその南米の類縁であるハナグマ)、スカンク、オポッサム、ビーグルとコヨーテの雑種でも実験がおこなわれたが、いずれも犬にはおよばなかった。

陸軍の研究者は、調査にあたって犬に猛烈にむずかしい課題をあたえた。地雷を地下に埋めて数週間から数カ月放置したあとで犬に探させた。地面に油をまいて火をつけ、その匂いをわかりづらくした。また、攪乱させるために使用ずみの弾薬もばらまいた。だが、どの場合も犬の鼻をあざむくことはできなかった。

生まれたばかりの犬は、ほとんど匂いと触覚だけを頼りに生活する。最初に彼らを引き寄せるのは母犬の体温の温かさだが、目の見えない生まれたての子犬は母犬の乳首を見つけるために嗅覚を使う。数日たつと、母親の匂いを識別できるようになる。部屋の中に音をたてないように母犬を入れると、子犬には見えないにもかかわらず、それまで啼いていた子犬が静かになる。母親の匂いは安らぎと心地よさに結びつく匂いなのだ。

犬の嗅覚の敏感さは、いつの時代にも驚嘆を誘う。以前に、私はアメリカの国立衛生研究所の助成金を受けた共同研究で一緒に仕事をしたリチャード・シモンズから、ニューヨークに住むマリリン・ズッカーマンと彼女のシェットランド・シープドック、トリシアの話を聞いたことがある。トリシアには、マリリンが坐るとその腰のあたりに鼻をこすりつけて匂いをかぐという困ったくせがあった。マリリンの夫が調べてみると、トリシアが興味を示したマリリンの背中の部分に、黒いあざができているのがわかった。犬がそのあざにこだわるのは妙だったが、痛みもないため、マリリンはそのまま放っておいた。だが、ある春の日、マリリンが水着を着てバルコニーでうつぶせになり、日光浴をしていると、突然何者かに背中をかじられた。トリシアが、あざを食いちぎろうとしていたのだ。マリリンは「痛いっ！」と叫んで跳び上がった。

このときマリリンの夫は、犬がこれほどあざを気にするからには、何かあるにちがいないと言った。マリリンは夫の気がすむようにと、医師にあざを診てもらいにいった。その日のうちに、マリリンはコーネル医療センターに運ばれ、皮膚癌と診断された――有毒で危険なメラノーマ（黒色腫）で、早期に治療しないと命にかかわりかねないものだった。トリシアが早めに発見したことが、マリリンの命を救ったとも言える。

シモンズはこう言った。「これに似た話はいくつもあるので、私たちは犬の病気発見能力についで調査を始めたんだ。予備データでは、メラノーマを始めいくつかの癌について、異常が確認されるずっと以前に犬が察知することが示された。これらの癌が何らかの匂いを発散し、それを犬の鼻が捉えるらしい。なかには癌の患者が部屋に入ってきたとたんに、そわそわし始める犬もいる。いつか癌検診の一部に、犬による検査が組み込まれる日がくるかもしれないね」

鋭い嗅覚はどんな犬にもそなわっているように思えるが、匂いをかぐ能力はすべての犬に共通というわけではない。雄犬のほうが雌犬よりも嗅覚が鋭い。それは雄のほうが競争心が強く、ほかの雄がつけた匂いに敏感なせいだろう。また、犬種によってもちがいがある。ペキニーズなどのつぶれ顔の犬は、匂いをかぐのがそれほど得意ではない。顔の形が原因で呼吸器に問題を起こしやすく、空気が正常に鼻を通過しにくいためだろう。最高の鼻をもつのは猟犬で、ブラッドハウンドはおそらく永遠のチャンピオンと言えるだろう。実験結果によると、ブラッドハウンドは追跡する相手がゴムの長靴をはいていても、自転車に乗っていても、匂いをかぎわけるようだ。

犬種べつに嗅覚の敏感さを調べたのが、メイン州バーハーバーに研究室をもつジョン・P・スコットとジョン・L・フラーである。二人は一エーカー（約四キロ平方）の空き地にマウスを一匹入れて、数頭のビーグル犬を放した。この嗅覚の鋭い犬たちは、わずか一分でちっぽけな齧歯類を探し出した。同じ実験をフォックス・テリアでおこなったところ、マウスを見つけるのに十五分かかった。スコティッシュ・テリアの群れは、匂いではマウスを探し出せなかった。一頭などはマウスを踏んづけてしまい、悲鳴を聞いてようやくその存在に気づいた。スコティッシュ・テリアが犯人の捜査や迷子探しに使われないのも、そのためだろう。

匂いづけは縄張りのメッセージ

犬は人間とはちがう感覚で世界を捉えていると言っても、さしつかえないだろう。犬にとって、匂いをかぐのは新聞を読むようなものだ。犬その他の動物は、意思伝達のためにフェロモンと呼ばれる特別な匂いを分泌する。フェロモンの語源は、ギリシア語の「運ぶ」を意味するフェレインと、「興奮させる」を意味するホルマンである。以前はフェロモンが動物の雄に雌の発情を知らせ、興奮させ、交尾させる役割をはたすと考えられていた。現在では、これらの個体特有の化学物質が、発情にかぎらず、多くの情報を運ぶことがわかっている。動物が怒ったり、おびえたり、自信をもったりするのに応じて、さまざまなホルモンが分泌される。こうした化学物質による署名が、個体の性別をあかし、年齢を伝える。そして雌の場合は発情期にあるかどうか、妊娠中か、想像妊娠ではないか、最近出産を経験したかといった、生殖にかんする情報も数多くふくまれる。

匂いをかぐことが、書かれたメッセージを読みとるようなものだとすれば、犬の使うインクは尿である。つまり、犬の尿にはその犬にかんする情報が大量に含まれている。犬たちに人気のある消火栓や街路樹の匂いをかげば、最新情報が仕入れられる。樹木は言わば犬の世界のタブロイド新聞のようなものなのだ。小説の連載は載っていないだろうが、ゴシップ欄や、個人広告欄はたしかにある。ほかの犬たちがよく訪れる場所や木の匂いを、わが家の犬がかいでいる姿を見ると、ニュースを読み上げる声が聞こえてくるような気がする。朝刊の見出しはこんなぐあいだ。「ジジ、若い雌のミニチュア・プードル。このあたりに越してきたばかりで、お友だちを募集中。去勢された雄はお断り」「ロスコ、屈強の中年ジャーマン・シェパード。彼は現在自分がナンバーワンであり、この町はすべて自分の縄張りだと宣言。文句がある犬は、自分の医療保険が有効かどうか、調べておいたほうが利口だと語っている」

犬と人間で新聞記事の読み方がちがう点は、人間のほうが記事をじっくり読めることだ。犬の場合はたいてい「見出し」を読んだところで、引き綱をぐいと引かれてしまう。それは、飼い主の多くが、ほかの犬が残した尿の匂いをかぐのは不潔でみっともない行為と考えているためだ。無理解な飼い主は、犬が近所の最新ニュースを知ろうとすると、叱り飛ばしたりもする。

消火栓や樹木が放尿場所として好まれるのは、雄犬が垂直に立っているものに「匂いづけ」をしたがるためだ。地面より上のところに匂いをつけると、匂いはより遠くまで運ばれる。そして垂直に立ったものが標的に使われる最大の理由は、匂いづけの高さがその犬の大きさを伝えるためだ。犬の世界では、体の大きさは支配性の重要な決め手である。支配性は雌より雄にとってだいじな要素なので、雄は放尿のときに片脚を上げて、尿を高く飛ばす習慣を身につけた。しかもその位置が高ければ高いほど、ほかの犬がその上に匂いづけをしてメッセージを消してしまう可能性は低くなる。

なかには自分の尿をできるだけ高く飛ばそうとするあまり、ひっくり返りそうになる犬までいる。私は尿を猛烈に高く飛ばそうとした犬の例を実際に見たことがある。それは、アフリカ原産の、バセンジーだった。いまなおアフリカの野生犬の行動特性を数多く残す小型の視覚獣猟犬（サイト・ハウンド）である。このバセンジーは、ゼブという名の去勢されていない強い雄で、野生犬と同じような放尿のしかたをした。彼はねらいをさだめた木に向かって、まっしぐらに走り出した。そして根元まで到達すると、勢いよく幹をめがけて跳び上がり、後ろ足で根元から一・五メートルから二メートルほどの部分を蹴った。そして体をひねって輪を描くように着地した。このアクロバットめいた宙返りの目的は、木の幹にしたたる尿が明確に示している。当然ながら彼の尿の跡は、ほかのどんな犬の尿よりも、はるかに高い位置につけられる。おそらくそのあたりに住む犬たちは、ゼブの残したメッセージを読んで、「うーむ、キングコング・サイズの犬が近くにいるらしい」と思ったのではなかろうか。

片脚を上げて用を足すのは、たいていは雄犬だが、雌犬が片脚を上げることも珍しくない。それはその雌の気の強さと自信に関係があるようだ。支配性の高い雌は放尿のときに片脚を上げることが多く、自分にそれほど自信がない雌はあまり片脚を上げない。これは生殖機能ともかかわりがある。避妊手術を受けた雌はほとんど脚を上げなくなる（ただし支配的な雌の場合、子供を産めなくなっても脚を上げる例はある）。近くに生殖能力が高い雌が多くいる環境では、たいていの雌が片脚を上げる。雌犬に避妊手術をすることが少ないデンマークでは、都会の雌犬の大半が避妊手術をされるアメリカやカナダよりも、片脚を上げて放尿する雌犬が多い。

犬も狼も、尿を使って自分の縄張りを主張する。心理学者で狼の研究をおこなったロジャー・ピーターズは、このマーキングについて調べた。そして狼が尿で自分の縄張りの境界線にしるしをつけ、そのしるしに囲まれた領域内で暮らしていることを発見した。狼はまた、自分たちにとってだいじな通り道にも尿でしるしをつけていた。つまり、狼は尿で匂いづけした道標で自分たちの領域地図を作りあげ、訪れるものにはその住者について情報をあたえ、群れのメンバーに自分が戻ったことを伝えるのだ。狼も犬も、自分の縄張りの外に出ると、匂いづけをおこなう頻度が高くなる。それは、帰り道がわかるように人間が木に目印をつけるのと同じ目的だと考えられている。

狼も犬も縄張りや、縄張り内での重要な場所を主張するために、尿だけでなく糞も使う。犬族の肛門腺は排泄物に独特の匂いをあたえる。それは糞の落とし主とその糞が残された場所についての情報源になる。犬はこの目印に非常にこだわる。犬が糞をする前に、人間の目には無意味に見える複雑な儀式をおこなうのもそのためだ。たいていの犬はまず排泄場所をフンフンかぎ回る。おそらく自分の縄張りとほかの犬の縄張りを、きっちり区別するためだろう。そして岩や落ちている木の枝、灌木の根元に近い葉っぱなど、地面よりいくぶん高めのものの上に糞をすることが多い。これもまた、匂いをできるだけ遠くまで届けるためである。

糞も尿も、マーキングとして非常に重要であり、犬も狼もその場所に来たよそ者が確実にそれに気づくように、嗅覚だけでなく視覚にも訴えるしるしを残す。大部分の雄犬、そしてかなり多くの雌犬が、匂いづけをしたあと、後ろ足で地面を引っかく。引っかいた土はうしろに飛び散って、その一部がいま残したばかりの排泄物の上に落ちる。そのため、この行為は排泄物を隠し、匂いを消すためだという説もあった。猫はまさにその目的で土を引っかく。だが、犬はちがう。犬はそうやって糞をあたりに飛ばそうとしているのだという説もある。だとすれば、犬はじつに効率のわるい習慣を発達させてきたことになる。地面を引っかく行為で実際に糞が飛び散ることは、めったにないからだ。

最近では、地面を引っかくのは、自分が排泄した場所に視覚的な目印を残すためだと考えられている。そこを通りかかった犬は、ほかの犬が地面を引っかいた跡に目を止め、その場所の匂いをかぎ回る。そして最新のニュースを読み、相手の縄張りを尊重するというわけだ。
こうしたマーキングでだいじな要素が、匂いの鮮度である。時間がたち、雨風で消された匂いは、またつけ直さねばならない。匂いの新しさで、よそ者たちにはその地域の最近の状況や、そこに住む者がひんぱんにその場所を使っているかどうかがわかる。縄張り争いがおこなわれている場所や、ときに応じてちがう犬に使われている場所では、匂いづけ戦争が起こる。「ライバル」がつけた匂いを見つけるたびに、その上に自分のしるしを残すのだ。ニューヨークやロサンゼルスのあちこちで、人間のギャングが「シマ」をめぐって争い、壁にスプレー塗料で自分たちの名前を書きなぐると、翌日はべつの一団がその上に「しるし」を残して挑戦するのと同じようなものだ。

たしかに私たち人間が、犬の残した匂いづけに気づくことは少ない。だが、人間が尿を使って犬に何かを伝えようと試みた例はいくつかある。カナダの自然学者で作家のファーリー・モワットは、狼を観察するかたわら、自分の野営地の安全を確保しようと考えた。彼は自分が寝起きする場所の境界線を示す岩の上に慎重に尿をかけた。狼たちは彼の匂いづけに気づき、岩の反対側に回って自分たちの匂いをつけた。並んでいる岩のひとつひとつに、モワットの縄張りと狼の縄張りの境界線がしるされたのである。モワットの報告によれば、狼はそのぷんぷん匂う境界線のあたりをよくうろつき回ったが、たしかにメッセージを受け取り、モワットの縄張りを尊重したという。

べつの研究者がミシガン州のロイヤル島の狼を調査したときは、モワットの実験を試みても、狼に境界線のしるしを無視されたという。どのように匂いづけをしたのか詳細はわからない。

この研究者の尿には狼の興味を引く内容が含まれていなかったのだろうか。それとも、彼の匂いづけのしかたがあいまいだったのだろうか。同じ冗談を言っても、どっと笑いをとる人と、何の笑いも誘わない人とがいるようなものかもしれない。

人間の匂いづけが家犬に通じた例を、私は知っている。大学の同僚である私の友人が、ある問題に頭をかかえていた。彼の妻が家の玄関の両側に新しく花壇を作ろうと考えて、地面を掘り起こし、花壇のまわりをきれいに石で囲った。あいにく掘り起こされた土と、植えたばかりの植物の匂いが近くの犬たちを引き寄せ、花の苗は植えるとすぐに掘り返されてしまった。友人はモワットの名著『ネバー・クライ・ウルフ』を読んでいたので、花壇のまわりの石に尿をかけて小さな縄張りを主張すれば、犬たちを遠ざけられるのではないかと考えた。ある晩、彼はこっそり家をぬけ出して、花壇のまわりに注意深く尿をかけた。科学者の習性で、そのときは片側の花壇だけにかぎった。二つの花壇で結果を見くらべようというわけである。なんと、その後四十八時間のあいだ、匂いづけをしなかった花壇は荒らされて土が掘られたが、尿で匂いづけした花壇は荒らされなかった。この成功に気をよくした彼は（紅茶をたっぷり飲んで）、つぎに両方の花壇に匂いづけをおこなった。時間がたつと効果が消えるのはわかっていたので、彼は二、三日に一度は尿をかけ直し、近所の犬たちにも彼の望みが通じたようだった。犬はときどきやってきては境界線をなす石に尿をしていったが、花壇の中に入って土を掘り返すことはなかった。

だが、成功には苦労がつきものである。匂いづけ作戦が二、三週間目に入ったころ、友人は私のところに相談にやってきた。

「犬の侵入はうまく防げたけど、べつの問題が起きてしまってね。ぼくは夜中にこっそり実行していたんだが、今朝仕事に出かける途中でとなりの人に呼び止められた。『娘さんが大勢いる家では、自分が用を足したいときに、トイレがふさがっていることが多いのはわかります。ずいぶんたびたびお困りのようですね。遠慮なく私の家にいらしてください。あんなことはなさらずに……おわかりでしょう？』

もっとわるいことに、妻にばれてしまって、猛烈にいやがられた。『あなたがトイレがわりに使ってる花壇を手入れしているのは、私なのよ』ってね。どうすればいいと思うかい？」

私は少量の家庭用洗剤（香料が入っているもの）に、尿の臭気物質のひとつであるアンモニアを混ぜたものを使うことを提案した。家庭用洗剤は匂いを複雑にするため（そして彼の妻には花壇のまわりの石をきれいにできると言えるため）で、アンモニアは尿の匂いに似せるためである。私はスプレー式のボトルに入れて花壇のまわりの石に吹きつけるよう勧めた。彼はそれを実行し、花壇は荒らされずにすんだ。近くの犬たちは、その匂いからどんな犬を想像したのだろう。

犬は匂いを意図的に操作したり、匂いで遊んだりもするようだ。ほかはまったく正常な犬が、ゴミや汚物など人間には耐えられない匂いのするものの上を転げ回ることは多い。この行動についてはいくつか説がある。最も信憑性の薄いのが、寄生虫を排除するためという説だ。ノミやシラミなどの寄生虫が、悪臭に耐えられずに逃げ出すというのだ。残念ながら、たいていの虫が犬の悪臭などにはびくともしない。

第二の説では、この行動は群れのほかのメンバーに宛てて「メッセージを書いている」のだという。犬や狼は、匂いは悪いがまだ食べられるものの上を転がり回る。そして群れのいるところに戻る。群れのメンバーはすぐにその匂いに気づき、近くに食べ物ものがあることを知る、というわけだ。

第三の説では、犬は汚いものの匂いを集めているわけではなく、その匂いの上に自分の体臭をつけようとしているのだという。たしかに犬も狼も木の枝、新しい寝床などに体をこすりつけ、そこに自分の匂いをつけようとする。ある心理学者は、犬が人に体をこすりつけるのは、自分の匂いをつけて相手に群れのメンバーとしてのしるしを残すためだとしている。つまり、猫が人に体をこすりつけて、自分の匂いを残すのと同じたぐいである。

進化論的に最も説得力があるのは、この妙な行動は犬の変装だという説明だろう。犬がまだ家畜化されておらず、生きるために狩りをしていた時代からの名残を、私たちは目にしているというのだ。レイヨウは近くで野生犬やジャッカルや狼の匂いに気づけば、身の危険を感じてすぐさま逃げ出すにちがいない。そのため、野生の犬族はレイヨウの糞の上を転がることを学んだ。レイヨウは自分たちの糞の匂いになじんでいるから、その匂いをつけた動物が近づいても、怯えたり疑ったりしない。そこで犬たちは獲物のすぐ近くまで行けるというわけだ。

私はもうひとつべつの説を考えているが、これはまったく科学的なものではない。犬は、人間と同じように感覚的な刺激を求め、極端に走る傾向があるのではあるまいか。犬たちがひどい悪臭のする有機物の上を転げ回る本当の原因は、人間がカラフルな派手はでしいハワイのTシャツを着たがるのと同じ、いささか度はずれた感覚にあるのではなかろうか。

人間のフェロモンに犬も反応する

犬は匂いから社会的な情報を大量に受け取るが、人間はほとんど何も受け取れないと思われがちだ。だが、それは大いにちがう。人間もほかの動物と同じように、フェロモンを分泌する。進化は無用なものは残しておかない。現在わかっているところでは、人は他人のフェロモンから情報を受け取るが、自分が匂いの信号を拾っているという事実は意識されないことが多い。科学者たちは最近、人間の社会行動にも匂いが重要な役割をはたすことを実証した。

匂いを認識する人間の能力にかんする研究では、「匂いのついたTシャツ」を使う例が多い。被験者は数日のあいだ石鹼、香水、アフターシェーブローションなどの使用をやめて水だけで体を洗い、体にほかの匂いがつかないようにする。そのうえで滅菌したTシャツを一定時間着用する。実験者は彼らが脱いだTシャツを気密性の高い容器に入れ、匂いが散らないようにする。そしてべつの人たちに一定時間匂いをかいでもらう。結果はきわめて興味深いものになった。

まず第一に、人間は自分の体臭と他人の体臭をかぎわけることがわかった。未知の相手の性別も、匂いで判断できるのだ。男性と女性の匂いのちがいを表現してもらうと、男性は「麝《じゃ》香《こう》」の匂いで、女性は「甘い」匂いという回答が多かった。また、男性の匂いは強くてやや不快であり、女性の匂いは快く、それほど強くないという意見も目立った。

そして匂いをかぎわける能力は、男性より女性のほうが高いようだ。女性は匂いだけで性別を当てることができるだけでなく、それが赤ん坊か、子供か、若者か、成人かも判別できる。

男性にはそこまでの識別能力はないが、赤ん坊の匂いはかぎわけられる。非常に幼い赤ん坊でも母親の乳房の匂いは識別できるし、少し大きくなると母親の体臭や口臭もかぎわける。親には自分の子供の匂いがわかり、兄弟や姉妹はおたがいの匂いがわかる。

多くの研究によると、一般に人はある匂いにたいしてほとんど無意識に反応するようだ。人間が無意識に取り込む匂いの情報で、最も顕著なのが生殖にかかわるものだろう。生殖器の部分には、フェロモンの分泌腺がとくに密集している。男性も女性も、性的に興奮するとその部分から強い匂いを発散する。こうした匂いが人間の性行動に重要な役割をはたし、おたがいを惹きつけあうことは、数々の研究で実証されている。嗅覚をうしなった人（無嗅覚症と呼ばれる）の調査では、半数近くが性的興味が大幅に減退し、四分の一近くが性行為が困難になり、セックスに喜びを感じられなくなったと報告されている。言い換えると、こうした生殖にかかわる匂いは、実際に意識されることは少ないが、人間の性的行動に欠かせないものなのだ。

だとすれば、香水会社が製品をより「セクシー」にするために、フェロモンを混ぜるのも不思議はなかろう。これは新しい手法ではない。何世紀も前から、さまざまな動物の性的な分泌腺から抽出した匂いが、香水に使われてきた。ムスク（麝香）は中央アジア原産の鹿の性的な匂いであり、シベットはオオジャコウネコの生殖器からとられた匂い、カストリウムはビーバーが性的に興奮したときの匂いである。これらの匂いが香水に混ぜられたのは、それが人間を興奮させると考えられたからだ。その匂いは相手だけでなく、香水をつけた当人をも興奮させて性的フェロモンの分泌をうながすため、いっそう効果があがる。

ここには重要な要素が二つある。私たち人間がふつう考えられている以上に匂いに敏感であること、そしてほかの哺乳類が分泌するフェロモンにも敏感に反応することである。そのため、香水製造者たちは、現在では豚から抽出した性的フェロモンで、人間の腋の下の汗にも含まれている、アルファアンドロステノールを使っている。

これらの匂いは実際に人間の性的な吸引力を高めるだろうか。科学的な実験結果は興味深い。ある実験で男性たちにアルファアンドロステノールを、ふつうはまったく意識されないほどのレベルで吹きかけた。そして匂いが漂っているあいだに、彼らにひとりの女性の写真を見せた。男性たちはこのフェロモンが空中にない状態のときよりも、写真の女性を魅力的だと評価した。同じフェロモンを一昼夜身につけた女性は、男性にたいして積極的になった（ただし女性にたいしてはそうはならない）。べつの研究では、このフェロモンを少量体に塗って就職の面接を受けると、雇用される率に影響が出るという。だが、注意が肝心である。面接する側が男性か女性かによって、影響の出方が変わってくるからだ。匂いの刺激は意識されなくても、そうした効果が実際にあるのだ。

人間が無意識にせよ動物のフェロモンに反応するなら、犬が人間のフェロモンに反応しても驚くにはあたるまい。犬はほかの犬の生殖器や肛門の匂いをかぐ。そうやって彼らは尿や糞と同じ臭気物質に加えて、性的な匂いも受け取るのだ。そのため、家にやってきた客人を犬がかぎまわって主人を赤面させる、という事態が起こることになる。犬はセックスをしたあとの人間の股の匂いをかぎたがる。また、排卵期の女性や、出産したばかりの女性（とくに赤ん坊に授乳している女性）にも惹きつけられるようだ。ある種の薬や食べ物も人間の匂いを変える。あなたのラブラドール・レトリーバーがマチルダおばさんのスカートに鼻をこすりつけ始めても、それはおばさんが分泌しているフェロモンに惹かれ、情報を集めようとしているだけなのだ。それがお行儀のわるいことだとは、犬には知るよしもない。

人間は犬から体の匂いをかぎ回られると、過剰反応する場合が多い。コネティカット州ウォーターバリーに住む政治活動家、バーバラ・モンスキーの件もその一例である。彼女は判事のハワード・モラガンと彼のゴールデン・レトリーバー、コダックを性的いやがらせで訴えた。モラガンは愛犬をダンバリー上級裁判所にともなうことが多かった。モンスキーはその犬が彼女のスカートの下にもぐり込んで、少なくとも三回「鼻をこすりつけ、のぞきこみ、匂いをかいだ」と主張した。彼女によると、判事はこの性的いやがらせに加担し、とめようとしなかったというのである。

この訴訟について、合衆国地方裁判所判事ジェラード・ゲッテルが審理をおこなった。彼は訴えを却下し、のちのインタビューでこう説明した。「犬が無礼なふるまいをしても、飼い主の性的いやがらせにはつながらない」

怒りがおさまらないモンスキーは、判事の裁定を「犬にスカートの下をかぎ回られるのと同じほど侮辱的」と非難した。

だが、犬には侮辱するつもりなど毛頭ない。このたぐいの行動は留守番電話の巻き戻しボタンを押して、メッセージを受け取るようなものだ。ただ、人間のだいじな匂いが集まっている場所がたまたま両脚のあいだにあり、それが犬にとってはちょっとぐあいがわるいだけなのだ。

人間は犬のように匂いから多くの情報を引き出すことはできないが、犬が発散する匂いの中で、ひとつだけはかなり正確にわかる。それは、生後九週間以内の子犬の匂いだ。人間の子供でさえ、その匂いをかなり無意識にかぎわける。わが家でノバ・スコシア・ダック・トーリング・レトリーバーのダンサーを飼って間もないころ、近所の子供たちが犬を見にやってきた。そのうち三人は十歳から十二歳だった。ひとりの女の子がダンサーを抱き上げてぎゅっと顔を押しつけると、こう言った。「子犬の匂い！」

犬が何の匂いをかいでいるのか、その匂いからどんな情報を得ているのか、人間にはふつうわからない。だが、犬が自分のかいでいる匂いについて教えてくれることはある。猟犬の中には、それがとくに得意な犬がいる。そんな猟犬に初めて出会ったのは、私がケンタッキー州フォート・ノックスで陸軍の教練を受けているときだった。フォート・ノックスのはずれの田園地帯には、心底犬が大好きな人たちが大勢いて、私はその何人かと知り合いになった。そのあたりで最も人気が高い犬が猟犬だった。なかでもスター的な存在がハミルトンという名のレッドボーン・ハウンドで、ヤマネコを見つけては木の上に追いあげる才能で知られていた。ブルーティック・ハウンドもいると聞き、私は興味をそそられた。レッドボーンもブルーティックも、「歌う」ように選択交配され、獲物に応じて吠え声を変える犬だという。私には信じられなかったが、実際にたしかめてみたくなった。

話によると、そのあたりに「世界一のブルーティック・ハウンド」を飼っているバプティスト派の牧師がいるという。彼は人びとのあいだで「ジョン牧師」あるいは「ブラザー・ジョン」と呼ばれていた。ある土曜日の昼さがりに、私はジョンの家を訪ねた。

家の近くまで行くと、二頭の犬が目についた。大型の猟犬で、鼻先が黒く、耳も黒くて短く切られていた。被毛はほとんど白で、きれいな黒い斑点が背中に並んでいた。日の光があたるとその黒い斑点が紫がかったブルーに見える。ブルーティック（青い斑点）の名称もそこからきている。一頭は年かさの雄で、機先を制するように吠えたあと、私に挨拶をしにゆっくり近寄ってきた。もう一頭の若く美しい雌は、遠慮がちなようすでポーチから離れなかった。犬の吠え声を聞いてブラザー・ジョンが中から顔を出し、私に手を振った。

「うちの犬が見たいんだって？」

「はい。世界一のブルーティックをおもちだそうですね。犬たちがあなたに話しかけ、獲物について教えるとか」

私たちはポーチに腰かけ、ブラザー・ジョンはほうろう引きのマグカップと、琥珀《こはく》色の液体の入ったボトルを引き寄せた。それぞれのカップになみなみと液体をそそぐと、「神の愛に」と言って杯を上げた。私は地酒のバーボンをすすりながら、彼から犬の話を聞いた。

「ブルーティックを飼い始めて、もうかれこれ三十年近くになる。鼻がきいて、頭がよくて、狩りが好きな犬を作りたいと思ってね。それと、何の匂いをかいでいるのか、教えられる犬にしたかったんだ。歌わない犬は、交配しないようにしてる」彼は雄犬のほうを指さして、こう続けた。「あのジークは、代表選手だ。ウサギを追うときは、『キャン・ワウワウ』、リスを追うときは『キャン』ばかり、アライグマの匂いをかいだときは、『ワウワウ』ばかり。熊の匂いを追うときは、唸るように吠えるが、大きな声は出さない。こっちのベッキーは……」と、彼は近くの日だまりで気持ちよさそうにうずくまっている雌犬を指さした。「熊は追わない。熊の匂いをかぐとその場で立ち止まって唸るが、追うことはしない。ほかの動物には、キャンとワウワウをちゃんと吠えわけるがね。だけど、ヤマネコを見つけたときは、ジークと吠え方がちがう。吠えるたびに最後のほうだけちょっとばかり上げる。雄犬たちのかん高い声とはちがうんだ。鹿の匂いをかいだときは、まさに歌だね。ほんものの猟犬の声だよ。ならず者とか脱走犯を追うときの、ブラッドハウンドみたいな。鹿の匂いをかぎつけたときは、忍び寄ったりしない。

猟犬も種類によって狩りに使う言葉がちがう。レッドボーンとブルーティックとでもちがいがあるが、おたがいの言葉はわかるようだ。ブラウンズヴィルの近くで、スティーヴンがハミルトンと大きなヤマネコを追っているのも見たよ。ほら、あのでかいレッドボーンさ。ハミルトンがヤマネコを追っているときの声は、私の犬たちが鹿を追ってるときの声にそっくりだった。ただし、もっとせわしなくて、ぶつぶつ切れる感じだったね。ジークはハミルトンの声のするほうに駆けていったが、自分がヤマネコを追うときのかん高い声をあげていた。犬にも方言があるんだろうねえ。きっとほかの犬の言葉を頭ん中で翻訳するんだと思う」ブラザー・ジョンは私に笑いかけ、こう言った。「われわれ人間を混乱させるために、わざとそうしてるのかもしれない」

自分の犬を吠え声で選んで交配したのは、ブラザー・ジョンが最初ではない。何世紀も前から、嗅覚獣猟犬（セント・ハウンド）は体系的に交配されてきたが、それには敏感な鼻と獲物を追う能力だけでなく、狩りのときにたてる吠え声も重要なポイントとなった。獲物を追うときの猟犬の吠え声は、標識として猟師に犬の群れのいる位置を教える。要所要所で犬たちは吠え、その声の大きさで猟師は獲物の匂いの強さと新しさを知ることができる。自分のかいでいる匂いについて教える犬たちの合図を利用して、猟師は獲物との距離を測るのだ。群れの動きを統率するために、人間が狩猟用のラッパを吹くこともある。その音を犬たちは風変わりな吠え声として受け取るのだ。

狩りのときの吠え声は、人間にとってだけでなく、ほかの猟犬にとっても重要な役割をはたす。匂いをかぐ能力には限界がある。嗅覚適応が起こるためだ。部屋に入ったときに誰かの香水の匂い、部屋に飾られた花の匂い、コーヒーの匂いなどに気づくことがあるだろう。だが、しばらくすると嗅覚適応が働いてその匂いを意識しなくなる。それは嗅覚細胞が疲労するためで、鼻が特定の匂いを一定時間かぎ続けると、この現象が起こる。同じことが狩りをしているあいだの猟犬にも起こる。猟犬はある匂いをかぎとると吠え始める。その声は、群れのほかの犬たちに「ついてこい。獲物の匂いを見つけたぞ」と知らせる合図になる。だが、強い匂いをかぐとわずか二分で嗅覚適応が働いて、猟犬にはその匂いがわからなくなる。すると犬は吠えるのをやめ、頭を上げて「匂いのついていない」澄んだ空気を吸い込み、鼻の受容器官がまた働くようにする。この行程には、もとの匂いの強さに応じて、最低十秒から一分かかる。猟犬が群れをなして行動するのはそのためだ。どんなときも、匂いをかぎつけて吠える犬と、黙って走りながら鼻を調整する犬とが出てくる。全員が同時に鼻を休める瞬間はないように、犬たちは交代で匂いをかぐわけである。鼻を一時休めている犬は、自分がどの犬のあとに従うべきかわかっている。まだ匂いをかぎとって吠えている犬がいるからだ。この吠え声の合図で、群れは統制のとれた行動をとり続け、獲物へと接近していく。

ふつうの吠え声と同じく、狩りのときの吠え声も遺伝子の影響を強く受ける。遺伝学者L・F・ホイットニーは、匂いを追跡するときに吠える習性のあるブラッドハウンドの中に、吠えない犬もいることに気づいた。そして吠えない犬を選んで交配し、黙って追跡をおこなうブラッドハウンドを作り出した。その犬種は音をたてずに犯人を追うには適しているだろうが、声をたてない猟犬は狩りではあまり役に立たない。まず第一に犬に引き綱をつけないといけなくなる。そして吠え声をあげないので、犬が獲物の匂いを見つけて追跡に入ったのか、ただ森をうろつき回って自然の匂いを楽しんでいるのか、判断がつきにくい。狩りのときの吠え声は、犬がかいでいる匂いを「鼻のきかない」人間のご主人に伝えるための、だいじな手段なのである。

第十七章　犬語と猫語のちがい

犬はなぜ猫を嫌うようになったのか。そのいわれを祖母のリーナが話してくれたことがある。祖母が聞かせてくれるのはリトアニアやラトヴィアの伝説が多かったから、この話もおそらくそうだと思われる。

それは、アダムとイブがエデンの園を追われてから間もないころのことだった。不思議な力が働いていた時代で、動物たちはまだ言葉を話せた。動物は神さまから言葉を話す力を授かっており、めいめい自分の名前をアダムの耳にささやき、その名前が人間の言葉に取り入れられた。だが、ときとともに動物は言葉を忘れてしまった。

エデンの園の外には敵や危険があふれていたから、アダムはとても苦労した。くる日もくる日も生きるために狩りをし、畑を耕した。夜になっても気は休まらなかった。野獣たちが彼の乏しい食糧や家畜をねらい、アダム一家の命まで奪いかねなかったのだ。アダムは眠ることができず、心身ともに疲れはてた。

犬は野生の動物として森で暮らし、生きるために獲物を狩り、死肉をあさっていた。アダムの窮状を見た犬は、これはおたがいにとってチャンスだと考えた。犬はアダムのところに行って、取引をもちかけた。

「あなたが眠れるように、夜はわたしがあなたの家を見張ります。あなたが豊かに暮らせるように、狩りの手伝いや家畜の番もしましょう。そのかわりにわたしが望むのは、あなたの家の火のそばで寝て、食べ物を分けてもらい、年をとって働けなくなってからも面倒を見てもらうことです」

アダムは犬が尾を振っているのを見た。犬が尾を振るのは、正直で本当のことを言っている証拠だ。そこで彼は話に応じ、おたがいに約束を交わした。

この取引は成功だった。アダムは夜眠ることができ、獣が近づくと犬が吠えて警告を発したので、犬と力を合わせて追い払うことができた。犬が獲物のあとを追ってくれたので、狩りも手際よくでき、家畜の世話も犬が手伝ってくれたおかげで、ずっとらくになった。そして約束通りアダムは犬に食物をあたえ、面倒を見、火のそばに寝床を用意してやった。

そのころ、猫もまた森に住んでいた。猫はあまりしあわせとは言えなかった。本来怠け者で一日じゅう眠っていたいのに、生い茂る藪でネズミを追ったり、小鳥をとるのに何時間もじっと待ち伏せたりしなければならなかったからだ。アダムの家は、猫にとってぐあいがよさそうに見えた。ネズミはアダムがたくわえている食糧に引き寄せられる。その近くにいれば、あるいはアダムの素敵な暖かい家の中にもぐり込めば、ネズミをつかまえられるだろう。しかもイブは小鳥の歌を聴くのが好きで、地面に穀物を投げて鳥を集めている。ここにいれば、長いあいだ冷たい草むらで待っていなくても、鳥は向こうから寄ってくる。そこで猫はアダムのところに行き、相談をもちかけた。

「アダムさん」と猫は言った。「あなたの食糧が食べられたり、汚されたりしないように、わたしがネズミをつかまえます。そのかわりにわたしが望むのは、火のぬくもりと、寝床と、ときどきミルクを少しばかり分けてもらうことだけです」

アダムは猫を信用していなかった。太陽の光のもとでは猫の瞳が線のように細くなり、それがヘビを思い出させたからだ。よこしまなヘビと取引したおかげで、自分の家族はエデンの園から追われたのだ。

「イブの小鳥たちはどうなる」と彼は尋ねた。「おまえは森で鳥をつかまえ、殺して食べているじゃないか」

猫は嘘をついた。「わたしがつかまえるのはネズミだけで、鳥には手を出しません」そしてずる賢い猫は、犬の真似をして尾を振った。犬そっくりには真似られず、ヘビのように細かくピリピリと振ることしかできなかったが、尾を振れば正直に本当のことを言っているように見えるのを知っていたのだ。アダムはそれにだまされ、取引に応じた。

猫はやはり嘘つきだった。たしかにネズミは獲ったが、アダムとイブがいないときを見計って餌に集まる鳥に忍び寄り、つかまえては殺した。だが、猫は鳥を森に運んで食べていたので、イブはその仕業に気づかなかった。

ある暖かな日、イブは家の中にいて、犬は庭で寝ており、アダムは近くの囲いで羊の毛を刈り込んでいた。猫は穀物をついばんでいる一羽の鳥に気づき、つかまえて殺した。獲物をくわえて逃げようとしたとき、イブの足音が聞こえてきた。猫はまだ温かい鳥の死骸を眠っている犬のそばに落とし、急いで遠ざかると自分も眠っているふりをした。

血まみれの鳥を見つけたイブは、ひどく腹をたてた。「猫、おまえがやったの？」猫は言った。「いいえ、やったのは犬です」そしてヘビがくねるように尾を振った。イブはだまされて、猫は正直に本当のことを言っているのだと考えた。

イブは箒《ほうき》をつかむと、犬を打ちすえてののしった。「今晩の夕食はぬきよ」と言い、罰として犬を凍てつく家の外につなごうとした。

この騒ぎを聞きつけたアダムは、何が起こったのかと急いで戻ってきた。ことの次第をイブから聞くと、彼は犬に向かってそれは本当かと尋ねた。

「眠っていたら、イブに打たれて目が覚めたんです。わたしは鳥を殺してはいません。でも鳥の餌がある場所に猫が忍び寄っているのは、ちょくちょく見かけました」と言って、犬は尻尾を振った。尾を垂れたままの控えめな振り方だったが、アダムには犬が本当のことを言っていると思えた。だが、彼が猫にも同じことを尋ねると、猫は嘘を言って尾を振った。

「尻尾を見るかぎり、おまえたちはどちらも正直者のようだ。だが、どちらかが嘘をついているのは間違いない」

「猫は尻尾でさえも嘘つきなんです」と犬は言った。「犬の尾の振り方を見てください。わたしたちの尻尾はいつもまっすぐです。真実と天国のあいだの一本道のようにね。わたしたちの尻尾は神さまの風になびく葦のように揺れます。猫の尻尾をごらんなさい。猫に嘘のつき方を教えたヘビのように、曲がりくねって動きます」

アダムはそれを目でたしかめ、理解した。

「わたしは自分が見たものを誤解していた。犬が尾を振るのは正直のあかしだが、猫が尾を振るのはわるさをたくらんで、だまそうとしている証拠だ。犬よ、猫が尾を振るときはよこしまなことを考えているにちがいないから、見つけしだい罰していいぞ」

猫は「わたしの言っていることは本当です」と抗議したが、いまや嘘をつくときは尾を振るのがくせになってしまっていた。猫が尾を振るのを見ると、すぐに犬は猫めがけて走り出し、木の上まで追いつめた。それからというもの、犬は猫を追いかけるようになった。犬は猫がわるさをしないように、尻尾の動きを見張っているのだ。

猫の啼き声と顔の表情が語るもの

この物語の魅力は、そこに重要な真実が含まれている点にある——といってもアダムとイブの真実ではなく、犬と猫の真実だ。犬は犬語を、猫は猫語を話し、同じ信号や合図が正反対の意味をもつことが多い。動物の言語を学ぶにつれて、犬と猫のあいだの敵対心や不信感は、彼らがおたがいの言葉を誤って解釈しているせいではないかと、私には思えてきた。

野生の猫族と犬族の本性を考えれば、この二種類の動物の言葉がちがうのも当然だろう。犬族は群れという社会的な環境で暮らし、すでに見てきたように、順位や仕事を取り決め、情報を伝え、行動を統制し、メンバー同士の衝突を最小限に抑えるために、意思をつうじあわせる。かたや猫族はライオンを例外に、基本的には孤独なハンターだ。同じ種のほかのメンバーとのあいだに接触が起きるのは、縄張り争いや、交尾や子育てのときである。

家犬や家猫はたがいに間近に接し、同じ家や近隣の環境を分けあうことが多い。彼らは共通言語をもつようになるのだろうか。おたがいに意思を伝えあおうとするのだろうか。問題は、犬が猫語を、猫が犬語を解釈しようとするときだ。

猫と犬の意思伝達信号を比較する前に、猫の行動について少しばかり予備知識を得ておこう。すでにお話ししたとおり、犬の群れは人間社会と多くの点で似たところがあり、上下縦割りの階段型構造をとっている。支配的な第一位の犬がいないときは、第二位の犬がその地位を引き受け、ほかのメンバーは彼をリーダーとして受け入れることによって、群れの組織がたもたれる。猫が共同生活を強いられるときも、群れの組織には順位が形成される。だが、猫は犬にくらべて、おたがい同士の接触はきわめて少ない。といっても猫が非社交的あるいは反社会的というわけではなく、社会組織の概念をそれほど発達させなかったというだけのことだ。支配的な猫が中心的存在として行動し、ほかの劣位の猫は全員が従属的な立場をとる。この猫の「王」はたいていひとりで行動し、寝たり食べたりするときもほかの猫は彼から距離を置く。第一位の猫に挑戦者がいる場合は、対立がすぐに解決して忘れ去られることはなく、緊張しいらだった関係が長く続くことが多い。

王以外の猫たちはゆるやかな順位を作りあげるが、縦割りではない。タビーはフィリックスより上で、フィリックスはミスティより上だが、ミスティはタビーより上、といったぐあいである。どの猫もほかの猫全員に挑戦して、それぞれの猫との優劣を決めていく。王以外の猫たちは劣位の犬のような行動はとらない。彼らの行動をうながすのは、保身や敵意、あるいは拒否といった動機のようだ。劣位の猫は優位の猫にたいして服従を示したり、和解の動作を見せたりすることはなく、優位の猫をひたすら無視し、突然目も耳もきかなくなったかのような行動をとる。

犬にとって縄張りは群れのものだ。犬はそれぞれお気に入りの場所をもっているが、同じ群れや家族の仲間がその場所を占領しても衝突は起こらない。猫の場合は、自分が所有し守っている場所の広さがその地位の証明になる。猫は高い空間も使えるため、最高位の猫は最も広い場所だけでなく、最も高くて見晴らしのいい場所も自分のものにする。冷蔵庫の上や本棚の上などだ。猫と犬が同じ居住空間を分けあわねばならないときは、それが平和をたもつ鍵になることが多い。犬は高いところに上れないから、猫はその場所を占領し、安心して縄張りにできるのだ。

意思を伝える手段として、猫は犬と同じように啼き声、顔の表情、姿勢、尻尾や体の動きを使う。なかには犬と同じ信号もあるが、大半はちがう。猫の啼き声を犬のそれとくらべてみよう。猫はゴロゴロ、ニャオ、ハーッ、ウーッ、ウォンウォン、グルルなどと啼く。犬にはその一部しか理解できない。

猫の啼き方で何といっても独特なのがゴロゴロという声である。このふるえるような音は、明らかに意思を伝える手段だ。その証拠に猫は近くにほかの猫や、人間、べつの動物がいないときは、この音をたてない。この声の周波数は決まっていて、毎秒二十五サイクル。それは性別、年齢、種類に関係なくどんな猫も同じである。音の強さと持続度は、そのときの状況に左右される。猫がどのようにこの音を出すのかは、いまだに解明されていない。一説によれば、ほんものの声帯の近くにある「疑似声帯」がこの振動を引き起こすという。またべつの説では、喉頭と横隔膜の筋肉の収縮パターンに関連があるとされている。さらにまた、血流のうねりが気管を通過する空気の柱をふるわせ、それが静脈洞に共鳴するのだという説もある。つまるところ、この音が出る真相はまだ謎に包まれているのだ。

たしかにわかっているのは、ゴロゴロという啼き方がごく幼い時期から始まることだ。幼い子猫は、まだ乳を吸っているころからゴロゴロと音をたてる。母猫と子猫がおたがいに安心したとき、この音をたてると言われている。母猫は巣に戻ってくるとゴロゴロと啼いて、子猫たちに帰ってきたよ、何も心配はないよと知らせる。子猫はきょうだいと遊ぼうとするとき、この音をたてる。ゴロゴロという声は、しあわせと満足を表わす信号のように思える。だが、猫は大きな苦痛や恐怖を感じたときにもゴロゴロと啼く。おそらくそれは、この音がいつもはプラスの信号なので、自分がたてるゴロゴロという音を聞いて心を落ちつけるためだろう。人間の子供が墓地を通りぬけたり、真っ暗闇の中を歩くときに、口笛を吹くようなものだ。陽気な口笛の音で恐怖心を吹き飛ばし、大丈夫だと自分に言い聞かせるわけである。

ゴロゴロという音にほかの猫たちは反応し、人間もこの満足げな音をかわいいと感じるが、犬たちはまったく興味を示さない。私はあるとき犬が四頭いる部屋で、猫のゴロゴロ啼く声を録音したテープをかけて、それをたしかめた。音が聞こえたとき、犬たちは眠ってはいないが寝そべった状態だった。一頭が一瞬耳をピクピクさせ、もう一頭がほんの少し身を起こして音のするほうに顔を向けたが、それ以外は何の反応もなかった。犬たちはこの音に立ち上がって調べるほどの興味や重要性を感じず、目立つほど体の位置を変えることもなかったのである。

もうひとつ猫ならではの啼き声が「ニャオ」である。口を開いて発音し、「オ」のところで閉じ、人間にはひとつの言葉のように聞こえる音を作り出す。その高さ、強さ、長さはさまざまに変化する。音を出さずに口の形だけで「ニャオ」と言っているように見えることもある。だが録音を分析すると、実際にはこの無言の「ニャオ」のときも音は出ている。この音は猫には聞こえても、音程が高すぎて人間の耳には聞こえないのだ。

「ニャオ」は、何かを要求するときの声のようである。猫は空腹で食べ物がほしいとき、閉まっているドアを開けてもらいたいとき、あるいはたんに注目されたいときなどにこの啼き声をたてる。興味深いのは、ニャオと呼びかける相手がほぼ完全に人間にかぎられている点だ。非常に幼い子猫はときどき母猫に向かってニャオと啼くが、おとなになってからは、ほかの猫や犬その他の動物にたいしてニャオと啼くことはまずない。犬はこの声が自分たちと無関係なのを明らかに理解しており、ニャオという声を聞いてもめったに興味を示さない。

猫と犬に共通しているのは、ウーッ、ウォンウォンという唸り声である。どちらも喉をふるわせる声だが、ウーッというときは唇をめくりあげて牙を見せる。犬の場合も猫の場合も、唸り声には自分と相手との距離を広げる意図がある。攻撃的な信号であり、恐怖もまじっている(ウォンウォンのほうが恐怖心は強い)。一般的に犬は猫の唸り声に反応して少なくとも立ち止まり、猫は犬の唸り声を聞くと逃げ出そうとする。先に紹介した四頭の犬がいる部屋での実験では、猫のゴロゴロという音に無関心だった犬たちが、猫の唸り声を録音したテープにはたしかに反応した。四頭とも立ち上がり、二頭は自分でも低く唸りながらあたりをうろつき始めた。

猫の顔の表情は犬のそれと似たところがある。猫も犬も、目を大きく見開いて相手をにらみつけるのは威嚇を意味している。どちらの場合もまばたきは相手を安心させ、威嚇的な凝視をやめさせる信号である。なかば閉じた目は、犬の場合は満足感と穏やかな気分を、猫の場合は

図17－1　**猫の基本的な耳の信号と顔の表情**

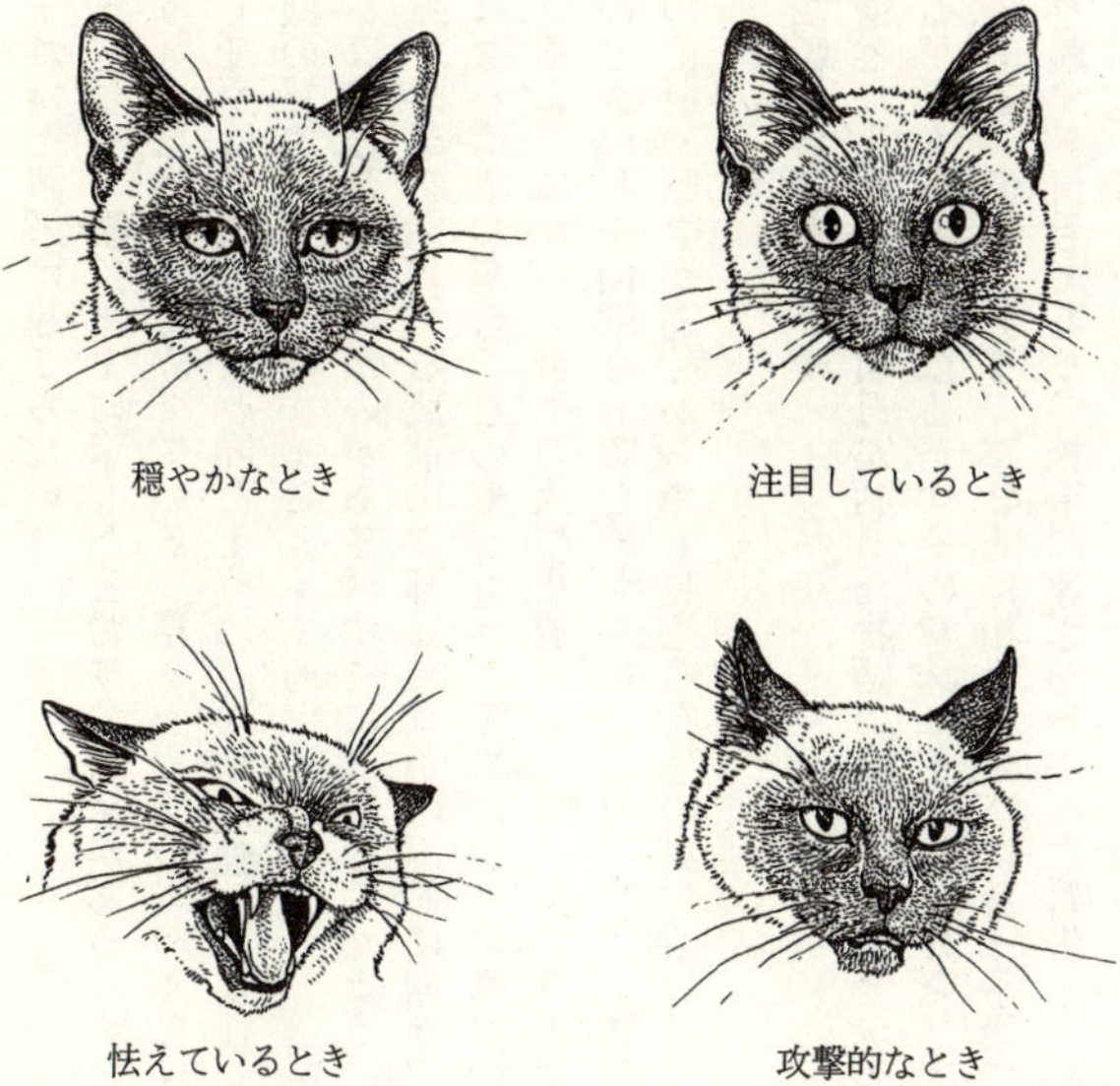

信頼と穏やかさを表わしている。というわけで、目の信号の意味するものはきわめて近いので、犬と猫のあいだにそれほど誤解は起こらない。

犬と猫の耳による信号も、図17－1に示したとおり共通点がある。犬と同じく、満足してくつろいだ気分の猫は耳を自然な形で立てている。穏やかな気分で何かに注目している猫の耳は、やや前に傾く。そしてやはり犬の場合と同じように、怯えた猫は耳を伏せてうしろに引くが、両側に開いて飛行機の翼のような形にすることもある。

攻撃のメッセージは、猫と犬でちがいがある。すでにお話ししたように、攻撃態勢の犬は耳を立てて前に傾ける。攻撃を開始する直前に、耳はわずかに両側に開き、二つの耳が形作るV字形が広がる感じになる。猫の場合、この形がもっと極端になり、耳が回転して内側が下を向き、耳の裏側が見えるようになる。野生の大型猫族の中には、黒い耳の裏側に白っぽい斑点がついていて、攻撃のときに耳を回転させるとそれがはっきり目立つものもいる。また耳のつけ根の毛が長く、耳の位置や動きが遠くからでも見える野生の猫族もいる。

言葉のちがいが誤解のもと

だが、尻尾の表情となると、私の祖母が話した物語のように、猫と犬のあいだに誤解が生じる可能性が高くなる。犬も猫も尾を振るが、その意味は正反対なのだ。犬の場合、大きく尾を振るのは「距離を縮める」信号であり、友好的に相手を呼び寄せる手段である。だが、猫が尾を振るのは「距離を離す」信号であり、相手に遠ざかるように警告し、感情的な対立や緊張を伝えている。

図17－2　**猫の基本的な尾の位置とボディランゲージ**

猫は相手に飛びかかったり爪を立てたりする前に、尻尾をシュッシュッと振ることが多い。猫が床を叩くように尻尾を左右に振り、しだいにその速度が増し、振り方も大きくなるのは、明らかな攻撃の信号である。それ以外に攻撃的な信号が目立たない場合、犬は尻尾を振っている猫を誤解し、気を許して近づいていくと、とたんに爪や牙を立てられるだろう。それでは犬が猫を「嘘つき」で信用できないと思うのも不思議はない。

動いていない状態の尻尾も、誤解されやすい。犬も猫も尾を後ろ脚のあいだにはさみ込み、体を低くして自分を小さく見せるのは恐怖や服従の信号である。だが、その他の尻尾の位置については、犬と猫で意味がちがってくる。劣位に甘んじ、かなり強い服従心を示す犬は、尾をまっすぐに垂らしてほとんど動かさない。猫も同じように尾を垂らし、図17-2のようにLの字を逆さにしたような形にすることがある。だが、猫の場合、そんなふうに尾を垂直に垂らすのは服従の合図ではなく、攻撃の意思表示なのだ。このとき背中をややまるめていれば、攻撃性の度合いがより高いしるしである。犬が尻尾を垂らした猫を見て、犬流に解釈して相手をあなどると、猛攻撃に不意をつかれることは確実だ。また逆に猫が尻尾を垂らした犬を見て、相手は休戦を訴えているのに攻撃開始の合図と誤解することもありえる。

犬の場合、尾を高く上げて背中のほうに反らせぎみにするのは、自分の優位性や強さにたいする自信の表われである。猫の場合は、同じ動作が最高の友愛表現になる。尾を高々と上げて背中のほうにやや曲げぎみにした猫は、尾のつけ根の部分をさらけ出して、自分が好意をもっている相手に匂いをかがせるのだ。犬と同じように、猫の肛門のあたりには臭気腺があり、個体の特徴を示すフェロモンを分泌する。尾を高く上げる行為は、相手にパスポートや免許証をあたえて、自分の正体を調べさせるようなものだ。そんな姿勢の猫を見た犬は、猫語による友愛のメッセージを読みちがえ、優位性を誇示しているのだと思いこむかもしれない。また猫のほうは、友情を示しているのに疑われたり威嚇されたりして、裏切られた気分になるだろう。

尾を上げた状態は、猫の場合、べつの意味もある。怯えた猫は毛を逆立て、背中をまるめ、ふくらんだ尾をピンと立てる。この姿勢は、猫が目の前のできごとにひどく怯えている証拠だ。犬の場合のパイロエレクション（立毛：動物が毛を逆立てることを意味する専門用語）は、自分を大きく見せるためで、強い攻撃性の表われである。すでに見たとおり、犬が攻撃の意思表示をするときは、たいてい頸部から肩にかけての毛が逆立ち、それが背中の中央部にまで広がることもある。そのときは高々と上げた尻尾の毛も同時に逆立つ。猫がそんな犬の姿を見たら、猫語で解釈し、怯えているのだと誤解するかもしれない。そして引き下がるかわりに、攻撃に出るかもしれない。犬のほうも、怯えた猫の姿を見てすぐに誤解しそうだ。犬語では毛を逆立てて高く上げた尻尾は、引き下がることなく断固闘う姿勢を意味するからだ。

猫と犬とでは、ボディランゲージにもちがいがある。たとえば、服従を表わす場合。猫も犬も怯えたときは、うずくまって自分を小さく見せ、抵抗はしないと伝える。完全降伏した犬はその極端な形をとり、仰向けに寝ころがって無防備な腹を見せる。だが、猫の場合、仰向けになるのは恐怖や服従を表わすためではなく、身を守ったり、獲物の息の根を止める準備をするためである。この姿勢をとって四肢の爪をすべてむきだし、攻撃態勢を整えるのだ。鳥やネズミなど大型ないし中型の動物を狩る猫は、獲物に跳びかかったあと、一瞬仰向けに寝ころがる。そして獲物を前足でつかまえて嚙みつく。そして同時に爪を全開にした両後ろ足を揃えて獲物の腹の部分を何度も蹴る。この行動で獲物は腹を裂かれたり、命にかかわる部分に致命的な傷を負わされる。猫と犬が同じ行動を誤解する可能性は高い。怒った猫が仰向けになるのを見て、犬は相手が闘いを諦め、和解を望んでいるのだと解釈するだろう。そして猫に近寄り、慣習に従って匂いをかごうとしたとたん、四組の強い爪でいきなり顔を引っかかれてしまう。

猫と犬のあいだの誤解は、もっと目立たない場面でも生じるだろう。緊張したり、怯えぎみだったり、自分より優位の相手の注意を引こうとするとき、犬は片方の前足を上げる。それはすでにご説明したとおり、儀式のようなもので、服従を示すために仰向けに寝ころがる準備段階なのだ。猫も仰向けに寝ころがる前にまず前足を上げるが、それはあくまで攻撃の準備である。軽い威嚇を示すとき、猫は相手に向かって片方の前足を上げる。この動作を読みちがえた犬が猫に接近すると、鉤爪のしたたかな一撃を鼻面に食らうだろう。

犬と猫のあいだで大きな誤解のもとになりそうな行動が、もうひとつある。直接体を触れ合わせることである。すでに見たとおり、犬が人間やほかの犬に体をこすりつけたり、寄りかかったりするのは、優位性の信号である。だが、猫の場合、何かに肩や胸や頭をこすりつけたり、腰の部分でもたれかかったりするのは、自分の匂いを物や相手につけるためである。そうやって匂いを混ぜ合わせ、見慣れたものと見慣れないもの、親しい相手とよそ者を区別する。つまり猫の友好的な挨拶の儀式なのだ。猫がこの行動を犬にたいしてとった場合、犬は親しみをこめた挨拶とは受け取らず、自分にもたれかかって優位性を主張していると考えるだろう。

猫と犬のあいだに誤解を呼びやすい信号は、そんなふうに数々ある。猫と犬が反発しあうようになったのは、同じ信号が猫語と犬語で反対の意味をもつからではないかと、思いたくもなる。べつの種族の信号を読みちがえたばかりに、傷ついたり、怖い思いや嫌な思いをした動物は、その後は相手を信用しなくなる。不愉快な体験が、犬と猫のあいだに見られる典型的な敵対心へと傾斜していくのも自然なことだろう。

だが、犬と猫は「二種語」に通じるようにもなれる。犬は人間の言葉を一部理解できるようになるし、それは猫にもある程度可能だ。同様に、犬も猫も同じ家で暮らしていれば、おたがいの信号が読みとれるようになる。子供のころから一緒に育てられた犬と猫は、幼いときにすでに誤解を経験ずみなので、ほとんど問題が起こらない。子犬は仰向けに寝ころがった子猫の腹に鼻をこすりつけ、その結果を思い知らされる。だが、幼いうちなら爪も牙も小さいから、傷つけられることはめったになく、しかも学習は充分にできる。

おとなになった猫と犬を仲良くさせるのは、かなり困難をともなう。とくに犬がほかの犬たちのあいだで、猫がほかの猫たちのあいだで育ってきた場合は、犬語、猫語の信号をすでにしっかり身につけているから、それだけむずかしくなる。最良の方法は当の犬と猫自身に、言葉の壁を乗り越えさせることだろう。実際に信号を読みちがえて痛い思いを経験するのが学習の早道だが、同じ家で犬と猫を飼うときは、最初は人が見守ってやる必要がある。事態が悪化して激しいいさかいになり、どちらか一方が怪我をしかねない場合は、人が割って入るほうがいい。

だが、急いで犬・猫語の通訳を務めたり、喧嘩の仲裁役を買ってでたりしないこと。いくら努力しても、せいぜい猫から引っかき傷を、犬から嚙み傷を頂戴するくらいが関の山だ。最も手っとり早いのが、双方の注意を喧嘩からそらすことである。離れたところから水鉄砲や園芸用の霧吹きを使って水をかけたり、コップの水をかけるのもいいだろう。あるいは毛布、バスタオル、コートなどをいさかっている猫と犬の上にかける方法もある。喧嘩がやまったら、片方(できれば負けそうだったほうの動物)をその場から連れ出す。一時間ほどして両方の気持ちが鎮まったところで、もう一度犬と猫を同じ場所に戻してやる。しばらくは語学のレッスンが続くだろうが、やがては仲良く暮らせるようになるものだ。

猫と犬が順応しあえたかどうかは、寝るときのようすでわかる。相手に慣れていないあいだは、べつべつの部屋など、おたがいに姿を隠せる場所を探し、離れて眠ろうとする。信頼をもちあうようになると、同じ部屋で寝始める。信頼感が高まり、確実に絆が結ばれたときは、背中を合わせて眠るようになる。何と言っても、信用できない相手にたいしては、誰も背中は向けないものだ。

犬と猫がおたがいを同じ群れの仲間、あるいは一緒に暮らす相手として認めると、共通した友好の意思表示をおこなうようになる。グルーミングである。朝がきて私の目覚まし時計が鳴ると、わが家のオレンジ色の猫ローキは、彼の寝床である窓辺の椅子から跳び下りる。そして晴れた日には、テラスにつながるガラス戸の前でうずくまる。同じころ、フラットコーテッド・レトリーバーのオーディンも、自分が寝ていたクッションから起き上がる。大きな黒い体をのばし、あくびをし、猫のところに行ってその顔や体をなめ始める。母犬が子犬にするように、グルーミングをしてやるのだ。そして彼がローキのかたわらに横になると、猫はその耳や顔を舌で念入りになめる。彼らはオーディンが生後九週間、ローキが生後八週間のときから一緒に暮らしている。一緒に成長してきたので、おたがいに言葉のちがいを乗り越え、オーディンは猫語を少し、ローキは犬語を少し話すことができる。とはいえ、私の祖母の話を借りるなら、わが家の犬はいまもときどき猫の尻尾を点検しては、嘘を言っていないかどうかたしかめているようだ。

第十八章　犬語にも方言がある

あらゆる動物の言語、少なくとも哺乳類の言語には共通した部分がある。だが猫と犬の意思伝達パターンにちがいがあるように、すべての動物が同じ信号を同じ意味で使っているわけではない。犬の言語にかぎってみても、犬の種類によってそれぞれにちがいがある。「方言」のようなもの、と言ってもいいだろう。

現在の家犬は、狼などの野生の犬族とはさまざまな点で相違がある。最も大きなちがいが、ネオテニー（幼形成熟）、すなわち幼い時期の特徴や行動がおとなになっても残る状態である。家犬はおとなになっても、つまった口吻、つき出た広い額、短めの牙、垂れた耳など、おとなの狼より子狼に似た特徴をそなえている。行動面でも、家犬は野生の犬族のおとなより子供のほうに近く、一生のあいだ遊びを求める。それに加えて、すでにお話ししたように、吠える行動はおとなの狼には見られず、子狼の特徴であり、もちろん、おとなの家犬の特徴でもある。じつのところ、家犬は犬族の世界のピーター・パンなのだ。

ネオテニーは、犬の家畜化にともなって生じたようだ。人間とかかわりをもち始めた初期の段階（人間が犬を伴侶や仕事仲間として積極的に交配を始める以前の段階）から、犬はみずから家畜化への道をたどったと思われる。進化における「適者生存」の原則は、どんな環境においても働く。運まかせで死肉をあさっていた時代に「適者」であったのは、人になつきやすく、威嚇的ではない犬だった。そうした犬は人間の野営地の近くまで行くことが許され、人間が残したり捨てたりした食べ物にありつけた。そして人間が意図的に交配をコントロールして犬の家畜化を推進し始めたとき、友好的な犬へと向かう「進化の傾斜」に拍車がかけられた。獰猛《どうもう》な犬や人間を恐がる犬が、共同生活にふさわしくないのは当然だった。そんなふうに人に馴れにくい犬は、村を追い出されたり、始末されたりした。人にたいして友好的な犬のほうが訓練しやすいから、役に立つことが多かった。そんな犬たちが残されて飼育され、つぎの世代の犬たちの親になった。だが、この過程には思いがけない副作用も生じた。

一九五〇年代の終わりに、ロシアの遺伝学者ディミートリ・ベルジャーエフは、四十年におよぶ実験を開始した。彼は家犬と野生の犬族の外見や行動のちがいは、人間が友好的で飼い馴らしやすい犬を選択交配してきたことに、ほぼすべての原因があると考えた。

進化の過程を実験で試すのは、設定も実行もむずかしい。だが、ノヴォシビルスクのロシア科学アカデミー・シベリア部門で働いていたベルジャーエフは、時代をさかのぼり、犬の家畜化が始まった最初の段階から実践してみようと思いたった。その行程を再現し、犬が作りあげられる過程で何が起こったのかじっくり調べることにしたのだ。「犬の原型」となる野生の犬族を選ぶにあたって、彼は狼は使わなかった。これは熟慮したうえでの選択だった。野生の狼は、遺伝子的にもはや「純血」ではなかったからである。多くの家犬が野生の狼の群れにまじり、交尾したことはよく知られている。狼を使った場合は、結果にたいする解釈が複雑になるだろう。そこで彼は犬に非常に近いが、犬と交わることはできず、これまで家畜化されたことがない種族を選んだ。ロシアギンギツネ（ヴァルペス・ヴァルペス）である。

実験の方法は理論的には単純だったが、骨の折れる作業を忍耐強く続けねばならなかった。彼はまず百三十頭の家畜化されていないギンギツネを集めて、系統だった交配プログラムを実践した。子供が生まれるたびに、人間にたいするなつきやすさがテストされた。最初のころの世代では、人の手からものを食べ、人に体をなでさせるキツネがつぎの交配のために残された。この資質をもつキツネは、初期の段階ではわずか五パーセントしかいなかった。その後ベルジャーエフは、選択にもっときびしい条件をつけた。六世代目の段階では、人との接触を求め、尾を振って近づき、クンクン啼いて人の注意を引こうとするキツネが選ばれたのである。どの世代でも、最も人に馴れやすく友好的なキツネだけが残された。こうして代をかさねるうちに、キツネの行動はしだいに家犬に似てきた。友好的な性格で選ばれたキツネは、人間に近づき、なめたり匂いをかいだりして、愛情のこもった反応を引き出そうとした。

交配は三十五世代以上におよび、実験がおこなわれた四十年以上のあいだに四万五千頭ほどのキツネが生まれ、「家畜化されたキツネ」の数が多くなりすぎた。同時にロシアの経済不況のため、研究資金が不足し始めた。この二つの問題を解決するために、研究者たちはあまったキツネをペットとして売り出し、それで得た収入が研究費にあてられた。売ったキツネについても、新しい飼い主のもとでどのような経過をたどったか追跡調査がおこなわれ、ふつうの家庭にも家畜化されたキツネがうまく適応したことがわかった。飼い主たちはキツネを「性格のいい」かわいいペットだと報告した。キツネはふつうの犬より独立心が旺盛で、猫のようなところがあったが、人間と上手に絆を結んだのである。

この実験からある重要な結果が生み出された。キツネはなつきやすさという行動特徴だけを基本に選択交配されたのだが、しだいに肉体的にも変化が起こったのだ。垂れた耳、巻いた尾、短い尾、白っぽい被毛や色の入り混じった被毛をもつキツネが現れ始めた。口吻は短めに、額はつき出て広めに、牙は短めになった。その変化はすべて野生の犬族と家犬とを分ける特徴と同じだった。子供からおとなへの成長のしかたも、選択交配の過程の中で変わった。すべての犬族と同じく、キツネには決まった成長の段階があり、子供っぽい行動特徴が現れてから消えるまでの時間は、ある程度一定である。この実験で測定したところ、時間にたいする成長の割合が家畜化の過程で遅くなることが明らかになった。子供っぽい行動特徴が非常に幼いときに現れたあと、家畜化されたキツネは野生のキツネよりもその時期がずっと長く続く。言い換えると、キツネは家畜化されただけでなく、家犬のようにおとなになったあとまで子供の特徴を数多く残すようになったのだ。というわけで、ベルジャーエフの研究によって、犬の家畜化の過程で何が起こったかがはっきりと実証された。すなわち、飼い馴らしやすさと友好的な性格をもとに交配した結果、精神的にも肉体的にも狼のおとなより子供に似た特徴をもつ犬が生まれたのである。

ベルジャーエフの選択交配は、友好的な性格を基準にしたが、初期の人間たちは犬の交配に子犬のような「外見」も選択の基準にしたと思われる。動物も人間も、自分と同じ種の子供を見ると本能的に好意を抱く。ノーベル賞受賞者のコンラート・ローレンツなど、自然学者たちは、この感情を誘う要因が幼いものの外見にあると考えている。幼い子供は体が小さく、大きな目、まるくて凹凸のない顔、無邪気な表情、高い声をもち、本質的に「かわいい」と感じさせる。この「かわいらしさ」がおとなたちに働きかけて、群れの幼い動物を守り育てようとさせるのだ。現代の心理学者は、このかわいらしさの要素が、種の境界を超えることを実証した。私たちはおとなの猫より子猫を愛らしいと思い、おとなの鶏よりひよこに惹きつけられる。同じことが、おとなの犬とくらべたときの子犬にも言える。人はどんな子犬を見ても、家にもって帰りたくなるものだ。私たちと同じように、初期の人間たち、とくに女性は、家畜化した犬の中で子犬的な犬をかわいいと思ったにちがいない。おそらく最もかわいい犬が、最もだいじにされただろう。そして真っ先に食べ物をあたえられ、肉がたくさんついた骨をもらえただろう。そして人間の住処《すみか》を分け与えられ、きびしい寒さから守られ、交配の機会が多くなったのではなかろうか。

家畜化は、犬の外見や行動に影響をあたえただけではない。言語の面でも野生の類縁たちとはちがう発達のしかたをしたようだ。家犬には、狼の社会的行動と意思伝達のパターンが、断片的に不完全な形で残っているにすぎない。犬の行動にはいわばモザイクのように、おとなの狼の意思伝達信号と同時に、多くの子犬の信号も含まれているのだ。

狼と犬の言語には、ある種の意思伝達信号の発達過程が反映されている。幼い子犬は無力でおとなに依存しているから、その信号の多くは守られることを目指しており、おとなにたいして服従と依存心を示し、相手の気持ちを安らげようとする。成長するに従って、その言語にもっと社会的な信号が増え始める。おとなの犬は威嚇のために相手をにらみつけ、唸り声をあげ、相手の体の上に乗ろうとする。これらの信号が現れる時期は、はっきりとちがう。単純な服従信号は幼い時期に現れ、支配を表わす信号や複雑な服従信号はおとなになってから現れる。このおとなの言語を「狼語」、幼いときの言語を「子犬語」と呼ぶとすれば、狼語を話す犬は子犬語を理解できる。自分も幼いときにそれを話したからである。だが、子犬語しか話さない犬には弱みがある。狼語をすべて学習しきれていないからだ。家犬が狼にたいして問題があるのもその点だ。家犬は子犬語を話す。狼語を受けとる能力はあるにしても、話す能力はかぎられている。ネオテニーによって、おとなの言語能力をそなえる前に成長がとまっているからだ。そのため家犬と狼のあいだの意思伝達はむずかしくなった。ある研究ではマラミュートが狼のあいだで育てられたが、狼の社会行動信号を正確に読みとれないことが多かったという。

ここで話はちょっとややこしくなる。ネオテニーの度合いは、すべての家犬で同じわけではないのだ。ある犬種のネオテニーの度合いを測るには、個体の外見がおとなの狼に似ているかどうかが目安になるようだ。狼によく似ている犬、たとえばジャーマン・シェパードやシベリアン・ハスキーなどは、外見特徴がおとなっぽいだけでなく、行動面でもネオテニーの度合いが低い。反対に見かけが子犬に近い犬、キャバリア・キング・チャールズ・スパニエルやフレンチ・ブルドッグなどは、外見特徴が幼げであると同時に、行動面でもネオテニーの度合いが高い。

シベリアン・ハスキーは語学が得意?!

この観察をもう一歩押し進めると、犬種に応じて犬語にさまざまな方言や変化形があるのがわかってくる。特徴がおとなの狼に近い犬は、言語にも狼的な要素が多く残っているが、ネオテニーの度合いが高い犬は、狼語はあまり使わず子犬語を話す。イギリスのサウサンプトン大学人類動物学研究所のデボラ・グッドウィン、ジョン・ブラッドショー、スティーヴン・ヴィケンズは、十種類の犬を選び出し、狼に似ているかどうかを基準にして順位をつけた。子犬的な犬から最もおとなの狼に近い犬まで、その順番はつぎのとおりである。

1 キャバリア・キング・チャールズ・スパニエル
2 ノーフォーク・テリア
3 フレンチ・ブルドッグ
4 シェットランド・シープドッグ
5 コッカー・スパニエル
6 マンスターランダー
7 ラブラドール・レトリーバー
8 ジャーマン・シェパード
9 ゴールデン・レトリーバー
10 シベリアン・ハスキー

研究者たちはこれらの犬について十五種類の優位性および服従性の信号を調査した。その結果、外見だけでなく言語の面にもネオテニーが働いていることがわかった。外見が狼から最も遠い犬、キャバリア・キング・チャールズ・スパニエルは、社会的言語が最もかぎられていて、十五の社会的信号のうち確実に示されたのはわずか二種類しかなかった。その二つは狼の正常な成長段階のきわめて早い時期に現れ、生後三、四週間の子狼が示す信号だった。この犬種の社会的な語彙は、そこでとまっているようだった。かたやシベリアン・ハスキーは、テストされた社会的信号をすべて示し、おとなの狼とよく似た行動言語をそなえていた。この両極端の犬種のあいだにいる犬たちは、外見が狼に似ているものほど使いこなせる社会的信号の数が多く、しかもおとなになってから身につけたと思われる行動言語が多かった。

忘れてならないのは、この研究で調べられたのが犬の意思伝達能力であり、その性格ではないという点である。この結果が出たからと言って、シベリアン・ハスキー、ゴールデン・レトリーバー、ジャーマン・シェパードが、かならずしもほかの犬種より攻撃的だというわけではない。結果が意味しているのは、ネオテニー化の少ない犬種ほど、社会的な問題については数多くの信号や動作による言語を使って、ほかの犬に意思を伝えられるということである。これらの犬たちは攻撃的な信号だけでなく、和解の信号も数多くそなえている。すでに述べたとおり、犬のコミュニケーションの目的のひとつは、群れの中で良い関係を築きあげ、双方が傷つきかねない衝突を避けることにある。つまり、狼に近い犬たちほど反応の幅が広く、社会的順位について微妙な「会話」を交わす能力が高いと言えるだろう。それを通じて実際の衝突が避けられるわけである。子犬語しか話せない犬種は語彙がかぎられており、攻撃的な信号よりも、服従的な信号を多く身につけている。だが彼らは、社会的野心や順位を主張するほかの犬の信号に気づかず、自分より優位な犬に屈伏しそびれてしまうことまである。

こうした言語的なちがいから、異なった方言を話す犬同士のあいだに誤解が生じるのも、当然のなりゆきだろう。子犬的な要素の強い犬は、社会的な優位性にかんする言語をさほど身につけていないため、相手の重要な信号を見落とすことがある。語彙が少ない犬は、自分でも気づかずに引き金を引いて、衝突を引き起こしてしまう。おとなの狼語を話す犬が服従を表わす信号を求めても相手がそれを示さないため、和解は成立せず、実際の攻撃へとエスカレートしてしまうのだ。

そんな例のひとつを、『怒りの葡萄』『エデンの東』『二十日鼠と人間』などの古典的な作品で知られるノーベル賞受賞作家ジョン・スタインベックが書いている。スタインベックは犬を愛し、『チャーリーとの旅』にはスタンダード・プードルのチャーリーを唯一の道連れにした一年近くの旅が描かれている。だが、ここでご紹介したいのは、スタインベックがそれよりずっと以前に飼っていたエアデール・テリアの話である。姿形からすると、エアデールはとても狼的とは言えない。彼のエアデールはべつの犬とのあいだで、縄張り争いを続けていた。スタインベックによれば、相手の犬は「シェパードとセターとコヨーテの混血」で、見かけは狼に近かったようだ。彼のエアデールがその犬の領域を通りすぎると、かならず喧嘩が始まった。「私の犬は毎週この灰色の怪物と闘っては、こてんぱんにやっつけられた」と書かれている。

そんな一方的な闘いが数カ月続いた。そしてある日、エアデールにつきが回ってきた。彼は屈強な雑種犬の不意をついて、したたかに痛めつけた。続いて起こったできごとを、スタインベックは憂鬱そうな調子で書いている。打ちのめされた犬は「うなだれて敗者のコーナーへと」退いた。完敗の意を表わして仰向けになり、自分の弱い部分である腹を見せたのだ。そのとたん、スタインベックによると、エアデールは「武士の礼儀を忘れ去った」。闘いに勝っただけでは気がすまず、狼の流儀に従って仰向けになり、服従を示して衝突を終わらせようとしている相手に、ふたたび猛然と襲いかかって急所に嚙みついたのだ。むごたらしい展開になった。ようやくエアデールを引き離したとき、犠牲者は「父親にはなれない身」に変わっていたのだ。スタインベックは、「人間と同じように、気持ちの卑しい犬もいるものだ」と締めくくっている。

このエアデールが性悪で理性を欠き、それまで自分を苦しめていた相手にわざと大怪我をさせたのだというスタインベックの言い分は、正しいかもしれない。だが、狼的な原型から遠く離れた犬が、相手の動作にこめられた社会的な意味を、充分理解できなかったという可能性もある。狼語を話す犬にとって、この服従信号は優位な立場を永久に奪われることを意味する。というわけで、この信号は社会的に重要であり、決定的なメッセージになる。狼語につうじていない犬は、そのような社会的信号を充分読みとれない。たんにその場のこととしてのみ解釈し、長期にわたる服従を告げるもの（それこそエアデールが望んでいたものなのに）とは考えない。信号の意味を完全に理解できなかったため、相手の敗北宣言を目にしてもエアデールは攻撃をやめなかったのではなかろうか。だとすれば、この犬族の伝統と礼儀作法を無視した行為も、邪悪さゆえではなく、言葉を知らなかったことが原因と考えられる。

もちろん、すべての犬が相手の意思表示にたいして適切に、順当に応じるわけではない。それは、すべての人が相手の言葉に予想どおり反応するわけではないのと同じだ。犬種によって犬語に方言があり、個体によっても反応にちがいがある。私はあるとき犬の服従訓練クラスで、緊張のみなぎる場面を目にしたことがある。それは新しい内容を教える最初の訓練で、ひとりの女性がとてつもなく巨大なジャーマン・シェパードを連れてきていた。シュレッダー（刻み屋）という名前がいかにもふさわしい犬で、近くの犬たち全員に目いっぱい攻撃的な威嚇信号を発していた。しかも、自分に近づく人間にまでだれかれかまわず脅しをかけたのだ。ほかの飼い主はみな壁際まで下がって、自分の犬をかばうように抱きしめていた。指導員のラルフは、問題を見てとった。

「この犬はいつもこんなふうなんですか？」と彼は尋ねた。

「気分がわるいときだけです」と飼い主の女性はふるえ声で答えた。

「では、私が犬の言葉を使って、緊張しなくてもいいと伝えましょう」とラルフは言った。

ラルフはポケットから犬のビスケットを取り出した。それを見て私は、彼が食べ物で犬の気持ちをなだめるつもりだなと考えた。ところが驚いたことに、彼は床にうずくまると、両脚をシュレッダーの方向に開いて坐り込んだ。

「これは犬が服従を表わすときにとる姿勢です」と彼は説明した。「彼から見れば、私は自分の腹と性器の部分をさらけ出し、無抵抗なことを示しています。相手がこの姿勢をとるとき、犬はけっして攻撃をしかけません」

シュレッダーが、まだ唸り声をあげながら大きく開いたラルフの両脚に近づいたとき、私は息をのんだ。ラルフは片手を自分の両脚のあいだに置き（私には少しばかり身をかばうためのようにも見えた）、その手を開いてビスケットを見せた。シュレッダーは用心しながら近づき、ゆっくりビスケットをくわえた。彼はラルフの股ぐらの匂いをかいだあと、ラルフに向かって横向きの姿勢をとった。そしてシュレッダーがようやく体を回し、ラルフのほうを向いて坐ると、指導員はそろそろと立ち上がった。

「これでよし、あの椅子のところに行きましょう。私がこの犬を個別指導します」彼は言った。

「いささか無謀ではなかったですか？」私は尋ねた。

「いいえ、犬の言葉を知っていれば、絶対に安全です」

私はジョン・スタインベックのエアデール・テリアを思い浮かべた。あのエアデールなら、犬語で話しかけられても、予想どおりには反応しなかったろう。狼語によるこの信号はわからなかったはずだ。そして指導員の発するメッセージを無視したことだろう。人間が意思伝達の方法を心得ていたとしても、犬が進んで人間の信号に注目し、反応するという保証はない。犬種によっても個体によっても、また状況によってもちがってくるのだ。ラルフの方法は、このときはうまくいった。犬は彼の信号を読みとって予想どおりの反応をした。ジャーマン・シェパードは森林狼と共通点が多く、ネオテニー的な特徴がそれほどないため、この種のメッセージには敏感だったのだろう。だが、いつかラルフが間違った相手――狼語はあまり話さず、優位性や服従を示す信号に鈍感な犬――に同じ方法を使ったとしたら。その結果はあまり考えたくなかった。

第十九章　犬の言葉は言語と言えるだろうか

最初の章でお断りしたとおり、私は本書では「言語」と「コミュニケーション」という言葉を同じような意味で使い、このふたつの概念のちがいを科学的に考察するのは後回しにした。犬語についていささかなりとも知識が増えたところで、この章ではその点について考えてみることにしよう。この問題については実際に科学者や専門家のあいだで議論が闘わされており、私自身も科学者のひとりとして、これを避けては通れない。では、犬は私たち人間が理解している意味での言語をもっているだろうか。それとも、犬のコミュニケーションは信号や合図の集積にすぎないのだろうか。

科学の分野では、「言語」という言葉は、声、信号、記号、動作などを使って意味を伝える意思伝達手段と定義されている。ただし、この大まかな定義の中に、いくつか前提条件が含まれている。歴史的に見ると、その条件は数が多く、きわめて限定的であり、言語をもつのは人間のみであると結論せざるをえないように設定されていた。現在では、条件の数はずっと少なくなっている。それは近年になって、人間を進化の高みに鎮座する例外的で特別な生き物としてではなく、自然界の一部として捉えることに異論がなくなったためだろう。現代の心理学者や言語学者の多くは、言語として定義づけられるものの基本条件を四つないし五つとしている。

まず、言語の最も重要な特徴は「意味をもつこと」である。言語が使われるのは、相手に意味を伝えるためなのだから、これは当然だろう。単語は事物、思考、行動、感情などを表わしている。単語のひとつひとつに意味があると同時に、単語同士をつなげると、意味を変えたり明確にしたりすることができる。すでに見てきたとおり、犬の信号は明らかに意味をもっている。犬は無目的に脈絡なく吠えたり、唸ったり、尻尾を上げたり、相手をにらんだりはしない。じつのところ、この本の最後には付録として「犬語小辞典」（三六一ページ）が用意されている。これは犬が発する信号や合図について、それぞれの意味を記した手引きのようなものである。というわけで、犬のコミュニケーションはこの条件を満たしていると言ってさしつかえないだろう。

つぎなる基本的条件は「転位」である。すなわち言語は、空間的・時間的に「位置を変えた」事物やできごとを伝えるものである。かんたんに言えば、言語を使っていま目の前にないものについて伝えたり、過去や未来について伝えることができる、という意味だ。犬は自分からは抽象的なことがらについてそれほど話さないが、抽象的なものを含んだ言葉は明らかに理解できる。犬の飼い主ならたいてい「もの探し」のための言い回しを数々もっているだろう。たとえば、わが家の犬たちは「ボールはどこ？」と言われると、勢いよく駆け回ってボールを探し出し、私のところにもってくる。ボールが手の届かない場所にあるときは、その近くまで行って吠える。「棒切れはどこ？」と言われた場合は、自分が一番最後に遊んだ棒切れを探しにいく。「ジョアニーはどこ?」というのは、私が妻の居場所を知りたいときに便利な言葉だ。これを聞くと、犬は私の妻がいる部屋に行く。彼女が二階あるいは地下にいるときは、犬は階段のところまで行って待っている。居場所がわからないときは、彼女を探しにかかる。いずれの場合も、犬は目の前にはない対象に適切に反応しているわけだから、「転位」の条件を満たしている。生産言語としての転位の例はそれほどない。だが、すでにご紹介したとおり、群れのメンバーが目の前に見えなくても、犬は警告の吠え声で群れに「招集」をかける。

人間の言語と同じ意味での「ほんものの言語」が犬にあるかどうかという問題で、最もひっかかる点のひとつが、文法である。文法は言語を構成するための規則だ。規則の中でも最も重要なのが構文法、すなわち単語や成句をつなげる順序である。たとえば、英語では定冠詞の「ザ(the)」は名詞の前に置かれる。「ザ・ボーイ・スリュー・ザ・ボール(あの少年がボールを投げた)」といったぐあいだ。だが、定冠詞を名詞のあとに置いて「ボーイ・ザ・スリュー・ボール・ザ」とすると、意味が通じなくなる。文章を形成する語順は、言語によって異なる。英語では「ホワイト・ハウス(白い家)」などのように、形容詞は修飾する単語の前にくるのがふつうだ。だが、フランス語やスペイン語ではその順序が逆で、「メゾン・ブランシュ」あるいは「カサ・ブランカ」となる。言葉に意味をもたせるためには、つなげるときの単語の選び方も大切である。英語の場合「these cat」あるいは「an ball」といった言い方は正しくない(正しくは these cats、a ball)。これらは文法の中で、「組み合わせの法則」と呼ばれるものだ。

単語を並べる順番によって、意味が変わることもある。たとえば「人・食う・サメ」と「サメ・食う・人」ではまったく意味がちがう。同様に「少年が・少女を・なぐった」と「少女が・少年を・なぐった」とでは、伝わる意味がまるでちがう。これは文法の中で、「言葉の配列の法則」と呼ばれている。

犬の言葉には、この「組み合わせの法則」と「言葉の配列の法則」にあてはまる文法があるだろうか。長いあいだ、たいていの学者の答えがノーだった。だが、興味深いことに、最近の観察調査では犬にも文法がありそうなことが示唆されている。

まず「組み合わせの法則」について考えてみよう。言葉には一緒に組み合わせられるものと、組み合わせられないものがあるという法則である。犬や狼の声を調べると、けっして一緒に組み合わせられない声があることがわかる。遠吠えと鼻声の組み合わせは、聞いたことがない。また、遠吠えと唸り声もけっして組み合わされない。だが、遠吠えが高啼きと組み合わされることは多く、ときにはある種の吠え声とも組み合わされる。吠え声はべつの吠え声、唸り声、鼻声と組み合わされるが、唸り声と鼻声の組み合わせは絶対にない。

犬の言語には動作や体の姿勢で示されるものが多いが、けっして組み合わされない声と姿勢があるのは興味深いところだ。四肢をこわばらせた支配的な姿勢で、鼻声や高啼きをする犬はいない。この姿勢をとるときは、たいてい唸り声をともない、ときには警告の吠え声が発せられることもある。犬が腹を見せて寝ころがるときは、唸り声や吠え声はあげず、クンクンあるいはクーンなどの鼻声をたてる。前足を上げて不安を表わすときも、唸り声や吠え声はともなわず、たいてい黙ってこの動作をする。

また尻尾の動きと声の組み合わせにも、規則的なところがある。自信のある犬が尾を高く上げたときに、クンクン、キャンキャンと啼いたり、唸り声をあげたりすることはない。自信のある犬が唸り声をあげるときは、まっすぐにのばした尾をうしろにつき出す。「ここではだれがボスか、けじめをつけよう」というこの尾の信号に、鼻声や遠吠えが組み合わされることはけっしてない。

じつのところ、体、尾、耳、口の表情が決まった声と組み合わされる例は数多くある。それらを総合すると、犬の言葉にも「組み合わせの法則」と結びつく文法的な要素があると言えそうだ。

最近の研究結果で最も画期的なのが、犬の言葉にも「配列の法則」がありそうだという指摘である。犬が発するありふれた二つの声について考えてみよう。ひとつは唇をめくりあげて「ウルルル」と唸る声である。この唸り声は、優位の犬がべつの犬ないしは人間を追い払いたいときの警告の声である。犬がおいしい骨や皿一杯の食べ物など、だいじなものを手に入れたときに、「引っ込め。これはおれのだ！」と伝えるときに、この声が使われる。

もうひとつは、低音で始まり、しだいに高くなって「ッフ」という音で終わる吠え声である。文字で表わせば「ウーッフ」といった感じになる。これは群れのメンバーの注意を引くために発せられる警告の声だ。「みんなこっちに来て、これを見てくれ」を意味し、これを聞くとほかの犬たちは吠えている犬の近くに集まる。

だが、この二つの声が組み合わされると、その順序によって意味が変わってくる。「ウルルル・ウーッフ」の場合は、遊ぼうという意味で、遊びに誘うおじぎをともなうことが多い。それが「ウーッフ・ウルルル」と逆になった場合は、まったく意味がちがう。これは不安な犬がたてる威嚇の声で、骨などのだいじなものを守ろうとするときや、強くて怖そうな犬を遠ざけるときなどに発せられる。「あんたがいると不安だ。それ以上近づいたら、こっちにも覚悟がある」といった意味である。この信号は不安にもとづく威嚇なので、自信のある強い犬がたてる単純な「ウルルル」という声とは、おもむきがちがう。

私たち人間は、自分の言語を基準にして偏った見方をしがちであり、文法の組み合わせや配列の法則についても、音声を基準に考える傾向がある。だが、犬にとって体の信号は声と同じほど重要であり、「言葉の配列の法則」の例はほかにも見つけられそうだ。犬がべつの犬の顔を正面から見据えるのは優位性や威嚇の表現であり、基本的には「ここではわたしがボスだ。あんたは挑戦する気か」という意味だ。いっぽう、相手の犬と視線が合わないように目をそらせるのは、抵抗はしないという表現で、基本的には「あなたがボスだと認めます。あなたが決めたことに、何でも従います」という意味である。この二つの信号を組み合わせて、まず正面からにらみつけたあと、一瞬目をそらし、またにらみすえる場合は意味が変わり、二頭の支配的な犬の平和的な出会いになる。「あんたはたしかに強くて、このあたりではボスだろう。こっちも負けちゃいないが、今回は闘うのはやめよう」といった意味に解釈できる。

では、この二つの信号を声と結びつけてみよう。するとコミュニケーションの性質が一変する。犬が真正面から相手の犬を見据えると同時に唇をめくりあげて「ガルルル」と唸った場合は、実際に衝突の起こる可能性が非常に高い。西部劇の対決場面で、黒いカウボーイハットをかぶった無法者が、「どっちがこの街で生き残るか、はっきりさせようじゃないか。銃を抜け」と言うようなものだ。だが、犬が相手を正面から見据えたあと、目をそらせて「ガルルル」と唸ったときは、相手の反応がちがってくる。相手の犬は唸った犬が見ている方向に視線を向ける。そして同じ方向を見つめながら、身がまえる姿勢をとるだろう。この一連の行動は「あそこに何か妙な気配がする。仲間を集めて行動に移る必要があるかもしれない」という意味である。

こうしたやりとりで重要なのは、一連の流れの中で、声（「ガルルル」や「ウーッフ」）や動作（正面から見据える、目や顔をそらせるなど）が、どの時点で生じるかによって意味が決まるという点である。それは犬の言葉に配列の法則があるという、確実な証拠に思われる。

これらの観察結果を総合してみると、犬の言語は私たちが考える以上に複雑なことがわかる。「組み合わせの法則」と「言葉の配列の法則」をもった、文法や構文法の初歩的なものは存在する。それを示すいくつかの証拠が、たしかにあると言えるだろう。

犬は人間の二歳児よりも複雑な言語を発する

言語であるための基本条件の最後は、「生産性」と呼ばれるものだ。ほんものの言語は、場面に応じて新しい表現を無限に可能にするものでなくてはならない。言い換えれば、言語はコミュニケーションの創造的なシステムであり、かぎられた文章や成句を使い回す反復性のシステムではないという考え方である。学者の中には、この条件をもとに犬の言葉を言語と認めない人もいる。だとすると、厳密に解釈すれば、語彙が少なく文法的な法則もかぎられ、短い文章しか作れない単純な言語は、すべて除外されてしまうことになる。語彙が百語ほどで、文章の構成は二語ほどという二、三歳の子供は、かぎられた文章を「使い回し」て、まわりの人びとに意思を伝える。だが、「生産性」を欠いてはいても、その子が言語をもっていないとは誰も言わないだろう。

幼い人間の子供に言語が認められるとすれば、同じ程度の法則や基準をあてはめて、犬にも単純な言語があると私は考えたい。人間の言語能力の発達について研究している心理学者は、声だけでなく、動作も言語の要素として認めている。それは「マッカーサー伝達能力発育調査項目表」で、二歳の子供の言語能力を測定するテストの書式を見てもわかる。そこには「意思を伝達する動作」の項目があり、言語として認められているのだ。その中には興味を引かれた物やできごとを指でさす、誰かと別れるときに「バイバイ」と手を振る、抱いてもらいたいときに両腕をのばす、おいしいものを食べたときに「ムニャムニャ」と唇を鳴らす、などが含まれている。意思を伝える犬の動作は、充分この段階に匹敵するだろう。

犬の意思伝達能力と人間の幼児の言語に、類似性を求めすぎてはいけない。だが、たしかに共通点は存在する。犬も人間の幼児も、生産言語よりも受容言語のほうが豊富で、確実性も高い。理解している言葉は、話者が子供にしてほしいと望む行動にかかわるものが多い。私たちは子供に「おててをちょうだい」と話しかけ、言われたとおり子供が手を出せば言語能力があると認める。だとすれば、「お手」と言われた犬が前足を上げるのも、やはり言語能力の表われだろう。幼児や犬が発する言葉は、ほぼ例外なく社会的な性格をそなえ、相手からの反応を引き出す意図をもっている。ただし犬の場合、発せられる言語は人間の幼児より少しばかり複雑である。自分の感情や欲望を表わすだけでなく、優位性や順位を強調することがあるからだ。二歳の幼児は癇癪《かんしゃく》を起こして自分の我を通すことはあっても、社会的な優位性を伝えたり表現したりするのは、もう少しおとなになってからである。

犬の言葉は社会的、感情的なことがらが大半なので、真の意味での言語とは言えないとする人もいる。だがそういう人たちは、人間が言語を使うときの実態をあまり理解していないのではなかろうか。私たちは話をするとき、たいてい個人や社会の情報を交換しあう。つねにアリストテレスの哲学やアインシュタインの理論について語ったり、世界の現状について考えたりするわけではない。私たちは社会での日常的なことがらを話題にすることが多いものだ。

イギリスの二人の心理学者が、人びとの日常会話の内容を、実際に採取したことがある。ロビン・ダンバーはイングランド全域から、ニコラス・エムラーはスコットランドからサンプルを集めた。その結果、二人は私たちの会話の三分の二以上が社会的、感情的な話題であることを発見した。その典型的な例が、誰が誰と何をしたかという話題で、それにたいする批評も加えられる。そのほかに多いのが、誰が成功し誰が失敗したか、それはなぜか、という話題である。感情的な内容で多かったのが、人間づきあいのむずかしさにかんするもので、恋人、子供、職場の同僚、隣人、親戚などとの厄介な関係が話題にされた。もちろん、職場での問題や、最近読んだ本のことがきっかけで、高度な専門的な話をする人たちもいた。だが、私が大学で同僚同士の会話を百種類以上調べたところ、専門的な議論が七分以上続いた例はひとつもなく、すぐに日常的な話題に切り替わった。合計すると、専門的な話題についやされた時間は、全体の約四分の一にすぎなかった。

印刷された言語についても、同じようなことが言える。世界で最もよく売れるのは、小説である。その内容の大半（冒険ものやミステリーも含めて）は、登場人物の社会とのかかわりが中心で、その人物の家族との関係、個人的な野望、裏切ったり裏切られたりする関係、そしてもちろん、恋愛が物語られる。いわゆる恋愛小説が、いつも変わらずベストセラーのトップを飾る。ノンフィクションの分野で、唯一売れ行きがいいのは伝記（および自伝）である。俳優、政治家、スポーツ選手、ニュースキャスター、作家はこぞって自分の物語を書き、熱心な読者も大勢いるようだ。だが、何のために人は伝記を読むのだろう。私たちは法案作りや、議会での法案の通し方を学ぶために、政治家の人生について読むわけではない。ボールを打つこつを知るために野球選手の伝記を読むわけでも、台本の覚え方を学ぶために俳優の伝記を読むわけでもない。有名人の伝記を読むのは、社会的なディテールを知りたいからだ。彼らがどんな相手を好きになったり嫌いになったりしたか、社会面や感情面で窮地に立ったときいかに対処したか、有名になるためにどんな人と接触したか、などなど。同じパターンが、新聞記事にもあてはまる。実際に印刷されているコラム記事のおよそ三分の二は、社会的なディテールであり、さまざまな有名人や時の人の私生活を取りあげたものだ。だれがだれと仲が良いか悪いか、だれが現在人気があるかないかといった記事が、客観的な事実を扱う記事よりも、ずっと多い。

人びとが社会的、感情的な話題に言葉をついやすことが多くても、言語を欠いているとは言えない。犬の言葉は言語であるためのその他の条件を数多く満たしており、社会的な関係や感情的なことがらに話題が集中しがちだからといって、犬に言語があることを否定すべきではなかろう。私の子供たちが十代だったころ、彼らが口にする話は自分の感情や自分とほかの人たちとの関係についてばかりだったが、私は彼らに言語があることを疑わなかった。構造と複雑さの度合いから言えば、犬の言語は人間の二歳児程度だろう。だが、その言語で語られる内容は、人間のおとなの三分の二が口にする内容と共通している。社会の日常的なことがら、社会の構成、そして彼らがその中で生きている感情の世界にかかわる話題である。

第二十章　犬と話をする方法

ここまでのところでは、犬が犬の言語を使って私たちに話しかけることを、どのように理解するかという問題を中心にお話ししてきた。犬の受容言語についてはかんたんにご紹介したが、人間が犬に通じるように話しかける方法については、触れていなかった。

たいていの人がすでに人間の言葉で犬に「話しかけた」経験があるだろう。といってもそれは、「すわれ」とか「来い」といった命令ではない。子供にたいするのと同じように犬に話しかける、という意味だ。ある調査によると、九六パーセントの人が、自分の犬にそのように話しかけるという。ほとんどの飼い主が、犬が家に帰ってきたときも家から出ていくときも、犬に声をかけると答えている。もうひとつごく一般的な「会話」が、かわいいとか利口だとか、犬をほめることだ。多くの人が犬の行動にたいする自分の感想を、犬に話しかける。たとえば、いましがた目にした行動が、いけないことだった、お行儀がわるかった、大助かりだった、おかしかった、などと言う。ときには話しかけが長くなることもある。「あなたがこんなに散らかしたのを、あなたのお母さんより先に私が見つけてよかったわ。お母さんだったら、うんと怒ってたわよ」などと。そして多くの人が、犬が興味をもちそうなことについて、質問形で話しかける。「散歩に行きたい？」「おやつが食べたい？」といったぐあいである。

人間と犬のコミュニケーションで興味深いのが、たいていの飼い主が犬には答えられそうもないことについて（答えなど期待せずに）、犬に尋ねることだ。たとえば「今日は雨になると思うかい？」「私の言ったこと、サリーは気にしてないと思う？」などと。この会話はふつう独り言の形をとり、話すのはもっぱら人間のほうで、犬はただ心を分け合う存在としてそこにいるだけである。

もっと複雑な形をとるのが、話者がひとりで受け答えをする場合である。この種の会話では、たいてい人がときどき犬に目をやり、犬に答えが期待されている部分でひと呼吸おき、その沈黙のあいだに犬が何か伝えたかのように、話が続けられる。そんな場面に居合わせると、電話をしている人の話をかたわらで聞くような印象を受ける。たとえばこんなぐあいだ。「シルヴィア叔母さんの誕生日に、何をあげたらいいと思う？」（しばらく沈黙）「だめだめ、お花は去年あげたもの。お菓子はどうかしら」（またしても沈黙）「そうよね、チョコレートがいいわね」（沈黙）「わかってる。ナッツ入りのビター・チョコレート。きれいな化粧箱に入れてね。とってもいいアイディアだわ、ラッシー」

人間と犬の会話のもうひとつのタイプが、犬の飼い主にはおなじみだが、そのほかの人たちにはいささか奇妙に感じられるやりとりだ。人間が犬に話しかけるだけでなく、犬の答えを想定して、その答えのほうも受け持つのだ。たとえば、会話はこんなふうになる。「ラッシー、おやつがほしい？」この言葉で犬が近くに来ると、（声の調子を変えて）「もちろん、決まってるじゃない。にぶい人！」と言う。この種の「会話」は、親が赤ん坊に話しかけるときにも耳にする。人が自分と犬の二役を務める会話が極端になると、ハリウッド映画によくある、精神分裂症の人物が声も性格もちがう複数の人格に変わって、ひとりで会話をする場面に似てくる。

これらの「会話」は、犬と意思を通じ合わせることとはあまり関係がない。この会話の利点は人間の話者に少しばかり社会的な相互関係をあたえ、それを通じて問題を解決したり、考えをまとめたり、感情を高めたりできることである。こうした相互関係が精神の健康にとって大切なことは、多くの例で実証されている。私たちはふつうこの社会的相互関係を、ほかの人びととともつ。だが、ひとり暮らしの老人や、家族や友人から遠く離れてひとりで暮らす人たちは、犬に話しかけることでその関係が得られる。実際に血圧を測定してみると、自分の抱える問題を犬に話しかけるときは、配偶者に話すときよりもストレスが少ないという結果も出ている。また、ひとり暮らしの老人は、話しかけられる相手として犬がそばにいるほうが、落ち込むことが少なく、精神的に安定しやすいようだ。

人と犬との会話でおそらく最も風変わりなのが、私がダラスで開かれた学会でアルゼンチンの心理学者から聞いた例だろう。犬に話しかけると同時に、「犬を通じて」おたがいに話をする人びとがいるというのだ。

「南米にアチュア族という部族がいて、彼らはコミュニケーションの重要な手段として犬を使っています。アチュア族のあいだでは、もっぱら女性が犬の世話をします。そのかわりに犬は家を守ります。なかには小さな籠のようなものを背中にくくりつけて、お使いをする犬もいます。女たちは犬に名前をつけ、子供にたいするのと同じように犬に話しかけます。ただし、犬のおもな仕事は狩りの手伝いです。狩りは男性の役割なので、犬は長い時間、ときには何日も男たちのおともをします。男性も女性がつけた名前で犬を呼びます。犬を訓練して、狩りに必要な命令を覚えさせるのも男性です。男たちはときどき自分の犬にのんびり話しかけます。ひとりで長いあいだ獲物を追うときは、とくに。それは女たちが家で犬に話しかけるのと同じです。

男も女も犬に話しかけ、自分の時間を分け合っているためか、犬は女の世界と男の世界の接点にいると考えられ始めたのです。そして犬はアチュア族の中で、夫婦間のストレスや仲たがいを抑えるだいじな役割を演じるようになりました。喧嘩が始まりそうなときは、お気に入りの犬が連れてこられて、仲介役をはたすのです。

それは、こんなぐあいです。私がアチュアの男で、チュカという犬が好きだったとします。私は犬を家の中に入れて、妻が帰ってくるまで待ちます。おまえは家事がへたで、だらしがないなどと文句を言って妻を怒らせたくありませんから、私は犬に向かってこんなふうに言います。『チュカ、私の妻はおまえを愛している。そこで妻に伝えてほしい。あとひと月ほどで、大きな宴会がある。私のダンス用のケープは古くてすりきれている。みっともない晴着を着てほかの人たちから貧乏だと思われたら、うまく踊ることもできない』

妻は私のほうは見ずに、犬に向かってこう言います。『チュカ、私がおまえを愛していることはわかっているわね。だから私の夫に伝えてちょうだい。お金を出してくれたら、今週市場に出かけてきれいなボタンか羽根飾りを買いましょう。そして夫のダンス用のケープの襟を仕立て直し、来月の宴会で恥をかかないようにしてあげる。そう夫に伝えてね』

二人とも犬に、というより犬を通して話しているので、おたがいに顔をつき合わせなくてすみます。つまり、怒りや屈辱感を浮かべた顔を見つめあって、二人のあいだに緊張が高まることも避けられるのです。犬は動じませんし、言いたいことはじつに正確に伝わるというわけです」

人が犬に話しかけるときの言葉

ほぼどこの文化圏でも、人が実際に犬と意思を通じ合わせようとするときは、特殊な言語が使われるようだ。よく知られているとおり、私たちの言語は状況に応じて変化する。権威のある相手や聴衆を前にしたときは、形式ばった話し方をする。つまり、家族や友人にたいして使う言葉よりも、改まった儀礼的な言葉である。また言葉を書くときは、文章の情報量が多くなり、話し言葉よりも複雑な文法やむずかしい語彙を使うようになる。そのため、書かれたものを声に出して読むと、話し言葉よりも人工的で、込み入っていて、もったいぶった印象をあたえる。

心理学者は、人が幼い子供に話しかけるときに特殊な言語を使うことも発見した。それは単純化された言語で、歌うようなリズムで話され、繰り返しが多い。高い声が使われることもある。幼児にたいして使われるこの特殊な言語は、「幼児語」と名づけられた。おもに母親が幼児に話しかけるときに使う言葉だからである。ただし、幼児語を使うのは母親だけとはかぎらない。男女を問わず、また親であるか否かを問わず、たいていの大人が幼児にたいしてこの言葉を使う。心理学者のキャシー・ハーシュ＝パーセクとレベッカ・トレイマンは、私たちが犬に話しかけるときも、幼児語に非常に似た言葉を使うと指摘している。二人はこの言葉を「犬用語」と名づけた。

犬用語は私たちが大人に話しかけるときの、ふつうの言葉とはちがう。犬に話しかけるときは、文章がずっと短くなる。大人同士の会話では、ひとつの文章の長さは平均十語から十一語である。かたや犬に話しかけるときの文章の長さは、平均四語ほどだ。そして犬にたいしては「ラッシー、伏せて」とか「そのソファーからどきなさい」などのように、命令形をとることが多くなる。不思議なことに、本気で答えを期待しているわけではないのに、私たちは犬に話しかけるとき、人間にたいするときの二倍も質問形をとることが多い。その質問は情報を得るためではなく、「ラッシー、今日の気分はどう?」など、たいていはちょっとした挨拶がわりである。こうした質問は付加疑問文の形をとることが多い。意見を言ってから、最後の部分を疑問形に変える言い方である。「あなたはおなかがすいている、でしょ?」といったぐあいだ。

犬用語はたいていは現在形をとる。つまり、私たちは犬には過去や未来ではなく、現在起こっていることについて話すのだ。実際に調査結果を見ると、犬用語の九〇パーセントは現在形で、これもまた私たちが大人同士で話すときの約二倍である。そして繰り返しはふつうの会話の二十倍も多い。完全に同じ言葉を繰り返す、一部繰り返す、言い回しは変えて同じ内容を繰り返す、などだ。言い回しを変える場合は、「ラッシー、お利口さんね。なんてあなたはお利口なの!」といったぐあいになる。こうした犬用語の特徴は、母親語とよく似ている。

だが、人が犬に話しかける言葉と、子供に話しかける言葉には、かなりちがう点もある。ダイクシス(直示性)もその例だ。つまり「これはボールです」あるいは「あのカップは赤い」

といった明確な情報を示す文章である。この種の文章は、たいてい相手に何かを教える意図をもっている。母親語には大人同士のふつうの会話よりも、このたぐいの文章が多く含まれる。母親は子供に話しかけながら、言葉や身のまわりのものについて教えようとするからだ。いっぽう犬用語にこうした文章がふくまれる割合は、その半分しかない。つまり人が犬に話しかけるときは、もっぱら人間に都合のいいように話しかけており、犬がそこから何かを学ぶかどうかはあまり期待されていないのだ。

犬用語と私たちがふつうに使う言葉との大きなちがいは、私たちが犬の啼き声を真似ることもある点だ。ある晩、私が友人の家を訪ねると、プードルが跳び出してきて彼女の前に立ちはだかり、「ウォッフ」と憤然とした調子でひと声吠えた。彼女は「ウォッフね、わかったわ。お客さまが帰ったら、ご飯をあげるわね」と言った。彼女の「ウォッフ」は犬の声をそっくり真似たものだった。母親が子供の喃語を真似ることはめったにない。そして大人同士の会話で相手の言葉の抑揚を真似たりすれば、馬鹿にしていると受け取られるだろう。だが、なぜか犬との会話の中では、吠え声を真似ることが話を交わすための手段のひとつになっているようだ。

私たちが犬用語を使うときの声も、人間の大人に話すときとはずいぶんちがう。高い声を出すと同時に、抑揚を強調し、感情をこめる。そして幼児語を多く使う。「足」のことを「あんよ」、「手」のことを「おてて」と言うたぐいだ。そしてくだけた言葉づかいをする。女性が歌うような調子で「あんよを、ふきふきね」などと言うのを聞いたら、犬か幼い子供に話しかけていると考えて間違いないだろう。話しかけている相手が大人の友人でないことは、たしかだ。

犬用語で犬に話しかけても、犬が理解するかどうかはわからないが、犬にたいして穏やかに、目的と意味をもった態度で話しかけていると、犬の受容言語能力が高まることは、数多くの例で実証されている。といってもそれは、犬と「仲良くつきあう」ための日常会話とはちがう。学習のための会話では、簡単な言葉を使って犬に意図的に話しかけ、行動を引き起こさせるようにする。たとえば「散歩に行こう」、あるいは質問形で「散歩に行きたい？」などと話しかけるのだ。階段を上がったり降りたりするときは、「上に」「下に」といったぐあいに声をかける。あるいは、べつの部屋までついてこさせるためには、「居間に行こう」と話しかける。

このように話しかけるのは、犬に理解できる語彙や信号の数を増やし、犬の受容言語能力を高めるためだから、いつも同じ言葉や文章を使うことが大切だ。たとえば、犬に食べ物をあたえるとき、「ご飯よ」「ご飯ができたわよ」「お食事でーす」「食事の時間だよ」「大食堂にお食事のご用意ができました」など、何と言ってもかまわない。だが、一度決めたら、つねに同じ言葉を使うことが肝心である。犬が基本を呑み込んだあとは、同意語を使って言い換えてもかまわないが、犬に速く言葉を覚えさせるには、一貫した言い回しが欠かせない。ここでの目標は、人間が発する言葉と特定のことがらとの結びつきを犬に理解させることだ。そのため、家族の全員が同じ言葉で犬に話しかければ、効果はいっそう上がる。

犬は新たに受容言語を覚えると、適切な反応をするようになる。「散歩に行きたい？」と話しかけられると、嬉しそうにドアのほうに移動する。「フリスビーをもっておいで」という言葉を聞くと、自分の玩具箱まで跳んでいってフリスビーを探す。言葉をかけたときに示される行動で、犬がその言葉を学習したかどうかがわかる。

犬の言語理解能力をより速く向上させるための方法が、いくつかある。犬に話しかけるときは、まず犬の名前を呼ぶのを忘れないこと。犬の名前は、そのあとに犬にとって意味のある言葉が続くという合図になる。つぎに大切なのは、言葉ひとつにつき意味をひとつにかぎることである。たとえば、「アウト」という言葉を、犬を外に出すときに使うとすれば、同じ言葉を犬がくわえているものを口から放させるときに使ってはいけない。（とくに子犬にたいして）最も役に立つと思われるのは、私が「自動学習」と名づけた方法である。この方法を使うと、犬はさほど苦労せずに基本的な命令をいくつか学びとることができる。

いまここに、「ラッシー」という子犬がいたとする。言葉を自動学習させるには、まず子犬の行動を注意深く見守り、その行動に命令の言葉を同調させていく。子犬があなたのほうに近寄ってきたら、「ラッシー、来い」と言う。子犬が坐りかけたら、「ラッシー、すわれ」と言う。これらの行動をとるたびに、犬があなたの命令に正しく反応したかのように、犬をほめてやる。これは犬がすでにとっている行動に、言葉のレッテルを貼るようなものだ。心理学者はこの方法を、近接学習と呼んでいる。多くの犬が、数回繰り返しただけで、その言葉と行動を頭の中で結びつける。この土台ができれば、あとはほんの少しの訓練だけで、犬はその言葉の命令に確実に反応するようになる。

自動学習をすると、犬はかんたんな行動と結びつく言葉を容易に学びとれる。これは人間が直接教えにくい行動をしつけるときに、とりわけ役に立つ。私はこの方法を、わが家の犬たちのトイレのしつけに使っている。私は毎日犬たちに同じ道を散歩させている。犬が排便のためにしゃがみ込むのを目にしたら、私はすぐに「ラッシー、急いで」と声をかけ、排便の最中にも一、二度同じ言葉をかける。そのあとで、まるですばらしいことをしたかのように、犬をほめてやる。一、二週間のあいだに、「急いで」という言葉が意味をもち始める。この言葉を聞くと、犬は地面の匂いをかいで排泄場所を探すようになるのだ。同じように、自動学習で「動かないで」という言葉も教えられる。これは部屋ないし家の中の一箇所で、しばらく静かにすることを意味している。この言葉を教えるためには、犬が静かになるのを待って、「ローヴァー、動かないで」と言う。そして犬に近寄り、もう一度「動かないで」と言いながら、静かになでてやる。それほど何度も繰り返さなくても、犬が意味を理解した徴候が目に見えて現れる。やがて犬は「動かないで」という言葉を聞くと、自分がすわったり寝そべったりできると同時に、部屋のようすが目に入る場所を探すようになる。

あなたの犬が人見知りをする場合も、自動学習で矯正できる。これをするには友だちの力を借りる必要があり、犬のビスケットもたくさん用意しておく。犬をその友人のところまで歩かせ、友人に渡しておいたビスケットを犬にあたえてもらう。友人がビスケットを犬にあたえる前に、あなたは「ラッシー、ご挨拶」と言う。犬が実際にその友人の手からビスケットもらうときも、この言葉を繰り返す。何度か繰り返すと、犬は「ご挨拶」という言葉で相手からビスケットがもらえることを理解し、この言葉を前向きな感情と結びつけるようになる。そしてやがて不特定の相手にも応用がきくようになる。自分の目の前にいるのは、親切でやさしい人だと(たとえそのときビスケットがもらえなくても)理解するようになるのだ。

あなたの意思を犬に伝えるには

ここまでお話ししてきたのは、犬にいかにして人間の言葉を理解させるかということだった。

だが、犬たちと意味のある有効なコミュニケーションをとるには、犬語の話し方を学ぶ必要があるだろう。そしてまた、犬との関係をそこなうメッセージを、不用意に送らないようにすることも大切だ。

正しい信号を送る重要性を実証したのが、フランスの心理学者ボリス・シルルニクの研究である。彼は子供が動物と接触する場面を撮影した映画とビデオを入念に分析し、そのコミュニケーションについて調べた。驚くべきことに、彼が対象とした二種類の動物（犬と鹿）のどちらもが、ダウン症や自閉症などの子供にたいするときよりも、健常な子供にたいするときのほうが、拒否反応や恐怖反応が強かった。シルルニクはその原因は、二つのグループの子供たちが動物に送る信号にあると結論した。健常な子供たちは犬に近づくとき、犬をじっと見つめた。すでにお話ししたとおり、犬語では相手の目をじっと見すえるのは、敵意をもったメッセージにつながる。そして子供たちは犬に笑いかけた。ここで問題なのは、子供がたんに唇の端を上げて微笑するのではなく、口を大きく開いて嬉しそうに笑ったことである。犬には子供が歯をのぞかせたとしか見えず、攻撃の合図と受け取ったのだ。また、子供たちはいかにも子供らしく犬のほうに向かって両腕を高く上げた。犬語では、これは自分を大きく強く見せ、相手を威嚇するために後ろ脚で立ち上がるのと同じだった。

そしてまた、子供たちの多くが犬にさわろうとして手をのばした。ここでちょっと実験をしてみよう。片方の手の指をゆるく揃えてのばし、その手を横向きにして眺めてほしい。横から見たときの開いた口に似ていないだろうか。今度はその手を顔のほうに向けて正面から見てみよう。犬の目には、長い牙の生えた口が、自分のほうに向かって開かれているように見えるのではなかろうか。これは、犬語では明らかに威嚇を意味する。

おまけに、健常な子供たちはこうしたさまざまな威嚇信号を発しながら、嬉しそうにはしゃいで犬をめがけてまっしぐらに走る。残念ながら、これは犬語では攻撃開始の合図であり、たいていの犬はこれで限界に達する。それらを総合すると、毎年多くの子供が、ふだんは気立てがよくておとなしい犬に嚙まれたと報告されるのも不思議はない。子供が犬には敵意ととれるメッセージを数々送っていることを考えれば、逆にもっと大勢の子供が犬に嚙まれないほうが不思議である。

シルルニクは、障害児の動物にたいする行動が、かなりちがうことを発見した。障害児は犬の目を見つめることはなく、威嚇をあたえなかった。また、動き方もゆっくりで、正面からではなく横のほうから犬に近づいた。ゆっくりした横向きのすり足で近づく子もいた。犬にさわろうとするときも、腕の位置は低く、指を内側に曲げていることが多かった。つまり、子供たちの負った障害の特徴そのものが、動物たちに脅威をあたえなかったのである。

シルルニクのひとつの観察例では、二頭の犬が皿から何かを食べているあいだに、健常な少女と障害を負った少女が近づいた。健常な少女のほうが早く近づいて、犬に手をのばした。するとたちまち犬が唸り声をあげ、少女はびっくりして跳びすさった。だが、障害を負った少女は、どちらの犬とも目を合わせず、腹這いになって近づくと、犬の尻に頭をこすりつけて犬たちのあいだに割り込んだ。それは子犬がおとなの犬の攻撃性を封じるのと、同じやり方だった。そうやって犬のすぐそばまで行くと、その場で寝ころがり、食べ物の皿をそっと奪い取った。犬たちは彼女の行動を黙って見すごした。威嚇的な信号や社会的な支配性を確立するための信号は、いっさい見られなかったからである。

これらの例を見ると、犬が人間の動作を犬語で解釈しているのがわかる。とすれば、人間が意図的に犬語の信号を出して、犬と意思を通じあわせることもできそうだ。たとえば、臆病で神経質な犬を手なずける場合。犬が怯えたようすを見せたら、あなたはすぐに顔をそらせて視線を合わせないようにし、べつの方向を見る。そしてゆっくり体を回して、自分の体の横側が犬のほうを向くようにする。動くときはいつもかならずゆっくり、穏やかにすること。犬には正面からではなく、犬の前を通りすぎるかのように、斜め方向から近づく。犬にはいつも自分の横側を見せるようにするのを忘れないこと。犬の不安を高めない程度の距離まで近づいたら、膝をついてしゃがむ。地面に落ちているものに興味があるようなふりをして、目の前の地面を手でさわるのも効果的である。遠くを見つめたり、横を見たりするのはいいが、犬を正面から見てはいけない。そこでゆっくりビスケットを取り出して手のひらにのせ、その手を少しだけ横に出す。このときの犬との位置関係は、だいたい図20－1のようになる。

この時点で、私の場合はふだんよりやや高めの声で、あやすように犬に話しかける。犬の名前を知っているときは、その名前も呼ぶ。これは犬を落ちつかせる効果があるようだ。たいていほんの数秒で、犬はこちらに近づいてくる。濡れた鼻が手に触れるのを感じても、まだそちらを見てはいけない。犬がビスケットを口に入れたら、ゆっくりと顔を少しだけ動かす。つぎのビスケットを、自分の手のあたりを見ながら差し出す。何ごとも急いではいけない。犬があなたとの距離の近さを受け入れるまで、なでたりしないこと。すべての段階が終了するまでわずか一、二分である。

あなたが近づいても犬が怖がるようすを見せない場合でも、初めてのときは、犬の横側から近づくほうがいい。犬と目を合わせるのは避けて、遠くを見つめる。犬から少し離れたところで、用意したごちそうを手のひらにのせ、体の脇のほうから差し出す。このとき手の指は揃えて内側に曲げるようにする。この挨拶の方法については、20－1の下の図を参考にしていただきたい。神経質な犬の場合と同じように、しばらく犬の名前を呼びながら穏やかに話しかけると、かならず効果があるようだ。

犬をなでるというかんたんな行動にも、犬語なりの意味がある。あなたが犬の頭のほうに手をのばすと、手は犬の頭より高い位置になる。それは後ろ脚で立つ、あるいは前足をべつの犬の上にのせる、といった優位性の信号として解釈されかねない。犬をなでるときは、手を低い位置からもっていって、まず犬の胸をなで、徐々に頭のほうに手を上げていくようにすれば、威嚇や挑戦の反応が避けられる。

実際に犬から威嚇されたときは、どうすればいいか。犬が完全に威嚇を表明している――口を開いて牙を見せ、歯ぐきをむきだし、背筋の毛を逆立てている――場合、こちらは無害であることを何とか伝える必要がある。犬が攻撃的な態度をとる原因が、支配的で自信のある犬が挑戦されたと感じたためか、それとも怯えて不安な犬が威嚇されたと感じたためかは問題ではない。尾と耳の位置で、その攻撃的な態度が恐怖心にもとづくものだとわかったとしても、気をぬいてはいけない。人は、強い犬よりも、怯えた不安な犬に噛まれるほうが多いのだ。

犬が威嚇の信号を発しているときは、まず第一に背中を向けて走り出しては「いけない」ことを忘れないでほしい。犬の追跡本能を刺激してしまうからだ。この信号に遭遇したら、視線

図20－1　上は、怖がりで神経質な犬にたいする挨拶のしかた。下は、恐怖や不安は抱いていないが、こちらを知らない犬にたいする挨拶のしかた。

をやや横斜め下に落として、一、二度まばたきをする。これは服従を示し和解を求める反応である。そして口を少し開いて、犬が攻撃をしかけたら受けて立つかまえを示す。つぎにゆっくり二、三歩うしろに下がる。犬とは絶対に目を合わせないこと。なんとか呼吸を整えられたら、顔を少し横に向けてあくびをするか、高い声でなだめるように何か話しかける。犬とのあいだに充分な距離が空いたら、犬にたいして横向きになるように体を回す。このとき犬が近づいてきたら、ふたたび犬と向き合い、大袈裟に何度かまばたきをし、横斜め下に視線を落とし、もう一度ゆっくりうしろに下がる。犬にたいして横向きになったときに、犬の興奮や威嚇の度合いに変化がなければ、「ゆっくり」遠ざかる。このときも犬と視線を合わせずに、できるだけ自然な足どりで移動する。

飼っている犬の攻撃性を抑え、確実に服従させるには、飼い主が「群れのリーダー」だと犬にたたき込む必要があるという説もある。つまり、力を行使して罰をあたえ、犬がけっして主人に逆らわないよう教え込むということだ。その昔、おそらく一九二〇年代までは、犬の服従訓練は「調教」と呼ばれていた。一九三〇年代から五〇年代のあいだは、まだ「犬用の笞《むち》」や、柄の部分が笞として使える引き綱が出回っていた。その後動物虐待にたいする世論が高まり、犬の笞のかわりに、暴れると喉を締めつける方式の首輪や、ぐいと手許に引ける引き綱が登場した。

野生の犬族や家犬の行動について研究が進むにつれて、野生の世界でリーダーがとる行動を応用して、人間に逆らう犬を矯正する訓練士も出始めた。あいにく彼らの犬語の使い方は不正確なことが多かった。たとえば、成犬同士が反目しあうときの行動に注目した人たちもいた。

対立が解決できないと、片方の犬が相手の鼻や耳に嚙みつく場合がある。そこで、優位性を確立するためには、人間の飼い主が同じように犬に嚙みつけばいいという説が広まったのだ。だが、中型から大型の犬の鼻に嚙みつくのは、まさに狂気の沙汰である。怒ったときの犬の口や鼻は、人間のそれよりもずっと攻撃に適している。私自身は、怒れる大型犬の鼻に嚙みつこうとして、自分の顔を標的にされたくない。犬の耳に嚙みつくのもやはり間違いである。犬はすぐに顔の向きを変えて、大きくて鋭い牙でお相手するだろう。そして嚙みつけば、耳は変形したり傷痕が一生残ったりしかねない。また、犬に嚙みついているところを目撃されれば、動物虐待で訴えられるかもしれない。この方法で最悪なのは、効き目がないということだ。これは犬にとって、数々の信号で対立が解決できなかったときの、最後の手段である。嚙みつくこと自体は、意思伝達の信号ではないのだ。

高名な動物行動学者コンラート・ローレンツは、子犬をしつける方法として、首筋をつかんで振り回す方法を勧めた。これは言うことをきかない子犬に、母犬がとる行動を根拠にしている。さらに時代が新しくなると、訓練士たちはさらに一歩進めて、成犬が主人に逆らった場合もこの方法をとることを提案した。大型犬の場合は、首の両側のだぶついた皮膚をつかんで、顔をにらみつけながら激しく振り回すように、と言うのである。この方法で攻撃行動はおさまるだろうが、それは犬が信号を読みとったからではない。たんに人間の暴力レベルのほうが優って「闘いに勝った」だけの話だ。これは強制であり、コミュニケーションではない。

もっと最近になると、「仰向け」にさせる方法を勧める訓練士が登場した。彼らは服従的な犬が、優位の犬にたいして仰向けに転がって腹を見せ、自分の劣位を認め、服従に甘んじる信号を発するのを知った。そこで彼らは、この犬の信号を応用し、人間が群れのリーダーで支配者であることを思い知らせればいいと考えた。方法としては、犬を無理やり床に仰向けにさせ、動こうとしたら押さえつけ、犬に向かって唸るというものだ。彼らの犬の信号にたいする解釈は正しいが、やり方は間違っている。犬同士が接触する場合、優位の犬が劣位の犬を力ずくで仰向けにさせることはない。劣位の犬は、相手の犬の優位性を認めた「あとで」、自分から仰向けになるのだ。犬を力ずくで仰向けにさせるのは、暴力的な親が子供を殴って、無理やり「お父さんが好き」と言わせるようなものだ。強引に子供にその言葉を口にさせたとしても、心からそう言わせることはできない。子供は依然として親を憎んでいるだろう。犬に服従的な姿勢を無理強いするのは、それと同じことだ。もっと悪いことに、この方法は犬の怒りをつのらせ、攻撃を誘発しかねない。

犬を無理に仰向けにさせるのも、犬の首筋をつかんで振り回すのも、肉体に攻撃を加えることである。肉体的な攻撃はコミュニケーションではない。すぐれたコミュニケーションが成り立っていれば、そんな対決も必要がないはずだ。

犬を完全に掌握するためには、二つの要素の組み合わせが必要だ。犬があなたを第一位の犬として認めると同時に、あなたを「進んで」喜ばせたいと思うこと。それにはあなたのメッセージにバランスがとれていなくてはならない。あなたは自分が群れのリーダーで支配者であることを伝えると同時に、犬を受け入れ、「あなたの群れ」のメンバーとして平和な毎日を楽しむ権利を保証してやる必要がある。犬にとっての支配について、ここで詳しく述べることはできないが、誰が群れのリーダーかを決めるかんたんな法則がある。第一位の犬は食べ物や遊び道具などの財産を管理する。あなたは犬に何でも「ただで」あたえてはいけない。犬に望みのものをあたえる前に、何かを要求すること。食べ物をあたえたり、頭をなでてやる前に、「すわれ」や「伏せ」の命令に従わせるだけでもいい。威嚇や攻撃の合図を出さなくても、あなたの優位性は伝わる。このとき犬が学びとるのは、あなたのメッセージに応えなくてはいけないということだ。それにたいする報酬として、リーダーであるあなたが犬に望みのものをあたえる、というわけだ。あなたがリーダーだと犬語で「叫ぶ」必要を感じたときは、犬をあなたの脇に立たせるか坐らせるかして、あなたの手ないし腕を犬の肩にのせる。これは犬が頭や前足をべつの犬の肩にのせて、優位性を確立するのと同じだ。この信号に犬が抵抗を示したら、犬がまだあなたをリーダーと認めていない証拠である。

吠えるのをやめさせるには

これまでのところでは、犬に話しかけ、犬からその返事をもらうことにかんしてのみお話ししてきた。では、犬に話を「やめさせる」ときは、どうしたらいいのか。あるとき、犬の服従訓練の初級クラスで、リチャードという名のボーダー・コリーが、部屋の向こう側に並んでいるほかの犬たちに向かって吠え始めたことがあった。ふつう私は犬が吠えてもそれほど気にしない。だが、彼の吠え方はけたたましく、狭い部屋の中ではいかにもうるさかった。リチャードの飼い主は、「だめ！　やめなさい！」と必死に叫んだ。あいにくそれは逆効果だった。

これは、飼い主が犬語の基本をわかっていない例である。犬に向かって大声で「だめ！」「静かに！」「吠えないで！」などと叫ぶと、犬には吠え声のように聞こえてしまう。ちょっと考えてみよう。犬は何か問題を感じとり、吠えて警告を発する。そこへ（群れのリーダーであるはずの）あなたがやってきて、同じように吠え始める。つまり、犬から見れば、あなたもやはり警告を発したほうがいいと認めたことになる。リチャードもそのように状況を判断し、いまや狂ったように吠え出したのだ。

騒ぎは大きくなるいっぽうで、クラスに居合わせた人たちは、どうしたものかと顔を見合わせるばかりだった。このとき指導員のジョージが収拾に乗り出した。彼は犬の習性について少しばかり知識があるらしく、騒ぎをおさめるために高圧的な威嚇行動をとることにしたのだ。そして犬を静かにさせるために、責めるような目つきで犬をじっとにらみつけた。リチャードの耳は服従を示してうしろに伏せられ、体を低くして相手の威嚇を認めた。吠え声はやんだ。だがあいにく静けさは長く続かなかった。ジョージが目をそらせたとたん、リチャードがまた吠え始めたのだ。ジョージは腹を立てたようだった。彼は吠え声を意思の伝達と考えるかわりに、訓練と矯正が必要な「状況」として捉えたのだ。

ジョージは今度は犬を自分の左脇に坐らせた。リチャードが吠えた瞬間、ジョージの右手が素早くリチャードの顎の下を打ち、パシッという音とともに一瞬犬の口が閉じた。この場面は何度か繰り返された。吠える、パシッ、静寂——吠える、パシッ、静寂。リチャードがふたたび静かになったとき、ジョージは指導員の席に戻った。もちろんジョージが遠ざかったとたんに、リチャードはまた吠え始めた。

犬に吠えるのをやめさせる方法は、これまで数々試されてきた。私が見た例では、水鉄砲、ポンプ式のボトル、レモンジュース・スプレー、口輪、粘着テープ、まるめた雑誌、ガラガラ音をたてる缶、電気ショックをあたえる首輪などが使われた。なかには有効なものもあるが、大半は効果がない。効き目がある場合も残酷になりがちで、犬と飼い主のあいだの関係がそこなわれかねない。犬が吠えるのは、群れにかかわることがらについて伝えるためだ。危険を感じとって仲間に警告を発する場合も、群れの領域に何かが侵入したのを察知し、家を守らねばと吠える場合もある。原因は何であれ、犬は愛するものたちのために反応しているのだ。その献身的な行為にたいして、暴力で報いられたときの犬の気持ちを想像してほしい。家から煙が出ているのを見つけて、避難するよう友人に忠告したとたん、「うるさい」といきなり顔を殴られるようなものだ。そのような乱暴な行為は、その後の関係に傷をつける。しかもこの暴力的な「矯正」は、短期的な問題解決にしかならない。だが、犬の意思伝達パターンを理解していれば、問題は容易に解決できる。

すでに見たとおり、あまり吠え声をたてない野生の犬族も、子供のときは吠える。安全な巣穴のあたりでは、吠え声をたててもそれほど害はない。だが、子犬が成長しておとなたちの狩りに同行するようになると、吠え声は逆効果になる。間のわるいときに若い狼が吠えると、獲物に悟られてしまう。また、狼の肉の味を覚えた大型捕食動物の注意を引きつけるかもしれない。それを食い止めるために、進化はかんたんな意思伝達信号を発達させた。その第一の目的は音を出させないことだから、その信号には大きな音は含まれない。狼はべつの狼を黙らせるとき、吠え声は使わないのだ。また、その信号には声をたてた個体にたいする直接的な攻撃も含まれない。吠えている個体に嚙みつけば、痛がって悲鳴をあげたり、唸ったり、攻撃に反応して走り出したりするだろう。そんな騒がしい音や気配は、吠え声と同じほどほかの動物の注意を引いてしまう。そこで、吠え声をやめさせるときは、自然に音や肉体的な攻撃をともなわない方法がとられるようになった。

吠えるのをやめさせるときに野生の犬族がとる方法は、いたって単純である。黙れという信号を発するのは、群れのリーダー、子犬の母親、あるいは群れでその個体より明らかに順位の高い犬である。優位の犬は吠えている子犬の鼻面を、牙をたてないようにしてくわえ、低くかすれた短い唸り声をあげる。低い唸り声は遠くまで届かず、しかも一瞬で終わる。相手は鼻面をくわえられても痛みは感じないので、悲鳴をあげたり逃げ出そうとしたりすることはない。これでたいていすぐに静かになる。この方法については、図20－2をごらんいただきたい。

人間もこの行動を真似て、かんたんに犬を黙らせることができる。犬をあなたの左側に坐らせ、犬の背中のところであなたの左手指を首輪の下にすべり込ませる。左手で首輪をつかみながら、右手で犬の鼻面を包むようにして押し下げる。落ちついた事務的な声で、「静かに」と言う。必要なときは、この動作を繰り返す。犬種によっては二回から十回程度の繰り返しで、「静かに」という命令と黙ることとを結びつけられるようになる。

このやり方は、群れのリーダーが騒がしい子犬や若いメンバーを黙らせる方法をなぞっている。左手で首輪をつかむのは、たんに犬の頭を固定させるためだ。右手はリーダーが子犬の鼻面をくわえるのと同じ働きをする。落ちついた声で「静かに」と言うのは、低くてかすれた短い唸り声を真似たものである。

ここで、くだんの服従訓練クラスで吠えていたボーダー・コリーに話を戻そう。私はジョージに合図を送り、犬を黙らせてみることにした。そばにいってみると、リチャードは完全に歯

図20－2　**成犬が子犬に吠えるのをやめさせるときの信号**

止めのきかない吠え方モードに入っていた。私は前述の方法を使い、低い声で「静かに」と言った。この動作を三回繰り返しただけで、リチャードはそれ以上吠えなくなった。あとでハンドラーから聞いたところでは、一週間のうちに、冷静な低い声で「静かに」と言っただけでリチャードは吠えるのをやめるようになったという。

だが、吠えるのをやめさせるこの方法は、服従訓練クラスや公共の場所などで、吠え声が迷惑になる場合にかぎって使うように心がけたい。私たちが吠える犬を選択交配してきたのを、忘れてはならない。よそ者の接近に気づいて、犬が警告の吠え声をあげたときは、たとえそれが窓の外に猫が見えたからであっても、黙らせないほうがいい。吠えた原因がわからないときは、ただ犬をそばに呼んで、軽くなでたりさすったりしてやる。犬は吠えることで、何千年も前に私たちの先祖から課された仕事を実行しているのだ。

吠えるのは犬にまかせて、人間はその真似をしないほうがよさそうだ。私は弁護士のリンダ・カウリーから、吠え声の騒音による訴訟を扱った話を聞いた。訴えられたのは犬ではなく、人間だった。事件が起こったのはコロラド州レイクウッドで、被告は自宅の庭にいたときとなりの家の犬から吠えつかれた。彼は「吠え声は吠え声を生む」という犬の原則を、明らかに知らなかったようだ。そして自分が吠え返せば、犬を黙らせることができると考えた。犬が吠えれば、彼が吠え、犬がいきりたてば、彼のほうもさらに激しく吠えかかる、というぐあいで、まさに吠え声戦争のような様相を呈した。同じことが何日も続き、犬の飼い主がついに限界に達した。そして犬を静かにさせるために何か手を打つかわりに、男を訴えた。信じられないような話だが、犬にたいするいやがらせを根拠に、その男を動物虐待で訴えたのである。この一件では誰もあとに退かなかった。犬はその後も吠え続け、男も吠え返し、裁きの手にゆだねるべく、事件は法廷に持ち込まれた。動物法にくわしいカウリーが男の弁護を引き受けた。「私は弁論の自由を楯に闘いました」カウリーは言った。男には自分の意見を表明する権利があり、彼がそのために自宅の庭でどんな言語を使おうと問題ではないと主張したのだ。裁判官はそれを認め、無罪の判決を下した。個人の表現手段として、人間に吠える権利が認められたのである。

最後にひとこと

犬がたてる声にかんして、この本の中で書かなかったものがひとつある。はぶいたのはそれが自動的な音であり、進化や自然の働きで作りあげられた意思の伝達手段ではないからだ。それは、私にとってはだいじな、犬が息をする音である。

夜、ベッドで横になると、わが家の老犬ウィズは私の脇で、オーディンは私のベッドのかたわらに置かれた、シーダーのおがくず入りクッションの上で寝ている。寝室の隅では、まだトイレのしつけが完全にできていない子犬のダンサーが、檻の中で眠っている。静かな闇の中で、寝息だけが聞こえてくる。大きな黒い犬の低くてゆっくりした寝息、オレンジ色の子犬の短い息の音、そしてときおり聞こえる白い老犬のグスグスといういびきの音。それらの安らかな音を聞きながら、私は原始の人びとが、洞窟や粗末な小屋で、獣の毛皮の上や藁《わら》の寝床に横になる姿を思い浮かべる。それは敵の多い危険な世界だった。武器はもろく、食糧は乏しく、夜のあいだは恐ろしいものたちが徘徊した。そんな太古の時代でも、人びとが眠るときはそのかたわらに犬たちがいた。犬たちの寝息は昔も変わらず、その音には意味があった。それは自然の言語であっただけでなく、安らぎと心地よさの響きであり、犬が人間との永遠の絆を告げる音だった。

「わたしはここにいますよ」と犬の寝息は伝えた。「一緒にこの世界を切り抜けていきましょう。獣やよそ者が不意にあなたに襲いかかることはありません。わたしがここで、あなたの目となり耳となります。心配ご無用。わたしがそばにいてあなたを温め、必要とあらばあなたを守ります。

明日は一緒に狩りをし、家畜の番をしましょう。一緒に太陽の光を浴び、世界を探検しましょう。一緒に笑いましょう。わたしたちはどちらももう子供ではないけれど、一緒に遊びましょう。

運に恵まれず、あなたが嘆くときは、わたしがなぐさめましょう。あなたはもうひとりではありません。約束します。あなたの犬として、わたしはそう約束します。夜は毎晩、この息の音でその約束をあなたに伝えます」

私はわが家の犬たちの安らかな寝息にそんな言葉を聞きとる。そして先祖たちと同じように、その言葉を理解し心がなぐさめられる。犬たちにはかぎられた言葉でそれだけしか伝えられないとしても、それで充分ではなかろうか。

付録

本書では、犬の言葉を読み解く手がかりとなる、さまざまな信号や合図をご紹介した。この付録には、犬のおもな言葉とその意味を集めてある。付録1では、犬の代表的な顔や体の表情を図解して、犬が何を伝えようとしているか、そのあらましがわかるようにした。付録2は犬語小辞典である。おもだった信号——声、顔の表情、目と耳の信号、尾の位置、ボディランゲージなど——と、それらを日常的な人間の言葉に置き換えた場合の解釈を表で記した。この表には「状況と感情」の項目も用意して、これらの信号の要因となる犬の心理状態やその場の状況などがわかるようにした。あなたの犬がほかの犬や人間に伝えようとしていることを理解するための、一助となればさいわいである。

1　図解による犬のさまざまな表情

穏やかな表情

耳が立っている（前方に傾いていない）
頭を上げている
口を軽く開き、舌がのぞいている
尾が自然に垂れている
足を自然な形に開き、体重がそのまま足にかかっている

リラックスして、かなり満足した状態を表わす信号。いまのところ、犬の身のまわりには不安や脅威を感じさせるものがまったくない。

何かに興味を引かれている表情

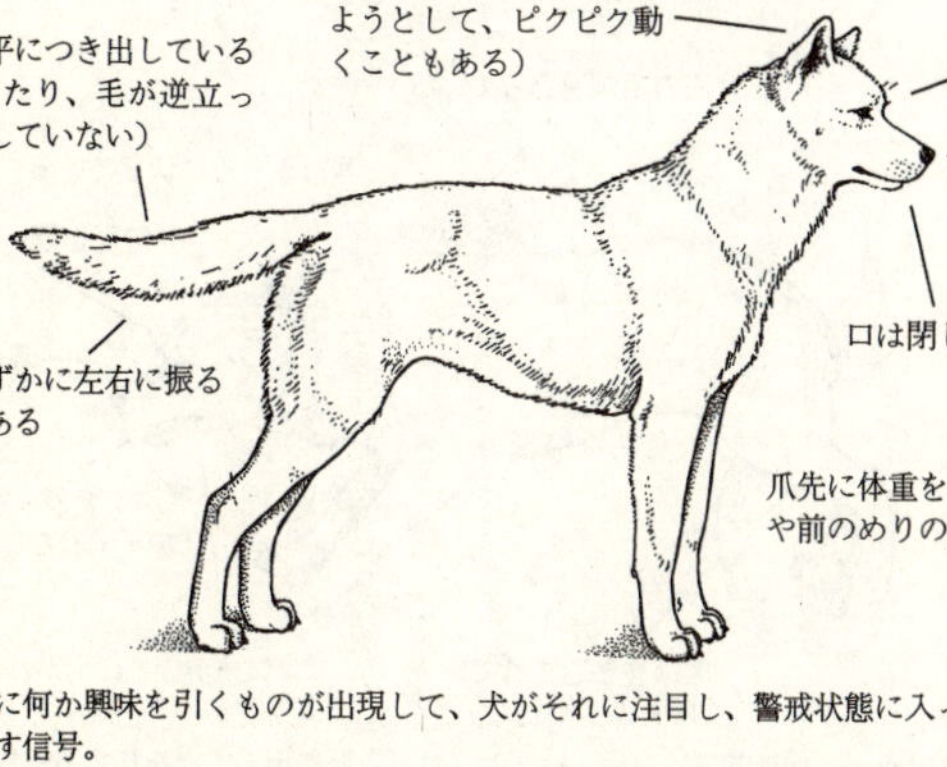
前傾ぎみの耳（音を捉えようとして、ピクピク動くこともある）
目は見開いている
尾を水平につき出している（緊張したり、毛が逆立ったりはしていない）
鼻にも額にもしわが寄っていない
口は閉じている
尾をわずかに左右に振ることもある
爪先に体重をかけた、やや前のめりの姿勢

近くに何か興味を引くものが出現して、犬がそれに注目し、警戒状態に入ったことを示す信号。

優位の犬の攻撃の表情（攻撃的な威嚇）

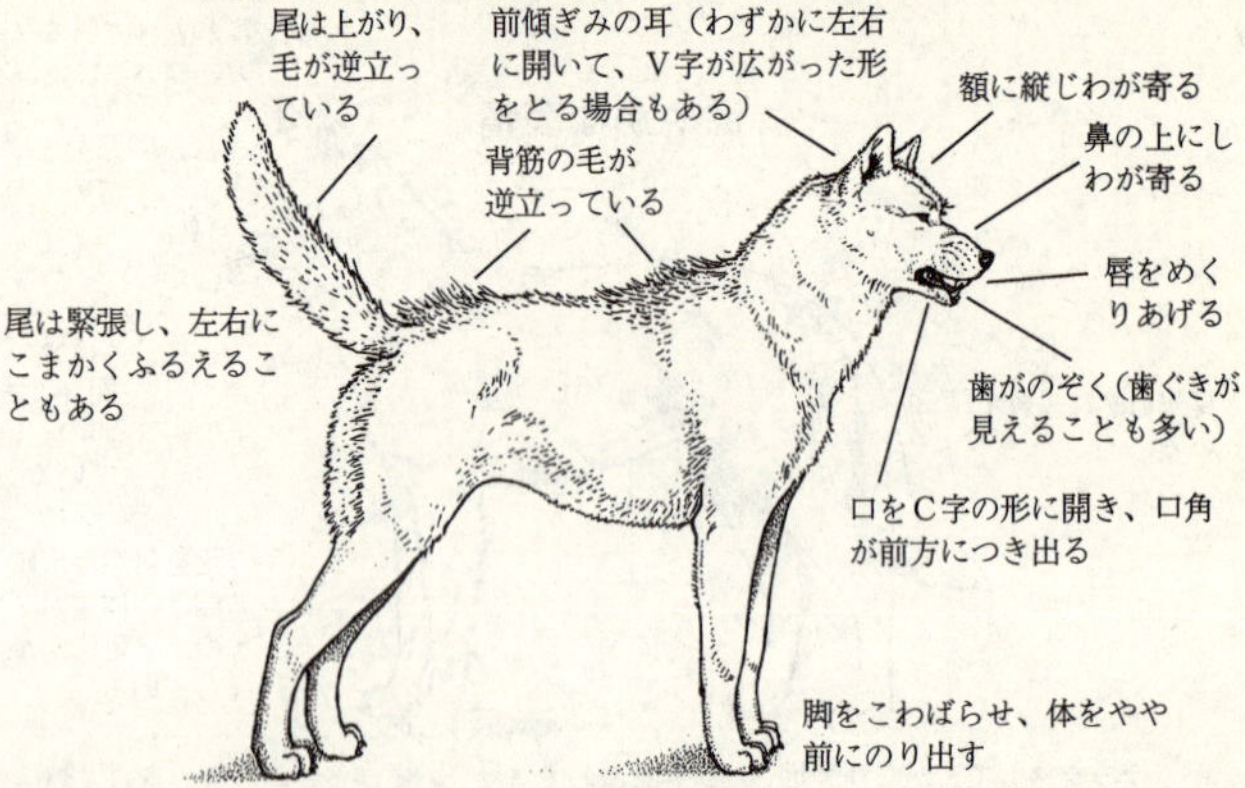

支配性が強く自信のある犬が、自分の社会的な順位の高さを示し、挑戦されたら攻撃に出ることを伝える信号。

怯えた犬の攻撃の表情（防御的な威嚇）

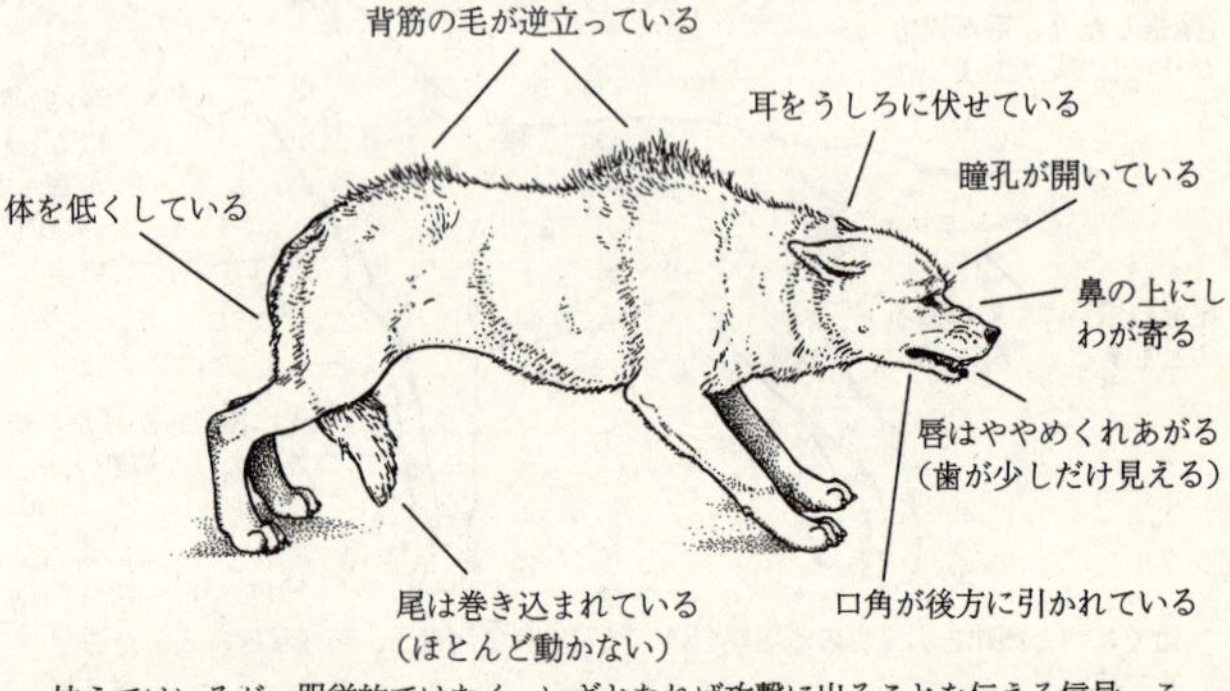

怯えてはいるが、服従的ではなく、いざとなれば攻撃に出ることを伝える信号。これらの信号は自分をおびやかす特定の相手に向けられる。

緊張と不安を表わす表情

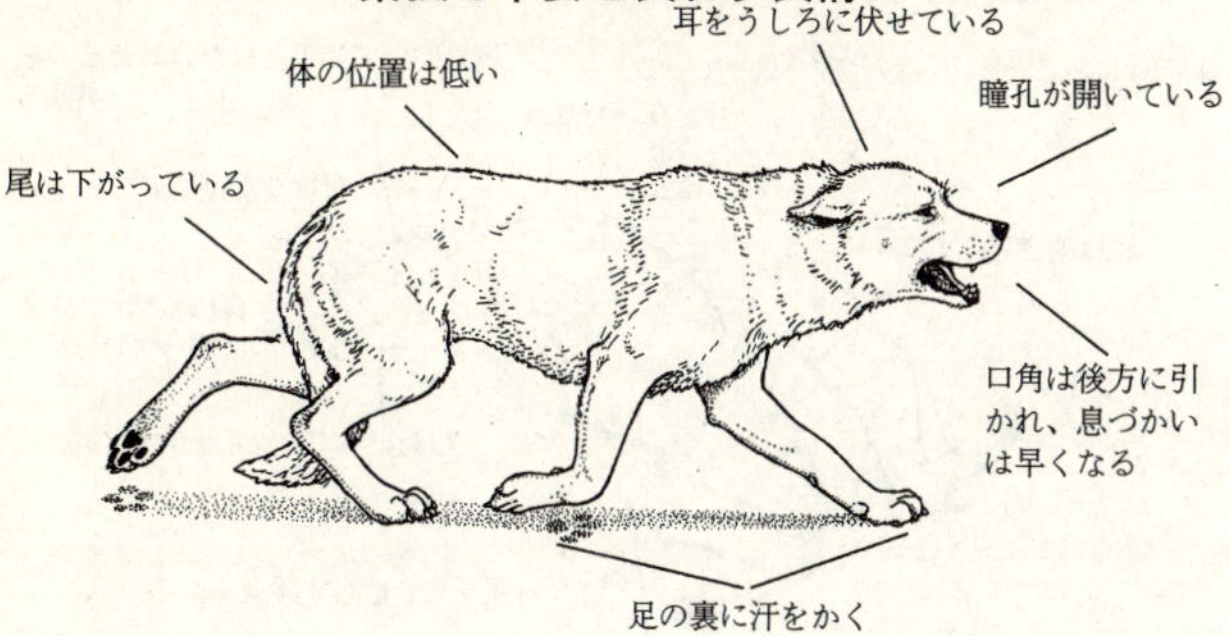

緊張した犬の信号。緊張の原因は身のまわりの状況にあり、信号は特定の個体に向けられてはいない。

恐怖と服従を表わす表情（積極的な服従）

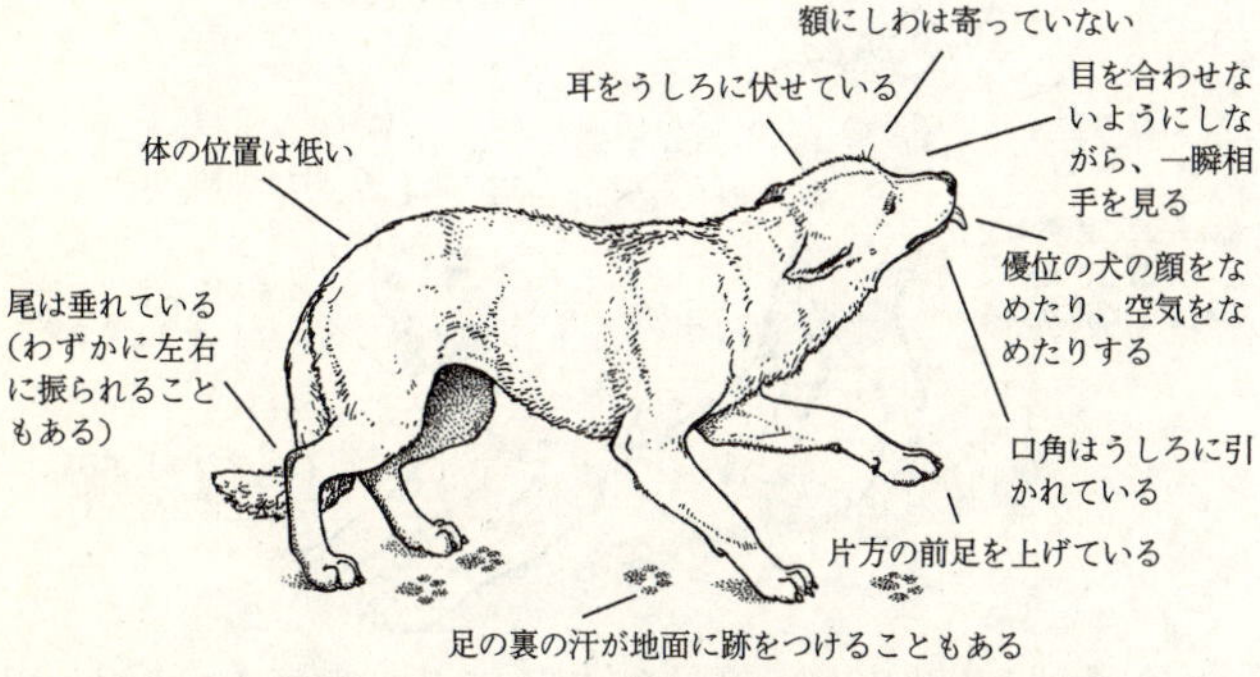

怯えていて、服従を伝えようとしている犬の信号。信号の多くは順位の高い相手の気持ちを和らげ、それ以上の威嚇や挑戦を避けるための合図である。

極度の恐怖と完全な服従を表わす表情（無抵抗の服従）

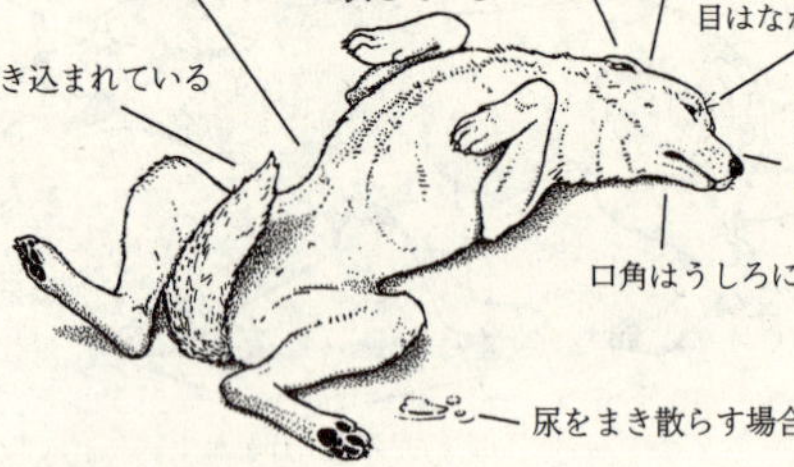
仰向けに寝ころがり、腹と喉を見せている
横を向いて相手と目を合わせるのを避ける
耳をぴったりうしろに伏せている
目はなかば閉じている
尾は巻き込まれている
鼻にも額にもしわは寄っていない
口角はうしろに引かれている
尿をまき散らす場合もある

完全な服従と降伏を表わす信号。犬は自分が劣位であることを示し、優位の相手に屈服して和解を求め、攻撃を中止するよう訴えている。

遊びたいときの表情

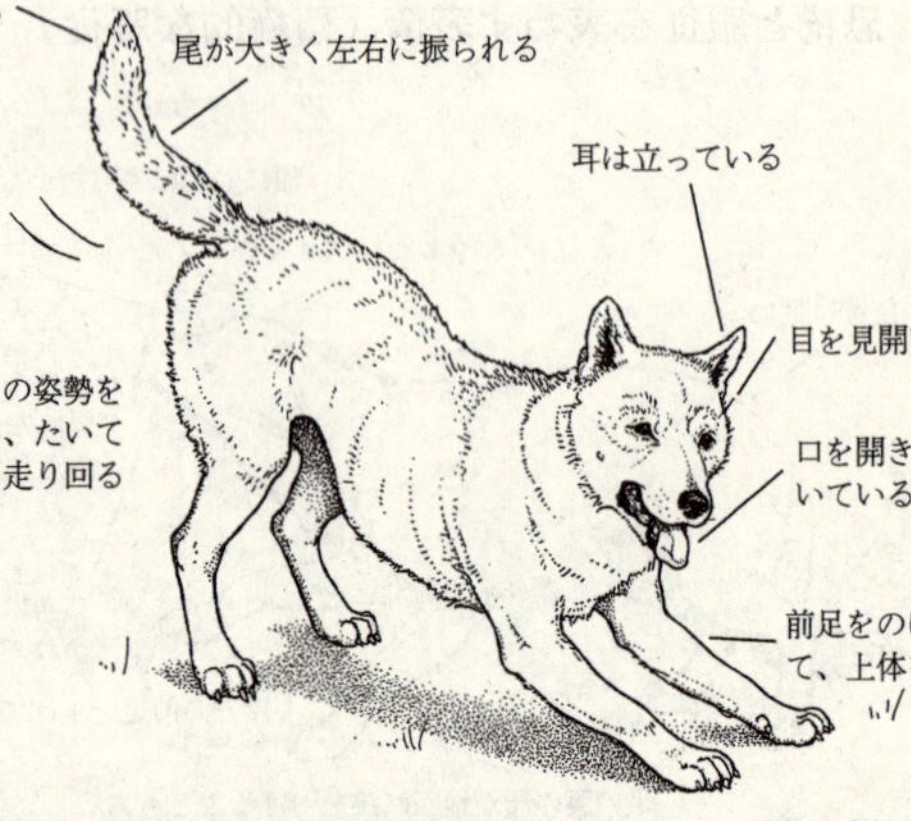
尾は上がっている
目を見開いている
犬は一瞬この姿勢をとったあと、たいてい勢いよく走り回る
口を開き、舌がのぞいていることもある
前足をのばしぎみにして、上体を低くする

遊びに誘うときの基本的な信号。興奮した吠え声をたてたり、攻撃の真似ごとをしかけてはうしろに跳びのく動作をともなうことも多い。そしてこの信号を「句読点」のように使って、いまの攻撃は本気ではないと伝えたりもする。

2　犬語小辞典

この小辞典には、犬が意思の伝達に使うおもな信号を集めてあるが、完全なものとは言えない。意味にはさまざまなニュアンスがあるからだ。ここでは信号をシステム別に、声による信号（吠え声、唸り声、高啼き、鼻声など）と、視覚的な信号（目の信号、あくび、顔の表情、尾による信号、ボディランゲージなど）とに分けてある。多くの場合、意味を明確に捉えるために、信号はそれぞれほかの信号との関連で読み解く必要がある。「状況と感情」の項目は、そんなふうに意味を肉づけするさいに、信号を誘発した感情やできごとを理解する助けとなるだろう。

さらに、いくつか「一般的な基本」も要所要所に挿入してある。信号はすべてメッセージの裏にひそむ攻撃的な内容、あるいは和解を求める内容、あるいは激しい興奮や喜びの表明などをプラスして、その場その場で解釈することができる。

これらの信号はすべて犬の生産言語であり、人間である私たちが受け取れる信号である。というわけで、犬がそれぞれに人間との触れ合いの中で学びとる人間の話し言葉は、ここには含まれていない。

この小辞典が、あなたと犬とのあいだの理解を深める手がかりになれば、さいわいである。

信号	人間の言葉に置き換えた意味	状況と感情
吠え声		
連続して三、四回吠え、あいだに休みをおく（中音）	集まれ。何か起こりそうだ。用心したほうがよさそうだぞ。	興味よりも警戒の気持ちが強い、警戒の声。
たて続けに何度も吠える（中音）	群れを集めろ！　誰かが縄張りに侵入してきた。何か行動を起こす必要がありそうだ。	典型的な警告の吠え声。興奮しているが不安はない。よそ者の接近や思いがけないできごとが引き金になる。あいだに休みをおく警戒の声よりも、主張が強い。
連続して吠える（速度が遅く音程も低い）	侵入者（あるいは危険）は近いぞ。みんな身がまえろ！	不安のまじる警告の声。問題が切迫したのを感じとっている。
長く続く吠え声で、あい	ぼくはひとりだ、仲間がほしい。	ひとりきりにされたり、閉じ込め

だに長めの休みをおく	誰かいないかな。	られたりしたときにたてる声。
一、二回大きな声で鋭く短く落ちついた感じで吠える（高音ないし中音）	こんにちは！ きみが見えたよ。	典型的な挨拶や認識の合図。親しい人が来たとき、あるいはその姿を見かけたときの声。
一回だけ大きな声で鋭く短く吠える（中低音）	やめて！ あっちにいけ！	眠りを妨げられたり、毛を引っ張られたりしたときの、迷惑な気分を表わす声。
一回だけやや大きめの声で鋭く短く吠える（中高音）	これって、何？ え？	不意をつかれたときなどの、驚きを表わす声。
それほど鋭くも短くもなく、はっきりと一回だけ吠える（中高音）。やや作ったような響きがある	こっちに来て！	学習による意思伝達である場合が多い。ドアを開けてほしいときや食べ物をねだるときなどに人間から反応を引き出そうとする合図。

口ごもるような吠え声（ウゥウゥ・ウォン）	遊ぼう！	両肘を地面につけて腰を高く上げる遊びに誘う姿勢をともなう。
尻上がりの吠え声	面白いなあ！行こう！	遊びの最中や、ご主人がボールを投げるのを待つときなどの、興奮の声。

吠え声の一般的な原則
・低音は支配性や威嚇を、高音は不安や恐怖を表わす。
・吠え方が速いほど、興奮の度合いは高い。

唸り声

胸から出てくるような低い唸り声	あっちへいけ！	腹を立てた支配的な犬が相手を追い払うときの声。
唸り声に吠え声が続く（低音のガルルル・ワッ	頭にきた。あんたが引かないなら闘うぞ！	腹を立てているがやや弱気で、群れの仲間の助太刀を求めている。

フといった感じの声）	仲間たち、集まって援護してくれ！	
唸り声に吠え声が続く（中高音）	不安だ、でもいざとなったら自分で身を守るぞ！	あまり自信のない犬の不安まじりの威嚇だが、追いつめられれば攻撃に出る。
ゆれるような唸り声（音程が高くなったり低くなったりする）	怖いなあ！そっちがかかってきたら闘うかもしれないし、逃げるかもしれない。	非常に自信のない犬の恐怖のまじった強がりの声。

唸り声の一般的な原則

・低音は支配性や威嚇を、高音は不安や恐怖を表わす。
・唸り声の音程や声質の変化が激しいほど、不安の度合いは高い。

遠吠えと獲物を追うときの声

高啼きのまじる遠吠え	わたしは淋しい。	家族や仲間の犬と引き離されたこ

(キャンキャンキャン・ウォーンといった感じで最後がのびる)	誰かいない?	とが原因になる。
遠吠え(朗々とした声で長くのびる)	わたしはここだ!これはわたしの縄張りだ!きみの声が聞こえたぜ。	自分の存在を遠くにまで伝え、縄張りを主張するときの声。人間には悲しげに聞こえるが、犬はきわめて満足している。
吠え声のまじる遠吠え(ワッフ・ワッフ・ウォーンといった感じ)	ひとりぼっちで心配だ。なぜだれも来てくれないんだろう。	ひとりで淋しい意味の悲痛な声。だれも返事をくれないのではないかと不安を感じている。
太くて長い唸り声	ついてこい!集まれ!匂いを見つけたぞ、そばから離れるな!	狩りの最中に獲物の匂いを見つけた犬が、群れの仲間に自分の近くに寄れと合図する声。
高啼きと鼻声		

尻上がりに高くなる啼き声（キャンという声がまじった感じになる）	……がしたい。……してほしい。	何かを要求あるいは懇願する声。大きくて繰り返しが多いほど、その気持ちが強い。
最後が低くなったり、音程は変わらずにすっと消える高啼き	さあ、行こうよ！	食べ物やボール遊びを待っているときなどの、興奮や期待を表わす。
ヨーデル風の声（ヨーウ・オーウ・オーウ・オーウ）、またはあくびのまじる遠吠え（オゥゥゥ・アー・オゥゥゥ）	嬉しい！　やってみよう！すてきだな！	楽しいことが起こりそうなときの、喜びや興奮を表わす。犬それぞれに、どちらかの啼き方をする。
弱々しい鼻声	痛いよう。怖いなあ。	怯えて受身／服従的な声。子犬だけでなく成犬もたてる。
一回だけの高啼き（非常	あ痛っ！	突然、思いがけなく痛い思いをし

に短いキャンという声）	くそっ！	たときの声。
連続する高啼き	とても怖い！ 痛い！ もうたくさんだ！ 降参！	恐怖や苦痛にたいする反応。喧嘩や恐ろしい相手から逃げるときにたてる声。
悲鳴（人間の子供の悲鳴に似たキャイーンという声）	助けて！　助けて！ 死にそうだ！	命の危険を感じ、恐慌状態に陥った合図。
息をハアハアさせる	準備はできている！ 早く取りかかろう。 こいつは信じられない！ これはきつい！ 大丈夫かなあ。	緊張、興奮、強い期待を表わす。床に濡れた足跡を残すこともある。
ため息	気分がいい。ここでしばらくゆっくりしよう。	それまでの行動に終わりを告げる合図。その行動が報われた場合は

	あーあ、もうあきらめよう。	満足を、報われなかった場合はあきらめを表わす。

耳の信号（ほかの信号との関連で読みとること）

耳がピンと立つか、やや前に傾いている	あれは何だ？	注目の表情。
耳が完全に前に傾いている（歯はむきだされ鼻にしわが寄っている）	行動に気をつけろ。こっちには闘う用意がある。	支配的で自信のある犬の積極的な攻撃の合図。
頭につくように両耳がうしろに伏せられている（歯はむきだされ、額にしわが寄っている）	怖いなあ、でもあんたがかかってくるなら、自分の身は守るぞ。	怯えた劣位の犬の、不安まじりの攻撃の合図。
耳が伏せられている（歯は見えず、額にしわは寄	あなたを強いリーダーとして認めます。	和解を求める服従的な合図。

っておらず、体を低くしている）	わたしに悪意はありません。攻撃しないでください。	
耳が伏せられている（尾を高く上げ、まばたきをし、口を穏やかに開けている）	やあ、こんにちは。一緒に遊ぼう。	友好的な合図で、このあとたがいに匂いをかぎあったり、遊びに誘ったりする動作が続くことが多い。
耳をうしろに引きぎみにして、両側にややつき出したような形にする	何かうさんくさいな。どうも気にくわない。闘うか逃げるかしよう。	目の前の状況に緊張や不安を感じている合図。つぎの展開しだいで攻撃に出る場合も、怯えて逃げる場合もある。
前傾ぎみの耳をピクピクさせたあと、耳をややうしろに引いたり、下向きにしたりする	いま考えているところだから、気をわるくしないで。	心を決めかね、やや不安も抱いている犬の、和解を求める服従的な合図。

目の信号

まっすぐに視線を合わせる	あんたに挑戦してやる！いますぐ、それをやめろ！ここではわたしがボスだ。引っ込んでいろ！	自信のある犬がべつの犬と対立したときの、積極的な支配と攻撃の信号。
相手と視線が合わないように、目をそらせる	面倒は起こしたくありません！あなたがボスだと認めます。	不安のまじる服従の合図。
まばたきをする	わかった、衝突が避けられるかどうか、試してみようじゃないか。こちらに悪意はありません。	威嚇的に凝視する相手をなだめ、自分の地位をさほどおとしめることなく、衝突を回避しようとする合図。

目の信号の一般的な原則

・瞳が大きく開いているほど、興奮の度合いが高い。
・目の形が大きくてまるいほど、支配性と攻撃性が高い。
・目が小さく見える（閉じた状態に近い）ほど、和解を求め服従を表わす度合いが高い。
・額の眉毛があるべきあたりの動きは、人間が眉毛を動かすときとほぼ同じ感情を表わす。

顔の信号（ほかの信号との関連で読みとること）		
口がゆるんで軽く開いている（舌がのぞいたり、下の歯より少し外に垂れていたりする）	しあわせで、のんびりした気分だ。	人間の微笑に近い表情。
口を閉じている（舌も歯も見えていない。ある方向を見つめ、やや前に乗り出した姿勢をとる）	面白そうだな。あそこにあるのは何だ？	注目や興味を示す合図。
唇をめくりあげ、歯の一部をのぞかせる（口は閉じた状態）	あっちへいけ！　おまえは邪魔だ！	気分を害した威嚇の最初の信号。低いガルルという唸り声をともなうことも多い。
唇をめくりあげて歯をほとんどのぞかせ、鼻にし	そっちがしかけてきたら、攻撃と受けとめて闘うぞ。	積極的な攻撃反応。社会的序列への挑戦が動機である場合も、恐怖

わを寄せ、口をなかば開けている		が動機である場合もある。
唇をめくりあげて歯を完全にむきだすだけでなく、前歯の歯ぐきまで見え、鼻にはっきりしわが寄る	引っ込め！　さもないと覚悟しろ！	最高の威嚇表情。相手が退かないときは、攻撃に出る可能性がきわめて高い。
あくびをする	落ちつかない気分だ。	緊張や不安の合図。相手の威嚇をそらせるため、という場合もある。
人間やほかの犬の顔をなめる	わたしはあなたのしもべで友だちです。あなたがえらいことはわかっています。おなかがすいた。何か食べるものはない？	相手の支配性を認め、和解を求める服従の合図。子犬時代からの名残として、食べ物をねだる合図でもある。
空気をなめる	あなたを敬います。どうかいじ	相手をなだめるための、恐怖心の

	めないでください。	まじった最高の服従を示す合図。

口の表情の一般的な原則

- 歯や歯ぐきがむきだされているほど、威嚇の度合いは強い。
- 口が横から見てC字形に大きく開いているときは、支配性にもとづく威嚇である。
- 口が開いてはいても口角がうしろに引かれているときは、恐怖にもとづく威嚇である。

尾の信号

尾が水平につき出されているが、緊張はない	何か面白いことが起こりそうだぞ。	穏やかな注目の合図。
尾が緊張してまっすぐにつき出されている	どっちがボスかはっきりさせようじゃないか。	よそ者にたいする警戒ぎみの挨拶と穏やかな挑戦。
尾が上がり、背中のほうにやや曲げられている	ここではわたしがボスだ。それは誰だって知ってる。	支配的な犬の自信を示す合図。
尾が水平よりも低い位置	万事こともなし。	とりあえずは心配ごとのない犬の、

にあるが、両脚からは離れており、ときどき穏やかに左右に振られる	のんびりした気分だ。	正常な気分を表わす。
尾が後ろ脚の近くまで下がっている。体の高さはふつうの状態。尾が左右にゆっくり振られている場合もある	あまり気分がよくない。ちょっと落ち込んだ気分だ。	肉体的・精神的にストレスがあったり不快だったりしている合図。
尾が下がり、後ろ脚がやや内側に折れて体の位置が低くなっている	ちょっと不安だ。	相手との関係に不安を感じ、やや服従的になっている合図。
尾が後ろ脚のあいだに巻き込まれている	怖いなあ。わたしをいじめないで！	恐怖や不安にもとづく服従の動作。
尾の毛が全体に逆立つ	あんたに挑戦する！	その他の尾の位置や信号に、威嚇

		や攻撃の意味を加える合図。
尾の先の毛だけが逆立つ	ちょっと気分が重い。	その他の尾の位置や信号に、恐怖や不安の意味を加える合図。
尾が高く上がり、はっきりと曲がっている	いざとなったら、ここでは誰がボスか思い知らせてやる。	その他の尾の位置や信号に、支配性や切迫した攻撃の意味を加える合図。
狭い幅でほんの少し尾を振る	あなたはわたしが好きなんでしょう？ わたしはここにいますよ。	どんな尾の位置にも、ためらいがちな服従の意味を加える合図。
大きく尾を振り、体も腰の位置も低くなっていない	きみが好きだ。友だちになろう。	友好を表わす気軽な合図で、支配性はいっさい含まれていない。遊びの最中にも、この合図が送られる。
大きく尾を振り、下半身	あなたは群れのリーダーです。	相手（人間でも犬でも）にたいす

を低くして腰も左右に振る	どこへでもおともします！	る敬意と穏やかな服従を表わす合図。犬は怯えてはいないが、自分の劣位を認め、相手から受け入れられる確信をもっている。
尾をなかば上げて、ゆっくり振る	どうもよくわからない。何をすればいいんだろう。	社会的な信号ではなく、目の前の事態が呑み込めなかったり、相手の望みが理解できないときの混乱や迷いを表わしている。

尾の信号の一般的な原則

- 尾の位置が高いほど支配性が強く、尾の位置が低いほど服従性が強い。
- 尾の振り方の激しさは興奮の度合いを表わす。こまかく振れる尾（左右に振られるのではなく、ピリピリ震えるような振り方）は、尾を振っていると解釈すべきではなく、たんに緊張や興奮のしるしである。
- 尾の信号は犬のふだんの尾の位置との比較で読みとる必要がある（たとえば落ちついているときのグレーハウンドは尾の位置が低く、マラミュートは尾の位置が高い）。

ボディランゲージ		
四肢を緊張させて直立する、あるいは四肢をこわばらせてゆっくり前に進み出る	ここはわたしの領分だ。あんたはわたしに挑戦する気か。	優位性を確立しようとする支配的な犬の積極的な攻撃の信号。
体をやや前に乗り出し、脚は緊張させている	あんたの挑戦を受けてやる、闘うぞ！	相手の威嚇にたいする反応。あるいはこちらの威嚇に相手がひるまなかったときの反応。すぐにも攻撃に移るかまえを示している。
頸部から背中全体の毛が逆立つ	挑戦に応じよう。覚悟しろ。いますぐ諦めるか、引っ込むかしたほうがいいぞ！	支配的で自信のある犬の場合、攻撃の意思をかためた合図。いつ攻撃が起こってもおかしくない。
背筋の毛だけが逆立つ	あんたを見てるとむかつく。それ以上近づいたら、攻撃するぞ。	怯えているが、いざとなったら闘おうと考えている犬の不安まじり

	こいつは気に食わない。	の攻撃の合図。
縮こまるように体を低くし、相手を見あげる	喧嘩はやめましょう。あなたのほうが順位が高いことを認めます。	優位の相手にたいして和解を求める服従的な姿勢。
鼻面でつつく	あなたはリーダーです。わたしを認めてください。……がしたい。	なめる行為と意味はほぼ同じだが、それほど服従的ではない。何かを要求するときにも使われる。
べつの犬が近づいてきたときに坐り込み、自分の匂いをかがせる	あんたとはほとんど順位が同じだ。おたがいにことを荒立てるのはやめよう。	支配的な犬が、自分よりわずかに優位な犬に出会ったとき、穏やかに和解を求める合図。
横向きや仰向けに寝ころび、完全に相手の視線を避ける	わたしはいやしいしもべです。あなたの権威を完全に認め、ぜったいに逆らいません。	完全な服従——人間がひれ伏す動作と同じ意味をもつ。
寝ころんだ相手の上に立	わたしのほうが大きくて、強い。	支配性や社会的順位の高さを穏や

ちはだかる。相手の背中や肩に自分の頭をのせる。相手の犬の体に前足をのせる	ここではわたしがリーダーだ。	かに相手に思い知らせる合図。
相手に肩をぶつける	わたしのほうが順位が上だ。わたしが通りかかったら道をあけろ。	社会的な支配性をかなり手荒く思い知らせる合図。このもっと穏やかな合図が、相手に寄りかかることである。
相手にたいして横向きに立つ	あなたのほうが順位が高いことを認めますが、自分の面倒は自分で見ます。	自信があり、不安も緊張も感じていない犬が、自分のほうが順位がやや低いことを穏やかに認める合図。たがいの順位に大きな差があるときは、支配的な犬にたいして自分の尻を向ける。
べつの犬に威嚇された場合——	あなたの威嚇は目に入らないので、反応もしません。だから冷	相手の気を散らせて、その場を収めようとする合図。敵意がないと

地面の匂いをかいだり地面を掘るそぶりをする 遠くを見つめる 自分の体を掻く	静になりましょう。	同時に、服従的でもない。
前足をわずかに上げて坐り込む	少しばかり不安で落ちつかない。	不安とわずかな緊張を感じている合図。
仰向けに転がって地面に背中をこすりつける（鼻面をこすりつけるときもある）	すべてに満足で、しあわせな気分だ。	楽しいことが起こったあとの儀式。「満足寝そべり」と呼ばれることもある。
前脚をのばして体を低くし、腰と尾を高く上げる	遊ぼう！ ごめん！　怖がらせる気はなかったんだ。遊びだったんだよ。	典型的な遊びに誘うおじぎ。荒っぽくおどすような行動を、本気にとらないように相手に伝えるときにも使われる。

・自分を大きく見せようとするのは、支配的な信号である。
・自分を小さく見せようとするのは、和解を求める服従的な信号である。
・体や頭や視線を相手の犬に向けるのは、支配性とおそらく威嚇を表わしている。
・体や頭や視線を相手の犬からそらせるのは、相手の気持ちをなだめ和解を求める信号である。

解説　犬の、いや人間のための言語学

米原万里

人を外見のみで判断してはいけない、とはよく言われるけれど、本だって、表紙やタイトルだけで判断してはいけないな、と肝に銘じたところだ。

というのも、著者のスタンレー・コレンについては、本書のゲラを読むまで思いっ切り誤解して軽蔑して遠ざけていた。それも、すでに邦訳されて売れ行き好調らしい同じ著者の別な犬本のタイトルのせいなのである。

『デキのいい犬、わるい犬——あなたの犬の偏差値は？』（文春文庫）

人間の勝手な都合で一方的に犬のデキを判断するなんて、何たる傲慢。それに、どんな犬にもいいところがある、と確信するわたしには、そもそもデキなどという価値規準から犬を差別選別する姿勢がどうにも受け容れがたい。

それに偏差値とは何事か？　人間の子どもをこれだけ偏差値教育で追い込み、がんじがらめにして痛めつけているのに飽きたらず、犬まで巻き込むつもりか?!　ああ、イヤだ、イヤだ、というわけである。おそらく、中学、高校時代、決して高くなかった自分の偏差値を思い出して、その頃の恨み僻みが甦ってきたのかもしれない。

だから、担当編集者の東山久美さんから、本書の解説を依頼されたときは、著者の名前を聞くなり、身体中を緊張が走り抜けた。ふん、あの犬を偏差値ごときで選別する許し難き差別主義者の本なんか、絶対ぜったいゼッタイ引き受けてなるものか。そう密かに心に決めたものの、一応、

「ゲラを読んだ上で判断してもいいですか」

と慇懃に答えたのだった。

ところが、どうだろう。ゲラの一頁目を読み終わらぬ内に、わたしのスタンレー・コレン観は一八〇度の転換を遂げていたのだった。

尋常ならざる面白さに、アチコチに線を引き付箋を付けまくりながら読み終えて、すっかりスタンレー・コレンに魅せられたわたしは、その勢いでただちに、食わず嫌いだった、くだんの『デキのいい犬、わるい犬』をも一気に読了して、冒頭のわたしの見解が完全な思い違いだったことを確認したのだった。大満足。よくよく見たら、原題は"The Intelligence of Dogs"(犬たちの知能)ではないか! 犬の差別主義者なんてとんでもない。こよなくあまねく犬を愛する人だったのだ。心理学者でありながら、犬に対する探求心のあまり、犬の訓練士の資格までとってしまうという、情熱家だったのだ。愛なくして、これほど丁寧に注意深く犬たちの一挙手一投足を観察できるものではない。

さて、本書は、その犬の知能の根幹を成す言語能力について論じたものである。

著者が、本書の中で言語と言っているのは、単にコミュニケーション能力という意味での比喩的な、あるいは広義の言語ではなく、あくまでも、語彙と文法を兼ね備えた文字通りの意味での言語のことである。

当然、そういう言語を持ち得るのは人間のみであり、言語能力こそが、人間を他の動物から決定的に隔てる特徴である、とする今までの常識を覆すことに多くの頁が割かれている。犬と人間のDNA配列コードは、互いに九〇パーセント以上一致しており、遺伝子的に他の動物と近いのだから、言語能力に限って突然変異の如く人間だけ質量ともに飛躍していると見るより、人間の言語能力にまでいたる、連続したさまざまな段階が見いだせるはずだ、という論旨にはかなり説得力がある。

犬語の特徴をより明確にするために、猫と犬のコミュニケーション・ギャップを論じるくだりなど、猫語の存在をも物語っていて、個人的には身震いするほど嬉しかった。

猫は、一部の例外（幼少期に母猫が愛撫のために、仔猫が甘えるために啼く、また喧嘩するときにお互い唸りあう）は別にして、基本的には猫同士では啼かず、あくまでも人間に対するときに啼いている、という指摘にはハッとした。いや、犬同士だって同居しているものの、あいだでは音声による会話は基本的にない、という指摘にも。たしかにそうだ。多数の猫や犬と同居していながらそんなことにも気付かなかったなんて。いかに自分が犬好き猫好きを自負しながら人間中心にしかモノを見ていなかったかと思い知らされて愕然とした。

この本をとくに魅力溢れるものにしているのは、犬がまぎれもなく言語を持つ、ということを証明するために、単に専門家による実験や観察の成果を紹介するにとどまらず、聖書はじめ世界各地の民話、伝説、古今東西の文学作品の中に登場する犬の言語能力に関する記述を文字通り総動員し、進化論と動物学、言語学とコミュニケーション論の最新の成果をふんだんに取り入れていることである。

その結果、言語とは何か、という根源的で真摯な問いかけが全編を貫いている。要するに、犬語のみならず、面白くて優れた一般言語学入門の書となっている。わたしが大学の言語学の教授だったら、迷うことなく、この本を教科書に指定するだろう。

人間は動物界の例外であり、言語は人間の専売特許であるなどという考えを鵜呑みにしてきた、わたしたちの思いあがりに冷や水を浴びせるだけでなく、そもそも人間が音声言語を発達させることができたのは、犬のおかげでもある、という意外にして卓抜な仮説を提示しているのも楽しい。犬が人間の家畜となったのは、十万年前からと推測され、おかげで人間は嗅覚を犬に分担させることで、喉頭と声帯の形態的進化が促進され、複雑な音声を言い分けることができるようになったと言うのだ。

著者によると、平均的な犬でも訓練次第で百語前後、優秀な犬で三百語前後習得している者がいる、と具体例を紹介している。飼い犬に「お座り」と「お手」という単語しか発していなかった自分が今さらながら恥ずかしいし、犬たちの能力を十分に引き出していなかった、という点でも悔やまれてならない。

しかし最大の問題は、犬の方は、人間の言語をかなり正確に理解しているというのに、彼らよりも優秀なはずのわたしたち人間の方は、この犬の言語をほんのわずかしか知らないし、多くの場合、誤解し、しかも、それで事足れりとしていることである。

本書は、音声と、目や耳や尻尾の微妙な動き、その他の身振りの組み合わせから成る驚くほど多彩で複雑な犬語の入門書であると同時に、辞書でもあり、文法書でもあり、本格的な研究書でもある。身近な犬たちの言語を読み解くための解説書であると同時に、その犬の言語能力をさらに高めていくための学習法まで指南してくれるハウツーものでもある。

読み終えた後、巻末の犬の表情解読図と犬語小辞典片手に同居中の犬のみならず、街で出会うさまざまな犬たちに対して、より頻繁に話しかけるようになったし、彼らの言いたいことを聞き取ろう読み取ろうと、より注意深く接するようにもなった。

そのうちに、三軒先で散歩もしてもらえず短い鎖に繋がれっ放しのハスキー犬の高啼きのまじる遠吠えが、

「寂しいよお、誰か来てよお」

と聞こえてくるようになったし、わが家の雄犬モモが、時折ワンと大声で一吠えするのは、思いがけない方向からリスかアライグマが走り抜けて不意をつかれたときに、

「エッ、これって何？」

と自問自答しているのだな、と察するようにもなった。

もっとも、犬語に通じるほどに、某犬専門雑誌の編集者から聞かされたかなり不気味な現象にも時折遭遇するようになった。

「最近は、飼い犬が散歩中、他の犬と出会っても全く無反応なのが増えてきているんです。人の中で育ち暮らしていて犬同士のコミュニケーションができないらしいんですよ。都会の犬に多いんですがね」

これもまた、人間が決して例外でないことを教えてくれる不吉にして説得力のある事例ではある。

（エッセイスト／ロシア語同時通訳）

文春文庫

犬《いぬ》語《ご》の話《はな》し方《かた》

定価はカバーに
表示してあります

2002年9月10日　第1刷
2012年7月25日　第6刷

著　者　スタンレー・コレン
訳　者　木《き》村《むら》博《ひろ》江《え》
発行者　羽鳥好之
発行所　株式会社 文藝春秋

東京都千代田区紀尾井町 3-23　〒102-8008
TEL 03・3265・1211
文藝春秋ホームページ　http://www.bunshun.co.jp

落丁、乱丁本は、お手数ですが小社製作部宛お送り下さい。送料小社負担でお取替致します。

印刷・凸版印刷　製本・加藤製本

Printed in Japan
ISBN4-16-765126-2

（　）内は解説者。品切の節はご容赦下さい。

大統領の陰謀
ボブ・ウッドワード　カール・バーンスタイン（常盤新平　訳）
ワシントン・ポスト紙の二人の若手記者が、徹底した取材活動でウォーターゲートの大スキャンダルを白日のもとにさらすまでの三〇〇日を描く、二十世紀最大の政治〝探偵〟ドキュメント。
ウ-2-4

キャパ　その青春
リチャード・ウィーラン（沢木耕太郎　訳）
冒険家であり勇気の人であった報道写真家の伝説に満ちた生涯を丹念にたどる傑作伝記決定版。ブダペストでの青春からパリでの写真開眼、スペイン内戦従軍までを描く〝伝説の人〟青春篇。
ウ-17-1

キャパ　その戦い
リチャード・ウィーラン（沢木耕太郎　訳）
「崩れ落ちる兵士」のワン・ショットで戦争写真家として名声を博したキャパは世界の戦場を股にシャッターを切り続ける。その束の間、彼は多くの女性を愛し、愛され、人生を満喫する。
ウ-17-2

キャパ　その死
リチャード・ウィーラン（沢木耕太郎　訳）
米国に渡ったキャパは、ライフ誌を中心にDデイ取材をはじめ華々しく活躍する。秘話＝イングリッド・バーグマンとの恋、そしてインドシナでの突然の死。劇的な終局にいたる後半生。
ウ-17-3

酒場の奇人たち
女性バーテンダー奮闘記
タイ・ウェンゼル（小林浩子　訳）
マンハッタンのバーで十一年間バーテンダーを経験した女性による業界裏話。酒の魅力＆魔力、笑うに笑えない客の奇行ぶりを徹底的に暴露した、ほろ酔い気分もぶっ飛ぶ辛口エッセイ。
ウ-19-1

ちょっとピンぼけ
ロバート・キャパ（川添浩史・井上清一　訳）
二十年間に数多くの戦火をくぐり、戦争の残虐を憎みつづけ写しつづけた報道写真家が、第二次世界大戦の従軍を中心に、あるときは恋をも語った、人間味あふれる感動のドキュメント。
キ-1-1

死体が語る真実
9・11からバラバラ殺人まで衝撃の現場報告
エミリー・クレイグ（三川基好　訳）
9・11の遺体鑑定から白骨死体の復元まで——全米トップクラスの死体のプロが出会った九つの事件。未解決事件の真相を暴き、巨大な悲劇の実像を明らかにする衝撃のノンフィクション。
ク-16-1

（　）内は解説者。品切の節はご容赦下さい。

犬も平気でうそをつく？
スタンレー・コレン（木村博江　訳）
食事をおいしく食べさせたり、問題行動をやめさせたりするには？　地震を予知したり、人をだましたりできるのか？　犬にまつわる「？」をコレン先生が解りやすく解説する。愛犬家必読。
コ-12-4

理想《スーパードッグ》の犬の育て方
スタンレー・コレン（木村博江　訳）
コレン先生の第六弾。友好的で、勇気と知性があるスーパードッグに育てるにはどうすればいいかを具体的に伝授する。百三十三種の犬の性格をリスト化。犬の性格判断テストも掲載。
コ-12-5

周恩来秘録
党機密文書は語る　（上下）
高　文謙（上村幸治　訳）
毛沢東と周恩来は断じて「同志」ではない。国民的人気の高い周を、常に毛は嫉妬し蹴落とそうとした。狂った権力者の下で周はどう生き延びたのか、極秘資料が明らかにする。（田中明彦）
コ-19-1

驚異の百科事典男
世界一頭のいい人間になる！
A・J・ジェイコブズ（黒原敏行　訳）
子供のころは世界一頭がいいと思っていたが三十五歳の今、その自信を失くした著者が、百科事典全巻三万三千ページの読破に挑戦。再び博覧強記の男になろうとするが……。（鹿島　茂）
シ-20-1

すべてを食べつくした男
ジェフリー・スタインガーテン（柴田京子　訳）
並外れた情熱と幅広い知識、ずば抜けた行動力、強靭な胃袋を武器に世界の様々な料理、食材を徹底追求。「ヴォーグ」誌料理評論家である著者独特のユーモアが光る、目から鱗のエッセイ。
ス-10-1

やっぱり美味しいものが好き
ジェフリー・スタインガーテン（野中邦子　訳）
〝すべてを食べつくした〟はずの著者は美食を追求すべく、今日もトロ、ウニ、タコス、タイ料理、チョコチップクッキーを……。頭脳と体をフル稼動させた食エッセイ、満足度アップの第二弾。
ス-10-2

9・11
アメリカに報復する資格はない！
ノーム・チョムスキー（山崎　淳　訳）
9・11の同時多発テロは「テロ国家の親玉」アメリカへの別のテロ集団の挑戦だ。国際政治におけるテロリズムの実態を解明した、アメリカの知性チョムスキーへの、衝撃のインタビュー集。
チ-9-1

（　）内は解説者。品切の節はご容赦下さい。

ピート・デイヴィス（高橋健次　訳）
四千万人を殺した〈戦慄のインフルエンザの正体を追う〉
一九一八年、死者四千万人を記録したスペイン風邪。この恐怖のウイルスを追い、八十年後、永久凍土に埋葬された遺体の発掘が行なわれる。インフルエンザの謎に挑むドキュメンタリー。
テ-16-1

マルク・デュガン（中平信也　訳）
FBIフーバー長官の呪い
フーバー元FBI長官の側近が病床で書いた回顧録が密かに売りに出された。そこにはFBIの米国支配の全貌が記述されていた。反ユダヤ主義の米国を描くノンフィクション・ノベル。
テ-17-1

マイケル・ハリス（三宅真理　訳）
ぼくたちは水爆実験に使われた
「水爆が見られるぞ、楽しめ」と太平洋の実験場に派遣された若いアメリカ兵たちのドタバタ生活。軽妙な語り口が浮き彫りにする恐怖と焦躁の一年。三分の一は五十五歳前に癌で死んだ。
ハ-26-1

アレックス・バーザ（小林浩子　訳）
ウソの歴史博物館
妖精の写真にスパゲティの木、オーストラリアに漂着した氷山に左利き用ハンバーガーなどなど、世界をだましてみせたウソやデッチ上げを、十七世紀から現在まで網羅した雑学満載の書。
ハ-27-1

アンネ・フランク（深町眞理子　訳）
アンネの日記
増補新訂版
オリジナル、発表用の二つの日記に父親が削った部分を再現した〝完全版〟に、一九九八年に新たに発見された親への思いを綴った五ページを追加。アンネをより身近に感じる〝決定版〟。
フ-1-4

ジェイムズ・ブラッドリー　ロン・パワーズ（島田三蔵　訳）
硫黄島の星条旗
摺鉢山に星条旗を掲げる兵士たち――その一人・著者の父はなぜ何も語らずに世を去ったのか？　戦争写真の傑作が捉えた六人の海兵隊員の運命は？　イーストウッド映画化の原作。
フ-19-1

エリオット・ヘスター（小林浩子　訳）
機上の奇人たち
フライトアテンダント爆笑告白記
高度三万フィートの密室、飛行機でとんでもない乗客（時には乗務員）が起こす騒動とは!?　体臭ふんぷんたる夫婦、反吐をまき散らす子供、SEXに励む二人……爆笑トラベルエッセイ。
ヘ-5-1

（　）内は解説者。品切の節はご容赦下さい。

地獄の世界一周ツアー
エリオット・ヘスター（小林浩子　訳）
フライトアテンダント爆笑告白記
「機上の奇人たち」で印税と称賛と顰蹙を獲得したヘスターが世界一周の旅に出た。ポリネシアで牛の密猟に巻き込まれ、エストニアで密造酒に酔っ払い……爆笑痛快トラベルエッセイ。
ヘ-5-2

カジノのイカサマ師たち
リチャード・マーカス（真崎義博　訳）
カジノは楽しい、カジノを騙すのはもっと楽しい！「人々が金をするカジノから金を取ってやった」と自負する本物のイカサマ師が明かす周到かつアッケラカン、「スティング」ばりの手口。
マ-19-1

ダライ・ラマ自伝
ダライ・ラマ（山際素男　訳）
ノーベル平和賞を受賞したチベットの指導者、第十四世ダライ・ラマが、観音菩薩の生れ変わりとしての生い立ちや、亡命生活などの波乱の半生を通して語る、たぐい稀な世界観と人間観。
ラ-6-1

毛沢東の私生活（上下）
李志綏（リチスイ）（新庄哲夫　訳）
睡眠薬に依存し、若い女性をはべらせ、権力を脅かす者は追放する毛沢東、夫人の胸にすがって泣く林彪、毛の前に跪拝する周恩来ら、中国現代史を彩った様々な人間像を主治医が暴露！
リ-5-1

あなたの犬バカ度を測る10の方法
ジェニー・リー（木村博江　訳）
犬の玩具に名前をつけている？　遺言で犬にも何か残すつもり？　休暇の計画は犬が中心？　ひとつでも心当たりがあれば〝ちょいバカ〟。理想の飼い主を目指す笑いと涙の犬バカ日記。
リ-6-1

ザ・ホテル
ジェフリー・ロビンソン（春日倫子　訳）
扉の向こうに隠された世界
難題をもちかける王侯や有名人の要求を満たし、伝統と格式を守りつづけるロンドンの最高級ホテル「クラリッジ」のホテルマンたちの知られざる苦闘と活躍を活写するノンフィクション。
ロ-3-1

実録・アメリカ超能力部隊
ジョン・ロンスン（村上和久　訳）
超能力で敵を倒す特殊部隊——そんな計画がアメリカ軍内に実在した！　ベトナムの惨禍を繰り返すまいと一人の将軍が構想した計画はいかに変質したか。驚愕のノンフィクション。
ロ-7-1

（　）内は解説者。品切の節はご容赦下さい。

聖なる怪物
ドナルド・E・ウェストレイク（木村二郎 訳）
『斧』『鉤』でミステリ界を震撼させた名匠が八〇年代に発表していた傑作を発掘。老名優が語る半生記――そこに何が隠されているのか。狂気の語りの果てに姿を現す戦慄の真実とは？
ウ-11-3

殺人倶楽部へようこそ
マーシー・ウォルシュ　マイクル・マローン（池田真紀子 訳）
高校時代に書いた「殺人ノート」通りに旧友たちが殺されていく。犯人は仲間なの？　故郷の町の聖夜を熱血刑事ジェイミーが駆け回る。小さな町の人間模様に意外な犯人を隠すミステリ。
ウ-21-1

ブラック・ダリア
ジェイムズ・エルロイ（吉野美恵子 訳）
漆黒の髪に黒ずくめのドレス、人呼んで〝ブラック・ダリア〟の殺害事件究明に情熱を燃やす刑事の執念は実を結ぶのか。ハードボイルドの暗い血を引く傑作。〈暗黒のLA四部作〉その一。
エ-4-1

LAコンフィデンシャル（上下）
ジェイムズ・エルロイ（小林宏明 訳）
暴力、猟奇殺人、密告……悪と腐敗に充ちた五〇年代のロサンジェルス。このクレイジーな街を、市警の三人の警官にふりかかった三つの大事件を通して描く〈暗黒のLA〉その三。
エ-4-2

ビッグ・ノーウェア（上下）
ジェイムズ・エルロイ（二宮　磬 訳）
共産主義者狩りの恐怖が覆うLA。その闇に、犠牲者を食らう殺人鬼がうごめく。三人の男たちが暗い迷路の果てに見たものは――。四部作中、もっともヘヴィな第二作。（法月綸太郎）
エ-4-4

アメリカン・タブロイド（上下）
ジェイムズ・エルロイ（田村義進 訳）
見果てぬ夢を追う三人の男たちがマフィアと政治の闇に翻弄された末に行き着く先――アメリカ史上最大の殺し、ケネディ暗殺。巨匠の〈アンダーワールドUSA〉三部作開幕。（吉野　仁）
エ-4-7

獣《けだもの》どもの街
ジェイムズ・エルロイ（田村義進 訳）
LAを襲う異常殺人にテロリズム。事件解決のためなら非道も辞さぬ刑事リックと女優ドナが腐敗の都を暴れ回る。殺傷力抜群の異常文体が爆走する前代未聞の暗黒小説集。（杉江松恋）
エ-4-12

（　）内は解説者。品切の節はご容赦下さい。

ジェイムズ・エルロイ（田村義進 訳）
アメリカン・デス・トリップ（上下）
JFK暗殺の真相隠蔽に関わった三人の男が見るアメリカの暗部——暗殺、謀略、ヴェトナム戦争、公民権運動。アメリカは恐怖に狂ってゆく。「このミス」第二位、迫真のノワール大作。
エ-4-13

リチャード・バックマン　実はスティーヴン・キング（真野明裕 訳）
痩せゆく男
轢き殺されたジプシーの一族の呪いで事故に関係した三人の白人に次々と災いが降りかかる。鱗、膿、吹出物——人体をおそう恐怖をモダン・ホラーの大家キングが別名で発表した傑作。
キ-2-3

スティーヴン・キング（小尾芙佐 訳）
IT（全四冊）
少年の日に体験したあの恐怖の正体は何だったのか？　二十七年後、薄れた記憶の彼方に引き寄せられるように故郷の町に戻り、IT（それ）と対決せんとする七人を待ち受けるものは？
キ-2-8

スティーヴン・キング（村松 潔 訳）
ダーク・ハーフ（上下）
ジョージ・スタークなる名で暴力小説を書く作家サド。ある日殺人現場から自分の指紋が発見された——。作家と抹殺されかけたペンネームの間で繰り広げられる壮絶な血みどろの戦い！
キ-2-12

スティーヴン・キング（吉野美恵子 訳）
トミーノッカーズ（上下）
数百万年も埋もれていた巨大な〝宇宙船〟が街を、住民を脅かす……。最新の技術を駆使して作られた道具を手に、彼らが行き着く先は進化か、破滅か？　SFの枠組を超えたキング的世界。
キ-2-14

スティーヴン・キング（矢野浩三郎 訳）
ドロレス・クレイボーン
あのロクデナシの亭主はあたしが殺したのさ——メイン州の小島に住むドロレスの供述に隠された秘密とは何か？　彼女の罪は、そして真実は？　人間の心の闇に迫るキングの異色作。
キ-2-18

スティーヴン・キング（小尾芙佐 訳）
ランゴリアーズ
Four Past Midnight I
深夜の旅客機を恐怖と驚愕が襲う。十一人を残して乗客がみな消えていたのだ！　ノンストップSFホラーの表題作。さらに盗作の不安に怯える作家の物語「秘密の窓、秘密の庭」を収録。
キ-2-19

（　）内は解説者。品切の節はご容赦下さい。

図書館警察
スティーヴン・キング（白石　朗　訳）
Four Past Midnight II
借りた本を返さないと現れるという図書館警察。記憶を蝕む幼い頃のあの恐怖に立ち向かわねばならない――表題作に加え、謎のカメラが見せる異形のものを描く「サン・ドッグ」を収録。
キ-2-20

ジェラルドのゲーム
スティーヴン・キング（二宮　磬　訳）
季節はずれの山中の別荘、セックス遊戯にふける直前に夫が急死。両手をベッドにつながれたまま取り残されたジェシーを渇き、寒さ、妄想が襲う。キングにしか書き得ない究極の拘禁状態。
キ-2-21

ザ・スタンド（全五冊）
スティーヴン・キング（深町眞理子　訳）
新型ウイルスで死滅したアメリカ。世界の未来を担う生存者たちは邪悪な者たちとの最終決戦に勝利することができるのか。巨匠が持てる力のすべてを注いだ最大、最高傑作。（風間賢二）
キ-2-22

メイプル・ストリートの家
スティーヴン・キング（永井　淳　他訳）
死が間近の祖父が孫息子に語る人生訓（「かわいい子馬」）、意地悪な継父を亡き者にしようとするきょうだいたちがとった奇策（表題作）他、子供を描かせても天下一品の著者の短篇全五篇。
キ-2-29

ブルックリンの八月
スティーヴン・キング（吉野美恵子　他訳）
ワトスン博士が名推理をみせるホームズ譚、息子オーエンの所属する少年野球チームの活躍を描くエッセイなど、〝ホラーの帝王〟だけではないキングの多彩な側面を堪能できる全六篇。
キ-2-30

シャイニング（上下）
スティーヴン・キング（深町眞理子　訳）
コロラド山中の美しいリゾート・ホテルに、作家とその家族がひと冬の管理人として住み込んだ――。S・キューブリックによる映画化作品も有名な「幽霊屋敷」ものの金字塔。（桜庭一樹）
キ-2-31

ミザリー
スティーヴン・キング（矢野浩三郎　訳）
事故に遭った流行作家のポールは、愛読者アニーに助けられるが、自分のために作品を書けと脅迫され……。著者の体験に根ざす〝ファン心理の恐ろしさ〟を追求した傑作。（綿矢りさ）
キ-2-33

（　）内は解説者。品切の節はご容赦下さい。

夕暮れをすぎて
スティーヴン・キング（白石　朗　他訳）
静かな鎮魂の祈りが胸を打つ「彼らが残したもの」ほか、切ない悲しみから不思議の物語まで7編を収録。天才作家キングの多彩な手腕を大いに見せつける、6年ぶりの最新短篇集その1。
キ-2-34

夜がはじまるとき
スティーヴン・キング（白石　朗　他訳）
医者のもとを訪れた患者が語る鬼気迫る怪異譚「N」、猫を殺せと依頼された殺し屋を襲う恐怖の物語「魔性の猫」など全六篇収録。巨匠の贈る感涙、恐怖、昂奮をご堪能あれ。（ｃｏｃｏ）
キ-2-35

緋色の記憶
トマス・H・クック（鴻巣友季子　訳）
ニューイングランドの静かな田舎の学校に、ある日美しき女教師が赴任してきた。そしてそこからあの悲劇は始まってしまった。アメリカにおけるミステリーの最高峰、エドガー賞受賞作。
ク-6-7

死の記憶
トマス・H・クック（佐藤和彦　訳）
スティーヴは三十五年前の一家惨殺事件の生き残りだった。犯人である父は失踪、悲劇の記憶は封印されてきたが……。家族の秘密が少しずつ明らかになるにつれ甦る、恐ろしい記憶とは？
ク-6-8

夏草の記憶
トマス・H・クック（芹澤　恵　訳）
三十年前、米南部の田舎町で、痛ましい事件が起こった。被害者は美しい転校生。彼女に恋していた少年が苦痛と悔恨とともに語った事実は、誰もが予想しえないものだった！（吉野　仁）
ク-6-9

蜘蛛の巣のなかへ
トマス・H・クック（村松　潔　訳）
重病の父を看取るため、二十数年ぶりに帰郷した男。かつて弟が自殺した事件の真相を探るうち、父の青春の秘密を知り、復讐の銃をとる。地縁のしがらみに立ち向かう乾いた叙情が胸を打つ。
ク-6-14

緋色の迷宮
トマス・H・クック（村松　潔　訳）
近所に住む八歳の少女が失踪し、自分の息子に誘拐殺人の嫌疑がかかり不安になる父親。巧緻なプロットと切々たる哀愁の人間ドラマで読者を圧倒する、エドガー賞作家の傑作ミステリ。
ク-6-15

（　）内は解説者。品切の節はご容赦下さい。

石のささやき
トマス・H・クック（村松　潔　訳）
あの事故が姉の心を蝕んでいった……取調室で「わたし」が回想する破滅への道すじ。息子を亡くした姉の心に何が？　衝撃の真実を通じ、名手が魂の悲劇を巧みに描き出す。（池上冬樹）
ク-6-16

沼地の記憶
トマス・H・クック（村松　潔　訳）
悪名高き殺人鬼を父に持つ教え子のために過去の事件を調査しはじめた教師がたどりついた悲劇とは…。「記憶シリーズ」の哀切、ふたたび。巻末に著者へのロングインタビューを収録。
ク-6-17

ピンクパンサー
マックス・アラン・コリンズ（三川基好　訳）
あのクルーゾー警部が帰ってきた！　サッカー監督殺害と秘宝ピンクパンサー盗難の謎を追い、世界を駆け回る迷警部の活躍を描き、全米ナンバー1ヒットとなった映画の小説版。
コ-13-3

ダーティ・サリー
マイケル・サイモン（三川基好　訳）
娼婦惨殺事件の背後に蠢く巨悪。それを暴くべく捜査を敢行する孤独な刑事。エルロイの築いた孤峰に挑む新鋭のデビュー作。エルロイも絶賛、暗い熱と輝きを放つ警察小説。（中辻理夫）
サ-8-1

悪魔の涙
ジェフリー・ディーヴァー（土屋　晃　訳）
世紀末の大晦日、ワシントンの地下鉄駅で無差別の乱射事件が発生。手掛かりは市長宛に出された二千万ドルの脅迫状だけ。捜査本部は筆跡鑑定の第一人者キンケイドの出動を要請する。
テ-11-1

青い虚空
ジェフリー・ディーヴァー（土屋　晃　訳）
護身術のホームページで有名な女性が惨殺された。やがて捜査線上に〝フェイト〟というハッカーの名が浮上。電脳犯罪担当刑事と元ハッカーのコンビがサイバースペースに容疑者を追う。
テ-11-2

ボーン・コレクター（上下）
ジェフリー・ディーヴァー（池田真紀子　訳）
首から下が麻痺した元NY市警科学捜査部長リンカーン・ライム。彼の目、鼻、耳、手足となる女性警察官サックス。二人が追うのは稀代の連続殺人鬼ボーン・コレクター。シリーズ第一弾。
テ-11-3

（　）内は解説者。品切の節はご容赦下さい。

ジェフリー・ディーヴァー（池田真紀子 訳）
コフィン・ダンサー（上下）
武器密売裁判の重要証人が航空機事故で死亡、NY市警は殺し屋"ダンサー"の仕業と断定。追跡に協力を依頼されたライムは、かつて部下を殺された怨みを胸に、智力を振り絞って対決する。
テ-11-5

ジェフリー・ディーヴァー（土屋 晃 訳）
獣たちの庭園（上下）
一九三六年、オリンピック開催に沸くベルリン。アメリカ選手団に混じってニューヨークから殺し屋が潜入する。使命はナチス高官暗殺。だがすぐさまドイツ刑事警察に追いつめられる。
テ-11-7

ジェフリー・ディーヴァー（池田真紀子 他訳）
クリスマス・プレゼント
ストーカーに悩むモデル、危ない大金を手にした警察、未亡人と詐欺師の騙しあいなど、ディーヴァー度が凝縮された十六篇。あの〈ライム・シリーズ〉も短篇で読める！（三橋 曉）
テ-11-8

ジェフリー・ディーヴァー（池田真紀子 訳）
エンプティー・チェア（上下）
連続女性誘拐犯は精神を病んだ"昆虫少年"なのか。自ら逮捕した少年の無実を証明するため少年と逃走するサックスをライムが追跡する。師弟の頭脳対決に息をのむ、シリーズ第三弾。
テ-11-9

ジェフリー・ディーヴァー（池田真紀子 訳）
石の猿（上下）
沈没した密航船からNYに逃げ込んだ十人の難民。彼らを狙う殺人者を追え！　正体も所在もまったく不明の殺人者を捕らえるべくライムが動き出す。好評シリーズ第四弾。（香山二三郎）
テ-11-11

ジェフリー・ディーヴァー（池田真紀子 訳）
魔術師《イリュージョニスト》（上下）
封鎖された殺人事件の現場から、犯人が消えた!?　ライムとサックスは、イリュージョニスト見習いの女性に協力を依頼する。シリーズ最高のどんでん返し度を誇る傑作。（法月綸太郎）
テ-11-13

ジェフリー・ディーヴァー（池田真紀子 訳）
12番目のカード（上下）
単純な強姦未遂事件は、米国憲法成立の根底を揺るがす百四十年前の陰謀に結びついていた——現場に残された一枚のタロットカードの意味とは？　好評シリーズ第六弾。（村上貴史）
テ-11-15